普通高等教育智能建筑规划教材

建筑智能安全系统

主　编　孙　萍
副主编　王立光　魏立明
参　编　陈伟利　王　锐

机械工业出版社

本书对以往建筑智能安全系统中的内容进行了梳整和拓宽，充分汲取了现场应用的最新技术和成果，突出工程实践性和应用性。

全书共十一章，主要内容包括：建筑智能安全系统概述；闭路电视监控系统；防盗报警系统；出入口控制系统；电子巡更系统；停车场管理系统；对讲系统；消防控制系统；建筑智能安全系统集成；建筑智能安全系统设计实例；建筑智能安全系统技术的发展。本书内容简明，语言流畅，通俗易懂，各章均有复习思考题。

本书可以作为高等院校建筑电气与智能化、电气工程及其自动化以及楼宇自动化等相关专业本科生教材和教学参考书，亦可供从事智能建筑电气设计、施工、监理、维护和其他相关专业的工程技术人员学习参考。

本书配有免费电子课件，欢迎选用本书作教材的老师登录 www.cmpedu.com 下载。

图书在版编目(CIP)数据

建筑智能安全系统/孙萍主编. —北京：机械工业出版社，2010.1(2014.6 重印)

普通高等教育智能建筑规划教材

ISBN 978-7-111-28513-7

Ⅰ.建… Ⅱ.孙… Ⅲ.智能建筑—安全设备—高等学校—教材 Ⅳ.TU89

中国版本图书馆 CIP 数据核字(2009)第 183412 号

机械工业出版社(北京市百万庄大街 22 号　邮政编码 100037)

策划编辑：贡克勤　责任编辑：贡克勤　版式设计：霍永明

封面设计：张　静　责任校对：张晓蓉　责任印制：乔　宇

北京铭成印刷有限公司印刷

2014 年 6 月第 1 版第 3 次印刷

184mm×260mm · 14.5 印张 · 357 千字

标准书号：ISBN 978-7-111-28513-7

定价：29.00 元

序

20世纪，电子技术、计算机网络技术、自动控制技术和系统工程技术获得了空前的高速发展，并渗透到各个领域，深刻地影响着人类的生产方式和生活方式，给人类带来了前所未有的方便和利益。建筑领域也未能例外，智能化建筑便是在这一背景下走进人们的生活。智能化建筑充分应用各种电子技术、计算机网络技术、自动控制技术、系统工程技术，并加以研发和整合式智能装备，为人们提供安全、便捷、舒适的工作条件和生活环境，并日益成为主导现代建筑的主流。近年来，人们不难发现，凡是按现代化、信息化运作的机构与行业，如政府、金融、商业、医疗、文教、体育、交通枢纽、法院、工厂等，他们所建造的新建筑物，都已具有不同程度的智能化。

智能化建筑市场的拓展为建筑电气工程的发展提供了宽广的天地。特别是建筑电气工程中的弱电系统，更是借助电子技术、计算机网络技术、自动控制技术和系统工程技术在智能建筑中的综合利用，使其获得了日新月异的发展。智能化建筑也为其设备制造、工程设计、工程施工、物业管理等行业创造了巨大的市场，促进了社会对智能建筑技术专业人才需求的急速增加。令人高兴的是众多院校顺应时代发展的要求，调整教学计划、更新课程内容、致力于培养建筑电气与智能建筑应用方向的人才，以适应国民经济高速发展需要。这正是这套建筑电气与智能建筑系列教材的出版背景。

我欣喜地发现，参加这套建筑电气与智能建筑系列教材编撰工作的有近20个姐妹学校，不论是主编者或是主审者，均是这个领域有突出成就的专家。因此，我深信这套系列教材将会反映各姐妹学校在为国民经济服务方面的最新研究成果。系列教材的出版还说明一个问题，时代需要协作精神，时代需要集体智慧。我借此机会感谢所有作者，是你们的辛劳为读者提供了一套好的教材。

吴启迪
写于同济园
2002年9月28日

前　言

随着近年来建筑市场的发展，尤其是智能大楼和智能小区的大规模建设，使安全防范系统大步地走入了人们的生活之中。“构建社会主义和谐社会”和“全面建设小康社会”都离不开安全，安全永远是社会最重要的需求之一，确保安全已经成为当前人们最为关注的热点之一。

本书内容符合国家最新发布的《智能建筑设计标准》GB/T 50314—2006、《安全防范工程技术规范》GB 50348—2004 和国家建筑标准设计图集《安全防范系统设计与安装》06SX503。全书共分十一章，内容包括：建筑智能安全系统概述；闭路电视监控系统；防盗报警系统；出入口控制系统；电子巡更系统；停车场管理系统；对讲系统；消防自动化系统；建筑智能安全系统集成；建筑智能安全系统设计实例；建筑智能安全系统技术的发展等。

为了适应现代社会和形式发展的要求，培养新一代实用型高级技术人才，结合目前的实际情况，本书突出工程实践和理论知识的应用，将教学、工程设计融为一体，克服了理论脱离实践的不足，具有先进、系统、实用的特点。每章均有复习思考题，供读者选作。

本书由孙萍任主编，王立光、魏立明任副主编。第一、四、五、六章及第十章的第三、四节由孙萍编写；第二、七、九章及第十章的第一、六节由王立光编写；第三章及第十章的第二节由王锐编写；第八章及第十章的第七节由魏立明编写；第十一章及第十章的第五节由陈伟利编写。全书由孙萍统稿。

在编写全书过程中，参阅了不少国内外出版的关于智能建筑的著作和发表的论文，听取了有关学者、专家的意见，特别是得到上海同济大学程大章教授和贡克勤高级策划等的大力支持。在此一并表示衷心的感谢。书中引用了国家有关规范、标准、安全防范系统设计与安装、建筑电气等期刊的资料，除在参考文献中列出外，在此向这些书刊的作者们顺致深深的谢意！

由于现代电气技术发展迅速，加之编写作者的认识和专业水平有限，书中必定存在不妥和错误之处，恳请同行和读者提出宝贵意见。

编　者

目　　录

第一章 绪　论

第一节 建筑智能安全系统概述

进入21世纪以来，智能化建筑已呈现出风起云涌的浪潮，它的发展已取得了瞩目的成就，随着城市中的智能建筑及智能化住宅小区需求数量逐年增加，楼层越建越高，建筑安全隐患也日益突出。

安全防范行业是一个新兴的行业，安全防范技术、安全防范系统、安全防范工程近20年来已开始面向社会并步入民用领域。对于传统的安防而言，建筑物（构筑物）本身就是一种重要的物防设施，是安全防范的基础手段之一。各种电子信息产品或网络产品组成的安全技术防范系统（如入侵报警系统、视频安防监控系统、出入口控制系统等），通常是以建筑物为载体的，但它在本质上又有别于传统的土木建筑（结构）工程，属于电子系统工程的范畴。它集成了自动控制、计算机控制、通信网络等现代技术，是一个多学科交叉与融合的系统。该系统中涉及的技术内容较多，本章从建筑智能安全系统的内涵、系统构成以及发展历程等几方面予以叙述。

一、建筑物的安全隐患

在一幢幢高楼大厦矗立于现代都市时，人们也不应该忽视随之而来的安全问题。一些大楼或多或少存在着安全隐患问题，有些还比较严重，应引起足够的重视。

1. 设计存在先天不足

按照我国有关规定，高于24m或超过10层的建筑就属于高层建筑，超过100m的属于超高层建筑，目前的高层建筑不仅“个高”，而且还“体胖”，面积越建越大。前几年，许多高层建筑的安全设计均未引起设计人员的重视，设计人员只是一味地根据甲方要求的建筑布局、设想来设计，并未考虑安全性，因而问题不少，这些问题在形成后就成了极难整改的固疾。

（1）未执行国家有关技术规范　在建筑设计时，未按相关规范规定考虑每个防火分区安全出口的数量。例如某工业区的一无牌无证废品塑胶回收加工厂（旺隆抽粒厂）发生火灾，过火面积730m^2，烧损加工设备和原材料一批，火灾造成13人死亡、5人受伤，直接财产损失8万元。据介绍，起火原因照明线路故障引起火灾。该加工厂每层应设两个逃生出口，但该加工厂实际只有一部敞开楼梯，火势由一层通过楼梯往上蔓延，造成二楼员工无法逃生。另外，该楼房属于典型的生产、储存、居住为一体的“三合一”建筑，无任何报建审批手续。同时该加工厂生活部分与生产、储存部分未作任何防火分隔措施，也没有独立的安全疏散通道，存在严重先天隐患。

高层建筑中哪些应设火灾自动报警系统和火灾自动灭火系统、哪些可不设火灾自动报警系统和火灾自动灭火系统，在国家标准中均有明确规定，应该严格遵守，但有些设计人员对各类消防技术规范了解不深，甚至抱着无所谓的态度，因而作出的设计肯定问题不少，例如：某大酒店，建筑层数8层，高24m，属二类高层建筑，内设有中餐厅、会议室、旅馆等，均未设计自动灭火系统和火灾自动报警系统，在投入使用后不到半年，便被消防部门列为重大火险隐患单位，由于无力整改，只好停止使用，给业主带来重大经济损失。

（2）内部装修大量采用可燃物　建筑火灾中由于装修材料选用不当而引起火灾或因此而使小火蔓延扩大成灾的案例屡见不鲜。例如：某商住大厦一居民住宅，室内装修大量采用可燃、易燃物，吊顶采用木龙骨三合板，墙壁采用可燃软包，终因电源线路短路引起窗帘燃烧，蔓延成灾，整个室内装修及家具化为灰烬。还有一些设计人员一味地追求美观、效果，浑然不顾防火安全。

（3）耐火设计不符合要求　主要体现在防火分区和安全疏散。任意划分防火分区或者未设防火分区，因而起火后未能将火灾控制在局部区域内，未能阻止火灾在水平和垂直方向的蔓延。无安全出口或安全出口数量少、宽度、楼梯型式不符要求。例如：某工业大厦，该大楼仅有一个消防通道；建筑随意分隔，电梯没有设防火门，多个厂家分别在该大楼的每层生产、加工，存在严重火险隐患。2006 年该大厦 4 楼起火后，大火沿电梯迅速蔓延，楼梯为敞开式楼梯，被浓烟封堵，员工无法逃生，30 多人被困 6 楼，最终被消防云梯车救下，6 人抢救无效死亡。

（4）无防排烟系统或形同虚设　大量建筑火灾案例表明，烟和毒气是火灾中引起伤亡的重要因素之一。而有的设计人员在建筑设计时根本没有考虑或敷衍了事，导致火灾中人员无法逃生和消防施救困难。

2. 审核把关难

建筑防火审核，目的之一是为了在建筑做方案设计、可行性研究时提出问题，解决问题于萌芽状态。但现在消防部门在建筑防火审核时仍会遇到种种难关。例如：三边工程，建设单位为节省工程投资，尽快见效益，在施工过程中，边设计边施工，甚至擅自更改消防设施。

3. 建筑施工质量存在问题

现在不少高层建筑是由私人建筑队承包施工的，人员流动性大，素质差，业务水平低，与高层建筑结构复杂、施工要求高不相适应。特别是建筑消防工程的施工，有些中标单位因自己没有消防资质，便挂靠其他有资质的单位，而施工仍旧是原班人马，造成工程施工质量粗劣。例如：某大楼二类高层，投入建筑后，检测三个楼层的自动报警均无反应。有些施工队伍为了赚取利润，暗地更改图样，在施工中偷工减料，影响建筑耐火性能。一些消火栓、消防水带、消防水喉、防火门及防火卷帘，以劣质次品充当合格品，给工程带来重大火灾隐患。

4. 单位管理混乱，安全意识淡薄

由于单位管理混乱，安全意识淡薄，发生火灾事故的案例也屡见不鲜。例如某商厦“2.15”特大火灾案，造成 54 人死亡、70 人受伤、直接经济损失 400 余万元。火灾原因是由于犯罪嫌疑人在商厦的三号简易仓库丢弃一个烟头引起的，最终造成了这场人间惨剧。恰恰在这种情况下，当日保卫科工作人员违反单位规章制度，擅自离开值班室，未对消防监控室监控，没能及时发现起火并报警，延误了报警时机。同时，他们得知火情后，违反消防安全管理的有关规定和本单位制定的灭火和应急疏散方案中规定的紧急通知浴池和舞厅人员由边门疏散的要求，未能及时有效组织群众疏散，致使顾客及浴池和舞厅人员在发生火灾后未能及时逃生，造成特别严重后果。

总之，“防范胜于救灾”，只有提高防范意识，落实各项防范措施，才能有效避免事故的发生，确保高层建筑在社会经济发展中的重要作用，创造出更大的经济效益和社会效益。

二、建筑智能安全系统的发展历程

随着我国经济的发展，人们的生活水平和生活质量明显提高。人们在改善自己生活条件的同时，对居住环境的安全问题日益关注，加强智能建筑安全防范设施的建设和管理，提高安全防范功能，已成为当前城市建设和管理工作中的重要内容。

我国安全防范事业开始于20世纪70年代末期，1979年公安部下发77号文件，明确要求各地公安机关建立专门机构抓技术防范工作，由此揭开了我国安全技术防范事业的序幕。20世纪80年代初成立全国社会公共安全行业管理委员会之后，我国安全防范行业得到了蓬勃的发展，80年代中期，在公安部科技司成立了安全技术防范处之后，正式成立了公安部安全技术防范工作领导小组，下设公安部技术防范管理办公室(设在科技局)，统一领导全国的技防工作。

公安部及安防科技的主管部门科技局非常重视安全技术防范工作，在组织机构方面做了全面部署，80年代末期，分别组建了全国安防标准化机构和公安部的质检中心，同时组织制定了大量法规性文件和技术防范产品有关标准，规范了安防产品的生产、销售，加强了市场管理，对于提高安防产品质量，抑制伪劣产品进入市场起到积极作用。特别是公安部和原国家质量技术监督局，联合发布了《安全技术防范产品管理办法》(即2000年12号令)，以政府法规手段加强安全技术防范产品的质量和市场准入管理。为将我国的安防市场管理与国际接轨，经国家质量技术监督局批准，成立了中国安全技术防范认证委员会，并组建认证委员会的常设工作机构——中国安全技术防范认证中心，在安防行业内开展认证业务，强化安全防范产品监督，进而按国际惯例加强行业管理。安防行业得到了有力的政策支持，同时组织管理也进一步得到落实，这对于推动安防行业的发展具有非常重要的意义。

1992年，经国家民政部批准，中国安全防范产品行业协会成立，协助政府主管部门对安防行业进行管理。十余年来，安全防范标准化技术委员会制定并经批准，发布了近百项安防产品、系统的技术标准，两个检测中心承担了国内外各类安防产品的检测任务。行业协会举办了多次大型的国际安防产品博览会，扩大了安防市场的开放程度，增进了国际间安防企业的交往，加强了国内同行业间的联系，成为安防行业保持巨大凝聚力的重要活动，受到国内外著名安防产品厂商的热烈欢迎。目前国内从事安防产品生产和安防系统工程设计、施工安装的企业数千家，从业人员达数十万人，从业单位遍及各个行业。

经行业协会领导的积极协调、组织，协会与寰岛集团所属的华夏公司合作，组建了《中国安全防范行业网》，注册了新的网站域名，开辟了近百个栏目，设计、制作了六百余页内容，整理、编辑网页资料数十万字。对行业内的政策法规以及协会的最新动态进行了全面报道。其中“会员之家”专栏收集了行协全部会员资料。现在，协会的网站已成为企业之间沟通的快捷途径。协会办好网站，也符合了当前行业管理网络化的时代潮流。

中国安防行业经历了20多年的发展，已由简单的安防产品生产发展到了集研发、生产、销售、服务为一体的安防产品生产体系，在行业内已经形成了一批具有自主创新的安防企业，在全球安防产品市场中占有重要席位。

纵观中国安防行业20几年发展历史，不论是管理体制的变化，还是产品服务对象的延伸，进而到安防科技的发展，都清晰地说明了其与中国社会经济发展的关系，也给我们把握我国安防行业的未来以有益的启示。我国的安防事业的发展，正如日中天，方兴未艾。

三、建筑智能安全系统的构成

1. 安全防范基本概念

所谓安全，就是没有危险、不受侵害、不出事故；所谓防范，就是防备、戒备，而防备是指作好准备以应付攻击或避免受害，戒备是指防备和保护。综合上述解释，是否可以给安全防范下如下定义：做好准备和保护，以应付攻击或者避免受害，从而使被保护对象处于没有危险、不受侵害、不出现事故的安全状态。显而易见，安全是目的，防范是手段，通过防范的手段达到或实现安全的目的，就是安全防范的基本内涵。

实际上，安全有两个层次的含义：一是指自然属性的安全：Safety，它主要是指发生自然灾害(水、火、震等)和准自然灾害(如产品设计不合理，环境、卫生要求不合格等)所产生的对安全的破坏，这类安全的被破坏，主要不是由于人的有目的参与而造成的。二是有明显人为属性的安全：Security，它主要是指由于人的有目的参与(如盗窃、抢劫、刑事犯罪等)而引起的对安全的破坏。

对人类安全的威胁，大致可以分为三类：一类是来自自然界或主要是自然因素引发的安全威胁，可以称之为自然属性(或准自然属性)的安全威胁；另一类是来自社会人文环境或主要是人为因素引发的安全威胁，可以称之为社会人文属性(或社会属性)的安全威胁；第三类是上述两种因素相互影响、综合作用而产生的对安全的威胁。

因此，建筑安全防范行业应该包括 Safety 和 Security 两层含义，即将安全与防范连在一起使用，构成一个新的复合词“安全防范”，它不仅包括以防盗、防劫、防入侵、防破坏为主要内容的狭义“安全防范“，而且包括防火安全、交通安全、通信安全、信息安全以及人体防护、医疗救助、防煤气泄漏等诸多内容，即综合性安全威胁(Safety/Security)。

安全防范系统是以维护社会公共安全和预防、制止重大治安事故为目的，综合运用技防产品和其他相关产品所组成的电子系统或网络。安全防范系统包括入侵报警系统、视频监控系统、门禁控制系统、电子巡更系统、停车场控制系统、对讲系统、消防控制系统等。

2. 安全防范的三种基本防范手段

在科学技术日新月异、智能型和技术型犯罪日趋增多，新的犯罪手段层出不穷的今天，安全防范成为社会公共安全科学技术的一部分，安全防范行业是社会公共安全行业的一个分支。

安全防范是包括人力防范(人防)、实体防范(物防)和技术防范(技防)三方面的综合防范体系。对于保护建筑目标来说，人力防范和实体防范是古已有之的传统防范手段，它们是安全防范的基础，具有一定的局限性，随着科学技术的不断进步，这些传统的防范手段也不断融入新科技的内容。人力防范是指执行安全防范任务的具有相应素质人员和/或人员群体的一种有组织的防范行为(包括人、组织和管理等)，主要有保安站岗、人员巡更、报警按钮、有线和无线内部通信等；实体防范是指用于安全防范目的、能延迟风险事件发生的各种实体防护手段(包括建(构)筑物、屏障、器具、设备、系统等)，主要是实体的防护，如周界的栅栏、围墙、入口门栏等；技术防范的概念是在近代科学技术(最初是电子报警技术)用于安全防范领域并逐渐形成的一种独立防范手段的过程中所产生的一种新的防范概念，是指利用各种电子信息设备组成系统和/或网络以提高探测、延迟、反应能力和防护功能的安全防范手段，即是以各种现代科学技术、运用技防产品、实施技防工程为手段，以各种技术设备、集成系统和网络来构成安全保证的屏障。只有人防和物防与技防有机地相结合，应用现代科学技术手段和设备，对需要进行安全防范的现场和部门进行有效的控制、管理、守卫，充分发挥技防和人防的综合作用，加强社会治安综合治理才是根本出路。

随着现代科学技术的不断发展和普及应用，“技术防范”的概念也越来越普及，越来越被社会公众所认可和接受，以致成为使用频率很高的一个新词汇，技术防范的内容也随着科学技术的进步而不断更新。在科学技术迅猛发展的当今时代，可以说几乎所有的高新技术都将或迟或早地移植、应用于安全防范工作中。因此，“技术防范”在安全防范技术中的地位和作用将越来越重要，它已经带来了安全防范的一次新的革命。电子化安防将是大势所趋。

3. 安全防范的三个基本要素

安全防范的三个基本要素是：探测、延迟与反应。探测(Detection)是指感知显形和隐性风险事件的发生并发出报警；延迟(Delay)是指延长和推延风险事件发生的进程；反应(Response)是指组织力量为制止风险事件的发生所采取的快速行动。在安全防范的三种基本手段中，要实现防范的最终目的，都要围绕探测、延迟、反应这三个基本防范要素开展工作、采取措施，以预防和阻止风险事件的发生。当然，三种防范手段在实施防范的过程中，所起的作用有所不同。

人防是利用人们自身的传感器(眼、耳等)进行探测，发现妨害或破坏安全的目标，作出反应；用声音警告、恐吓、设障、武器还击等手段来延迟或阻止危险的发生，在自身力量不足时还要发出求援信号，以期待做出进一步的反应，制止危险的发生或处理已发生的危险。

物防的主要作用在于推迟危险的发生，为“反应”提供足够的时间。现代的实体防范，已不是单纯物质屏障的被动防范，而是越来越多地采用高科技的手段，一方面使实体屏障被破坏的可能性变小，增大延迟时间；另一方面也使实体屏障本身增加探测和反应的功能。

技防可以说是人力防范手段和实体防范手段的功能延伸和加强，是对人力防范和实体防范在技术手段上的补充和加强。它要融入人力防范和实体防范之中，使人力防范和实体防范在探测、延迟、反应三个基本要素中间不断地增加高科技含量，不断提高探测能力、延迟能力和反应能力，使防范手段真正起到作用，达到预期的目的。

探测、延迟和反应三个基本要素之间是相互联系、缺一不可的关系。一方面，探测要准确无误，延迟时间长短要合适，反应要迅速；另一方面，反应的总时间应小于(至多等于)探测加延迟的总时间。

4. 安全防范技术与安全技术防范的区别

安全防范技术是用于安全防范的专门技术，在国外，安全防范技术通常分为三类：物理技术防范(Physical Protection)、电子防范技术(Electronic Protection)、生物统计学防范技术(Biometric Protection)。这里的物理防范技术主要指实体防范技术，如建筑物和实体屏障以及与其匹配的各种实物设施、设备和产品(如门、窗、柜、锁等)；电子防范技术主要是指应用于安全防范的电子、通信、计算机与信息处理及其相关技术，如：电子报警技术、视频监控技术、出入口控制技术、计算机网络技术及其相关的各种软件、系统工程等。生物统计学防范技术是法庭科学的物证鉴定技术和安全防范技术中的模式识别相结合的产物，它主要是指利用人体的生物学特征进行安全技术防范的一种特殊技术门类，现在应用较广的有指纹、掌纹、眼纹、声纹等识别控制技术。在我国，安全防范技术通常是指安全技术防范行业所采用的一些专门技术：防爆安检技术、实体防护技术、入侵报警技术、出入口控制技术、电视监控技术及其相应的工程设计、施工技术等。

安全技术防范以运用技防产品，实施技防工程为手段，结合各种相关现代科学技术，预防、制止违法犯罪和重大治安事故，维护社会公共安全的活动。即以安全防范技术为先导，以人力防范为基础，以技术防范和实体防范为手段，所建立的一种具有探测、延迟、反应有序结合的安全防范服务保障体系。是以预防损失和预防犯罪为目的的一项公安业务和社会公共事业。对于警察执法部门而言，安全技术防范就是利用安全防范技术开展安全防范工作的一项公安业务；而对于社会经济部门来说，安全技术防范就是利用安全防范技术为社会公众提供一种安全服务的产业。既然是一种产业，就要有产品的研制与开发，就要有系统的设计与工程的施工、服务和管理。

5. 建筑智能安全系统构成模式

（1）建筑智能安全系统的构成　安全防范的基本功能是布防、发现和处置，首先对防护区域和防护目标进行布防，利用防盗报警探测器、摄像机等物理设施来探测、监视罪犯作案，及时发现犯罪行为。采用自动化监控、报警等防范技术措施进行管理，再配以保安人员值班和巡逻，一旦有侵害，可达到及时发现、防患于未然，并可及时快速处理。建筑智能安全系统的构成，如图 1-1 所示。

1）电视监控系统　电视监控系统(Video Surveillance & Control System, VSCS)是利用视频技术探测、监视设防区域并实时显示、记录现场图像的电子系统或网络。

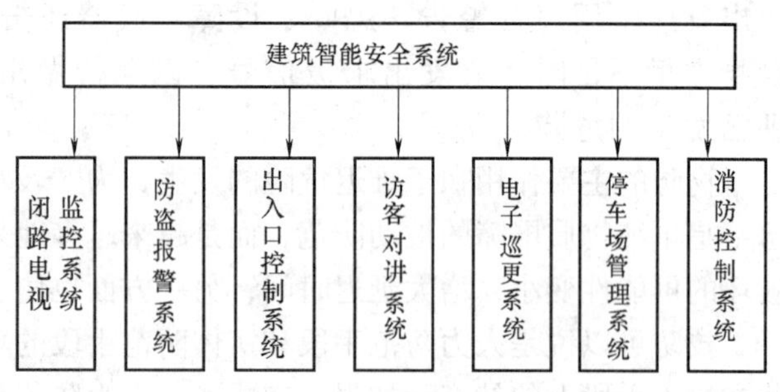

图 1-1　建筑智能安全系统的构成

电视监控系统由前端设备、传输电缆、系统的终端设备等组成。电视监控系统的前端设备是各种类型的摄像机(或视频报警器)及其附属设备，传输方式可采用同轴电缆传输或光纤传输；系统的终端设备是显示、记录、控制、通信设备(包括多媒体技术设备)，一般采用独立的视频中心控制台或监控-报警中心控制台。

2）入侵报警系统　入侵报警系统(Intruder Alarm System, IAS)是利用传感器技术和电子信息技术探测并指示非法进入或试图非法进入设防区域的行为、处理报警信息、发出报警信息的电子系统或网络。

入侵报警系统一般由周界防护、建筑物内(外)区域/空间防护和实物目标防护等部分单独或组合构成。系统的前端设备为各种类型的入侵探测器(传感器)。传输方式可以采用有限传输或无线传输，有限传输又可采用专线传输、电话线传输等方式；系统的终端显示、控制、设备通信可采用报警控制器，也可设置报警中心控制台。系统设计时，入侵探测器的配置应使其探测范围有足够的覆盖面，应考虑使用各种不同探测原理的探测器。

3）出入口控制系统　出入口控制系统(Access Control System, ACS)是利用自定义符识别或/和模式识别技术对出入口目标进行识别并控制出入口执行机构启闭的电子系统或网络。

出入口控制系统一般由出入口对象(人、物)识别装置、出入口信息处理、控制、通信装置和出入口控制执行机构三部分组成。出入口控制系统应有防止一卡进多人或一卡出多人的防范措施，应有防止同类设备非法复制有效证件卡的密码系统，密码系统应能授权修改。

4）电子巡更系统　电子巡查系统(Guard Tour System, GTS)是对保安巡查人员的巡查路线、方式及过程进行管理和控制的电子系统。

电子巡更系统是按设定程序路径上的巡更开关或读卡器，使保安人员能够按照预定的顺序，在安全防范区域内的巡视站进行巡逻，可同时保障保安人员以及大楼的安全。

5）停车场管理系统　停车库(场)管理系统(Parking Lots Management System, PLMS)是对进、出停车库(场)的车辆进行自动登录、监控和管理的电子系统或网络。停车场管理系统包括车辆出入口通道管理、停车计费、车库内外行车信号指示、库内车位空额显示诱导等。

6）访客对讲系统　对讲系统(On-line Talkback System, OTS)是指对来访客人与主人之间提供双向通话或可视通话，并由主人遥控防盗门的开关及向保安监控中心进行紧急报警的一种安全防范系统。访客对讲系统适用于智能化住宅小区、高层住宅楼和单元式公寓。

7）消防控制系统　消防控制系统(Fire Automation System, FAS)由触发器件、火灾报警装置、火灾警报装置、联动控制装置、自动灭火装置等组成，是人们为了早期发现通报火灾并及时采取有效措施，控制和扑灭火灾而设置在建筑中的一种自动消防设施，也是人们同火灾作斗争的有力工具。消防控制系统在现代智能建筑中起着极其重要的安全保障作用。

消防控制系统属于智能建筑系统的一个子系统，但其又在完全脱离其他系统或网络的情况下独立正常运行和操作，完成自身所具有的防灾和灭火的功能，具有绝对的优先权。

安全防范系统正在向综合化、智能化方向发展。以往出入口控制系统、防盗报警系统、闭路电视监控系统、访客对讲系统、电子巡更系统、停车场管理系统等，是各自独立的系统。目前，先进的安全防范系统一般由计算机协调起来共同工作，构成集成化安全防范系统，可以对大面积范围、多部位地区进行实时、多功能地监控，并能对得到的信息进行及时地分析与处理，实现高度的安全防范的目的。

由此可见，一个安全防范系统是多个子系统的有机结合，而绝不是各种设备系统的简单堆砌。

（2）建筑智能安全系统的结构模式　安全防范系统的结构模式是指管理控制结构模式，按其规模大小、复杂程度可分为分散式、组合式、集成式三种类型。

1）分散式安全防范系统

① 相关子系统独立设置，独立运行。系统主机应设置在禁区内(值班室)，系统应设置联动接口，以实现与其他子系统的联动。

② 各子系统应能单独对其运行状态进行监测和控制，并能提供可靠的监测数据和管理所需要的报警信息。

③ 各子系统应能对其运行状况和重要报警信息进行记录，并能向管理部门提供决策所需的主要信息。

④ 设置紧急报警装置，留有向接警中心报警的通信接口。

2）组合式安全防范系统

① 安全管理系统应设置在禁区内(监控中心)。通过统一的管理软件实现监控中心对各子系统的联动管理与控制。安全管理系统的故障应不影响各子系统的运行。某一子系统的故

障应不影响其他子系统的运行。

② 能对各子系统的运行状态进行监测和控制，并能对系统运行状况和报警信息数据等进行记录和显示。可设置必要的数据库。

③ 能对信息传输系统进行检测，并能与所有重要部位进行有线或无线通信联络。

④ 设置紧急报警装置。留有向接警中心联网的通信接口。

⑤ 留有多个数据输入、输出接口，应能连接各子系统的主机。

3）集成式安全防范系统　集成式是最高标准模式，随着智能建筑的推广普及，系统集成方式越来越多地应用在安全防范系统工程中，系统集成正向着开放型、网络化方向不断提高。

① 安全管理系统设置在禁区内(监控中心)，通过统一的通信平台和管理软件将监控中心设备与各子系统设备联网，实现由监控中心对各子系统的自动化管理与监控。安全管理系统的故障应不影响各子系统的运行，某一子系统的故障应不影响其他子系统的运行。

② 能够对各子系统的运行状态进行监测和控制，并对系统运行状况和报警信息数据等进行记录和显示。应设置足够容量的数据库。

③ 建立以有线传输为主、无线传输为辅的信息传输系统。能够对信息传输系统进行检测，并能与所有重要部位进行有线或无线通信联络。

④ 设置紧急报警装置。留有向接警中心联网的通信接口。

⑤ 留有多个数据输入、输出接口，能连接各子系统的主机，能连接上位管理计算机，以实现更大规模的系统集成。

第二节　建筑智能安全系统的标准与规范

一、安全防范系统技术标准介绍

安全防范国家及行业标准目录：

1. 安全防范国家标准目录

安全防范国家标准目录如表 1-1 所示。

表 1-1　安全防范国家标准目录

序　号	标准编号	名　　称
1	GB 10408. 1—2000	入侵探测器　第 1 部分：通用要求
2	GB 10408. 2—2000	入侵探测器　第 2 部分：室内用超声波多普勒探测器
3	GB 10408. 3—2000	入侵探测器　第 3 部分：室内用微波多普勒探测器
4	GB 10408. 4—2000	入侵探测器　第 4 部分：主动红外入侵探测器
5	GB 10408. 5—2000	入侵探测器　第 5 部分：室内用被动红外探测器
6	GB 10408. 6—1991	微波和被动红外复合入侵探测器
7	GB/T 10408. 8—1997	振动入侵探测器
8	GB 10408. 9—2001	入侵探测器　第 9 部分：室内用被动式玻璃破碎探测器
9	GB 10409—2001	防盗保险柜
10	GB 12662—1990	爆炸物销毁器技术条件

（续）

序　号	标 准 编 号	名　　称
11	GB 12663—2001	防盗报警控制器通用技术条件
12	GB 12664—2003	便携式X射线安全检查设备通用规范
13	GB 12899—2003	手持式金属探测器通用技术规范
14	GB 15207—1994	视频入侵报警器
15	GB 15208. 1—2005	微剂量　X射线安全检查设备　第1部分：通用技术要求
16	GB 15208. 2—2006	微剂量　X射线安全检查设备　第2部分：测试体
17	GB 15209—2006	磁开关入侵探测器
18	GB 15210—2003	通过式金属探测门通用技术规范
19	GB/T 15211—1994	报警系统环境试验
20	GB 15407—1994	遮挡式微波入侵探测器技术要求和试验方法
21	GB/T 15408—1994	报警系统电源装置、测试方法和性能规范
22	GB/T 16571—1996	文物系统博物馆安全防范工程设计规范
23	GB/T 16676—1996	银行营业场所安全防范工程设计规范
24	GB/T 16677—1996	报警图像信号有线传输装置
25	GB 16796—1997	安全防范报警设备　安全要求和试验方法
26	GB 17565—1998	防盗安全门通用技术条件
27	GB 20815—2006	视频安防监控数字录像设备
28	GB 20816—2006	车辆防盗报警系统　乘用车
29	GB 50348—2004	安全防范工程技术规范
30	GB 50394—2007	入侵报警系统工程设计规范
31	GB 50395—2007	视频安防监控系统工程设计规范
32	GB 50396—2007	出入口控制系统工程设计规范
33	GB/T 21564. 1—2008	报警传输系统串行数据接口的信息格式和协议　第1部分：总则
34	GB/T 21564. 2—2008	报警传输系统串行数据接口的信息格式和协议　第2部分：公用应用层协议
35	GB/T 21564. 3—2008	报警传输系统串行数据接口的信息格式和协议　第3部分：公用数据链路层协议
36	GB/T 21564. 4—2008	报警传输系统串行数据接口的信息格式和协议　第4部分：公用传输层协议
37	GB/T 21564. 5—2008	报警传输系统串行数据接口的信息格式和协议　第5部分：数据接口

2. 安全防范行业标准目录

安全防范行业标准目录如表1-2所示。

表1-2　安全防范行业标准目录

序　号	标 准 编 号	名　　称
1	GA 2—1999	车辆防盗报警系统　小客车
2	GA/T 3—1991	便携式防盗安全箱
3	GA 26—1992	军工产品储存库风险等级和安全防护级别的规定
4	GA 27—2002	文物系统博物馆风险等级和安全防护级别的规定

（续）

序 号	标 准 编 号	名 称
5	GA 28—1992	货币印制企业风险等级和安全防护级别的规定
6	GA 38—2004	银行营业场所风险等级和安全防护级别的规定
7	GA/T 45—1993	警用摄像机与镜头连接
8	GA 60—1993	便携式炸药检测箱技术条件
9	GA/T 70—2004	安全防范工程费用预算编制办法
10	GA/T 71—1994	机械钟控定时引爆装置探测器
11	GA/T 72—2005	楼宇对讲系统及电控防盗门通用技术条件
12	GA/T 73—1994	机械防盗锁
13	GA/T 74—2000	安全防范系统通用图形符号
14	GA/T 75—1994	安全防范工程程序与要求
15	GA/T 142—1996	排爆机器人通用技术条件
16	GA/T 143—1996	金库门通用技术条件
17	GA 164—2005 （公安部三局）	专用运钞车防护技术要求
18	GA 165—1997	防弹复合玻璃
19	GA 166—2006	防盗保险箱
20	GA/T 269—2001	黑白可视对讲系统
21	GA 308—2001	安全防范系统验收规则
22	GA 366—2001	车辆防盗报警器材安装规范
23	GA/T 367—2001	视频安防监控系统技术要求
24	GA/T 368—2001	入侵报警系统技术要求
25	GA 374—2001	电子防盗锁
26	GA/T 394—2002	出入口控制系统技术要求
27	GA/T 405—2002	安全技术防范产品分类与代码
28	GA/T 440—2003	车辆反劫防盗联网报警系统中车载防盗报警设备与车载无线通信终接设备之间的接口
29	GA501—2004	银行用保管箱通用技术条件
30	GA518—2004	银行营业场所透明防护屏障安装规范
31	GA/T 550—2005	安全技术防范管理信息代码
32	GA/T 551—2005	安全技术防范管理信息基本数据结构
33	GA/T 553—2005	车辆反劫防盗联网报警系统通用技术要求
34	GA 576—2005	防尾随联动互锁安全门通用技术条件
35	GA 586—2005	广播电影电视系统重点单位重要部位的风险等级和安全防护级别
36	GA/T 600.1—2006	报警传输系统的要求　第1部分：系统的一般要求
37	GA/T 600.2—2006	报警传输系统的要求　第2部分：设备的一般要求
38	GA/T 600.3—2006	报警传输系统的要求　第3部分：利用专用报警传输通路的报警传输系统

（续）

序 号	标 准 编 号	名 称
39	GA/T 600.4—2006	报警传输系统的要求　第4部分：利用公共电话交换网络的数字通信机系统的要求
40	GA/T 600.5—2006	报警传输系统的要求　第5部分：利用公共电话交换网络的话音通信机系统的要求
41	GA/T 644—2006	电子巡查系统技术要求
42	GA/T 645—2006	视频安防监控系统　变速球型摄像机
43	GA/T 646—2006	视频安防监控系统　矩阵切换设备通用技术要求
44	GA/T 647—2006	视频安防监控系统　前端设备控制协议 V1.0
45	GA 667—2006	防爆炸复合玻璃
46	GA/T 670—2006	安全防范系统雷电浪涌防护技术要求
47	GA/T 678—2007	联网型可视对讲系统技术要求
48	GA 701—2007	指纹防盗锁通用技术条件
49	GA 745—2008	银行自助设备　自助银行安全防范的规定
50	GA 746—2008	提款箱
51	GA/T 761—2008	停车场(库)安全管理系统技术要求
52	GA/T 669.1—2008	城市监控报警联网系统技术标准　第1部分：通用技术要求(代替 GA/T 669—2006)
53	GA/T 669.2—2008	城市监控报警联网系统　技术标准　第2部分：安全技术要求
54	GA/T 669.3—2008	城市监控报警联网系统　技术标准　第3部分：前端信息采集技术要求
55	GA/T 669.4—2008	城市监控报警联网系统　技术标准　第4部分：视音频编、解码技术要求
56	GA/T 669.5—2008	城市监控报警联网系统　技术标准　第5部分：信息传输、交换、控制技术要求
57	GA/T 669.6—2008	城市监控报警联网系统　技术标准　第6部分：视音频显示、存储、播放技术要求
58	GA/T 669.7—2008	城市监控报警联网系统　技术标准　第7部分：管理平台技术要求
59	GA/T 669.9—2008	城市监控报警联网系统　技术标准　第9部分：卡口信息识别、比对、监测系统技术要求
60	GA/T 792.1—2008	城市监控报警联网系统　管理标准　第1部分：图像信息采集、接入、使用管理要求
61	GA 793.1—2008	城市监控报警联网系统　合格评定　第1部分：系统功能性能检验规范
62	GA 793.2—2008	城市监控报警联网系统　合格评定　第2部分：管理平台软件测试规范
63	GA 793.3—2008	城市监控报警联网系统　合格评定　第3部分：系统验收规范

二、消防系统技术标准介绍

1. 消防系统国家标准目录

消防系统国家标准目录如表1-3所示。

表 1-3　消防系统国家标准目录

序　号	标 准 编 号	名　　称
1	GB 50016—2006	建筑设计防火规范
2	GB 50045—1995（2005 年版）	高层民用建筑设计防火规范
3	GB 50210—2001	建筑装饰装修工程质量验收规范
4	GB 50067—1997	汽车库、修车库、停车场设计防火规范
5	GB 50156—2002	汽车加油加气站设计与施工规范
6	GB 50166—2007	火灾自动报警系统设计规范
7	GB 50166—2007	火灾自动报警系统施工及验收规范
8	GB 50166—1992	火灾自动报警系统施工及验收规范　演示稿
9	GB/T 4718—1996	火灾报警设备专业术语
10	GB 12978—1991	火灾报警设备检验规则
11	GB 4717—1993	火灾报警控制器通用技术条件
12	GB 17429—1998	火灾显示盘通用技术条件
13	GB 16806—1997	消防联动、控制设备通用技术条件
14	GB 16281—1996	有线火警调度台技术要求和实验方法
15	GB 4715—1993	点型感烟火灾探测器技术要求及试验方法
16	GB 4716—1993	点型感温火灾探测器技术要求及试验方法
17	GB 15631—1995	点型红外火焰探测器性能要求及试验方法
18	GB 12791—1991	点型紫外火焰探测器性能要求及试验方法
19	GB 16280—1996	线型感温火灾探测器技术要求及试验方法
20	GB 16808—1997	可燃气体报警控制器技术要求和试验方法
21	GB 15322—1994	可燃气体探测器技术要求和试验方法
22	GB 15322—2003(1-5)	《可燃气体探测器》(1-5)
23	GB 50343—2004	建筑物电子信息系统防雷技术规范
24	GB 17945—2000	消防应急灯具
25	GB 15630—1995	消防安全标志设置要求
26	GB 16282—1996	119 火灾报警系统通用技术条件
27	JGJ 16—2008	民用建筑电气设计规范

2. 消防系统行业标准目录

消防系统行业标准目录如表 1-4 所示。

表 1-4　消防系统行业标准目录

序　号	标 准 编 号	名　　称
1	GA/T 229—1999	火灾报警设备图形符号
2	GA/T 228—1999	火灾报警控制器产品型号编制方法
3	GA/T 227—1999	火灾探测器产品型号编制方法

（续）

序 号	标 准 编 号	名 称
4	GA 127—1996	家用可燃气体报警器技术要求及试验方法
5	GA 385—2002	火灾声和/或光警报器
6	GA 5—1991	手动火灾报警按钮技术要求及实验方法
7	GA 181—1998	电缆防火涂料通用技术条件
8	DBJ 01-611—2002	消防安全疏散标志设置标准
9	GA 480—2004	消防安全标志通用技术条件
10	GA 137—1996	消防梯通用技术条件
11	GA 306. 1—2001	阻燃及耐火电缆　第 1 部分阻燃电缆
12	GA 306. 2—2001	阻燃及耐火电缆　第 2 部分耐火电缆

复习思考题

1. 建筑物存在哪些安全隐患？
2. 安全防范的三种基本防范手段是什么？
3. 建筑智能安全系统包括哪些子系统？
4. 建筑智能安全系统的结构模式是什么？

第二章 闭路电视监控系统

第一节 闭路电视监控系统概述

闭路电视监控系统是现代监测、控制、管理的重要手段之一。它可以通过摄像机及其辅助设备(如镜头、云台等)直接观看被监视场所的实际情况，并可以把所拍摄的图像用录像、多媒体技术等记录下来。它获得的信息量大，一目了然，是报警复核、动态监控、过程控制和信息记录的有效方法。智能建筑要求闭路电视监控系统具有一定的联动控制功能，因此，在控制台上要设有入侵防范及其他紧急情况的联动接口。在接到联动控制报警信号时，启动录像机自动对有警情的被监视区域进行录像。同时物业管理中心工作人员根据警报来源能够控制云台进行跟踪监视，并可采取相应处理措施。

一般来说，闭路电视监控系统是安防体系中防范能力极强的一个综合系统，也是楼宇自动化系统的重要组成部分。

一、闭路电视监控系统的功能

闭路电视监控系统在住宅小区主要通道、重要公共建筑以及周界设置前端摄像机，通过遥控摄像机及其辅助设备(电动镜头及云台等)，在监控中心就可直接观察被监控场所的各种情况，以便及时发现和处理异常情况。闭路电视监控系统的主要功能如下：

1）对小区或公共建筑物的主要出入口、主干道、周界围墙、停车场出入口以及其他重要区域进行记录。

2）监控中心监视系统应采用多媒体视像显示技术，由计算机控制、管理及进行图像记录。

3）系统可与防盗报警系统联动进行图像跟踪及记录。

4）视频失落及设备故障报警。

5）图像自动/手动切换、云台及镜头的遥控。

二、闭路电视监控系统的组成形式

根据监视对象监视方式不同，闭路电视监控系统的组成方式一般有 4 种类型。

1. 单头单尾方式

这是最简单的组成方式，如图 2-1a 所示。头指摄像机，尾指监视器。这种由一台摄像机和一台监视器组成的方式用在一处连续监视一个固定目标的场合。

图 2-1b 增加了一些功能，比如摄像镜头焦距的长短、光圈的大小、远近聚焦都可以遥控调整，还可以遥控电动云台的左右上下运动和接通摄像机的电源。摄像机加上专用外罩就可以在特殊的环境条件下工作。这些功能的调节都是靠控制器完成的。

2. 单头多尾方式

如图 2-1c 所示，它是由一台摄像机向许多监视点输送图像信号，由各个点上的监视器同时观看图像。这种方式用在多处监视同一个固定目标的场合。

3. 多头单尾方式

图 2-1d 是多头单尾系统，用在一处集中监视多个目标的场合。它除了控制功能外，它还具有切换信号的功能。如果系统中设有动作控制的要求，那么它就是一个视频信号选切器。

4. 多头多尾方式

图 2-1e 是多头多尾任意切换方式的系统，用于多处监视多个目标的场合。此时宜结合对摄像机功能遥控的要求，设置多个视频分配切换装置或矩阵网络。每个监视器都可以选切各自需要的图像。

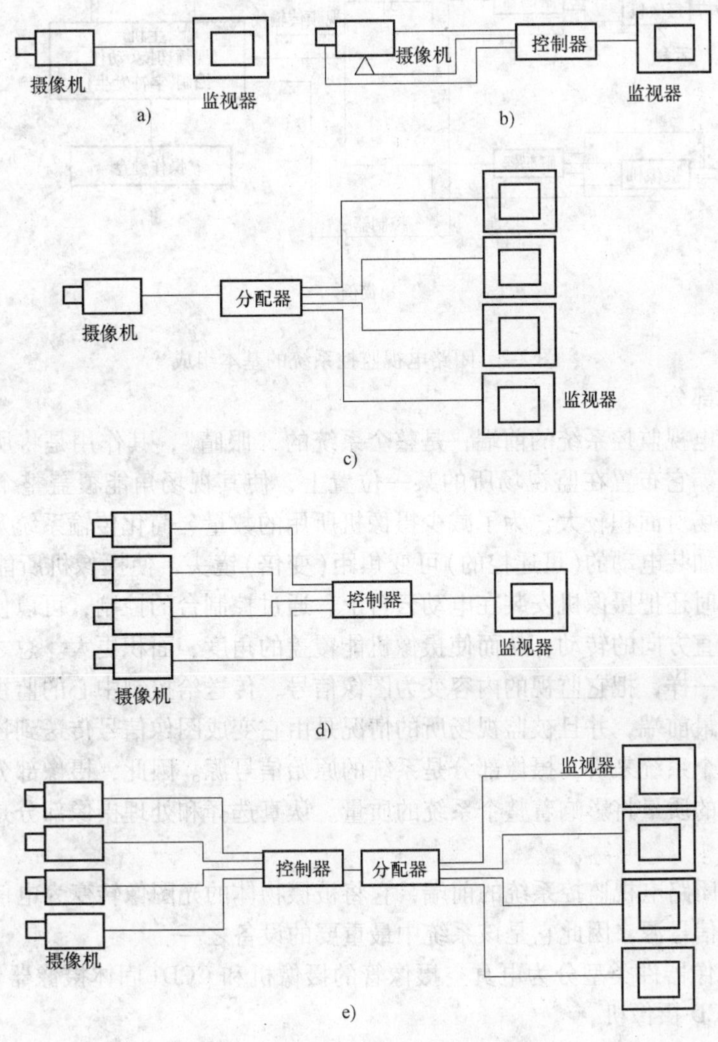

图 2-1　闭路电视监控系统的组成方式

第二节　闭路电视监控系统的主要设备

闭路电视监控系统根据其使用环境、使用部门和系统的功能而具有不同的组成方式，无论系统规模的大小和功能的多少，一般电视监控系统由摄像、传输、控制、显示和记录等 4 个部分组成，如图 2-2 所示。每个部分又由许多设备按照一定的规则组成。

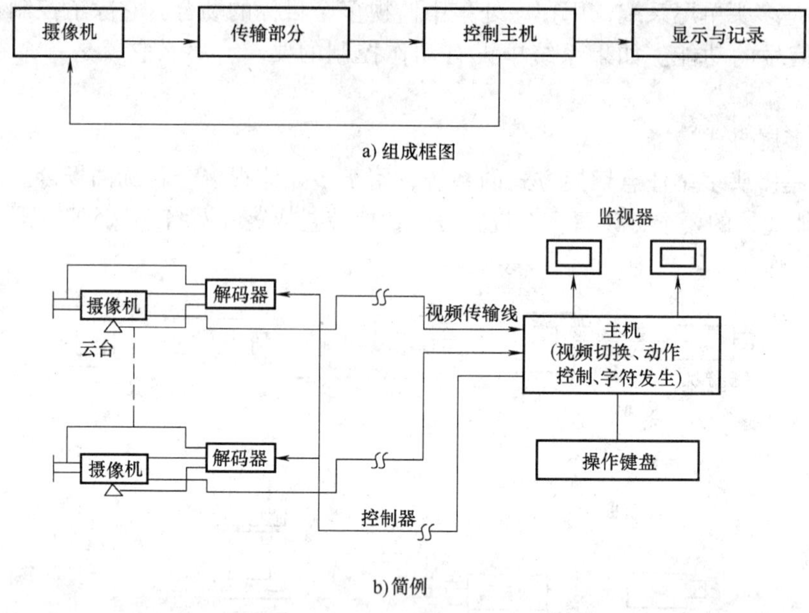

图 2-2　闭路电视监控系统的基本组成

一、摄像机部分

摄像部分是电视监控系统的前端，是整个系统的“眼睛”，其作用是将所监视目标的光信号变为电信号。它布置在监视场所的某一位置上，使其视场角能覆盖整个监视的各个部位。有时，监视场所面积较大，为了减少摄像机所用的数量、简化传输系统及控制与显示系统，在摄像机上加装电动的(可遥控的)可变焦距(变倍)镜头，使摄像机所能观察的距离更远、更清楚；有时还把摄像机安装在电动云台上，通过控制台的控制，可以使云台带动摄像机进行水平和垂直方向的转动，从而使摄像机能覆盖的角度、面积更大。总之，摄像机就像整个系统的眼睛一样，把它监视的内容变为图像信号，传送给控制中心的监视器上。由于摄像部分是系统的最前端，并且被监视场所的情况是由它变成图像信号传送到控制中心的监视器上，所以从整个系统来讲，摄像部分是系统的原始信号源。因此，摄像部分的好坏以及它产生的图像信号的质量将影响着整个系统的质量。认真选择和处理摄像部分是至关重要的。

1. 摄像机

摄像机处于闭路电视监控系统的前端，它将被摄物体的光图像转变为电信号——视频信号，为系统提供信号源，因此它是该系统中最重要的设备之一。

摄像机按摄像器件类型分为电真空摄像管的摄像机和 CCD(固体摄像器件)摄像机，目前一般都采用 CCD 摄像机。

(1) 按颜色划分　按颜色划分有黑白摄像机和彩色摄像机，其特性比较如表 2-1 所示。

表 2-1　黑白与彩色摄像机对比

项　目	黑白摄像机	彩色摄像机	项　目	黑白摄像机	彩色摄像机
灵敏度	高	低	图像观察感觉	只有黑白	有色彩、真实
分辨率	高	低	价格	低	高
尺寸及重量	小	大			

因此，从图像监视角度来说，CCTV 系统一般宜采用黑白摄像机，只有当对监视区有识别颜色要求时才采用彩色摄像机。

（2）按图像信号处理方式划分

1）数字视频（DV）格式的全数字式摄像机。

2）带数字信号处理（DSP）功能的摄像机。

3）模拟式摄像机。

（3）按摄像机结构区分

1）普通单机形，镜头需另配。

2）机板型（board type）：摄像机部件和镜头全部在一块印制电路板上。

3）针孔形（pinhole type）：带针孔镜头的微型化摄像机。

4）球形（dome type）：是将摄像机、镜头、防护罩或者还包括云台和解码器组合在一起的球形或半球形摄像前端系统，使用方便。

（4）按摄像机分辨率划分

1）摄像像素在 25 万像素（pixel）左右、彩色分辨率为 330 线、黑白分辨率 400 线左右的低档型。

2）摄像像素在 25 ~ 38 万之间、彩色分辨率为 420 线、黑白分辨率 500 线上下的中档型。

3）摄像像素在 38 万点以上、彩色分辨率大于或等于 480 线、黑白分辨率 600 线以上的高档型。

（5）按摄像机灵敏度划分

1）普通型　正常工作所需要照度为 1 ~ 3lx。

2）月光型　正常工作所需要照度为 0.1lx 左右。

3）星光型　正常工作所需要照度为 0.01lx 以下。

4）红外照明型　原则上可以为零照度，采用红外光源成像。

（6）按摄像元件的 CCD 靶面大小划分，有 1in、2/3in、1/2in、1/3in、1/4in 等几种。目前是 1/2in 摄像机所占比例急剧下降，1/3in 摄像机占据主导地位，1/4in 摄像机将会迅速上升。各种英寸靶面的高、宽尺寸如表 2-2 所示。

表 2-2　CCD 摄像机靶面像场的 *a*、*b* 值

像场尺寸 \ 摄像机管径/in(mm)	1(25.4)	2/3(17)	1/2(13)	1/3(8.5)	1/4(6.5)
像场高度 a(高)/mm	9.6	6.6	4.6	3.6	2.4
像场宽度 b(宽)/mm	12.8	8.8	6.4	4.8	3.2

在选用摄像机时除应注意以上列举的参数外，还有信噪比、电源、功耗、镜头接口、外形尺寸、重量等，彩色摄像机还有白平衡、黑平衡、制式等。其中，摄像机的扫描制式有 NTSC 制和 PAL 制等，我国一般都采用 PAL 制式。

2. 摄像机的镜头

镜头是摄像机的眼睛，起着收集光线的作用，正确选择镜头以及良好的安装与调整是清晰成像的第一步。

（1）按摄像机的镜头分　其有1in、…、1/4in等规格，镜头规格应与CCD靶面尺寸相对应，即摄像机靶面大小为1/3in时，镜头同样应选1/3in的。为1in摄像机设计的镜头可被用于1/2in和2/3in的摄像机，只是缩小了视场角，但反之则不然，因为1/2in和2/3in摄像机的镜头无法产生需采用1in镜筒才能获得的图像。

（2）按镜头安装分　C安装座和CS安装（特种C安装）座。两者之螺纹相同，但两者到感光表面的距离不同。前者从镜头安装基准面到焦点的距离为17.526mm，后者为12.5mm。

（3）按镜头光圈分　手动光圈和自动光圈。自动光圈镜头有二类：视频输入型——将视频信号及电源从摄像机输送到镜头来控制光圈；DC输入型——利用摄像机上直流电压直接控制光圈。

（4）按镜头的视场大小分

1）标准镜头　视角30°左右，在1/2in CCD摄像机中，标准镜头焦距定为12mm；在1/3inCCD摄像机的标准镜头焦距定为8mm。

2）广角镜头　视角90°以上，可提供较宽广的视景。1/2in和1/3in CCD摄像机的广角镜头标准焦距分别为6mm和4mm。

3）远摄镜头　视角在20°以内，此镜头可在远距离情况下将拍摄的物体影像放大，但使观察范围变小。1/2in和1/3in CCD摄像机远摄镜头焦距分别为大于12mm和大于8mm。

4）变焦镜头（zoom lens）　也称为伸缩镜头，有手动变焦镜头（manual zoom lens）和电动变焦镜头（motorized zoom lens）两类。由于在一个镜头内能够使镜头焦距在一定范围内变化，因此可以使被监控的目标放大或缩小。典型的光学放大规格有诸如6~20倍等不同挡次，并以电动伸缩镜头应用最普遍。按变焦镜头参数可调整的项目划分有：

- 三可变镜头——光圈、聚焦、焦距均需人为调节
- 二可变镜头——通常是自动光圈镜头，而聚焦和焦距需人为调节
- 单可变镜头——一般是自动光圈和自动聚焦的镜头，而焦距需人为调节

5）针孔镜头　镜头端头直径几毫米，可隐蔽安装。

表2-3和2-4列出定焦和变焦镜头的参数。

表2-3　常用定焦距镜头参数表

焦距/mm	最大相对孔径	像场角度		分辨能力/线数·mm^{-1}		透射系数	边缘与中心照度比（%）
		水平	垂直	中心	边缘		
15	1:1.3	48°	36°	—	—	—	—
25	1:0.95	32°	24°	—	—	—	—
50	1:2	27°	20°	38	20	—	48
75	1:2	16°	12°	35	17	0.75	40
100	1:2.5	14°	10°	38	18	0.78	70
135	1:2.8	10°	7.8°	30	18	0.85	55
150	1:2.7	8°	6°	40	20	—	—
200	1:4	6°	4.5°	38	30	0.82	80
300	1:4.5	4.5°	3.5°	35	26	0.87	87
500	1:5	2.7°	5°	32	15	0.84	90
750	1:5.6	2°	1.4°	32	16	0.58	95
1000	1:6.3	1.4°	1°	30	20	0.58	95

表 2-4　常用变焦距镜头参数表

焦距/mm	相对孔径	视场角			最近距离/mm
		对角线	水平	垂直	
12～120	1:2	5°14′ 49°16′	4°12′ 40°16′	35°10′ 30°1′	1.3
12.5～50	1:1.8	12°33′ 47°28′	10°03′ 38°48′	7°33′ 92°35′	1.2
12.5～80	1:1.8	8°58′ 47°28′	6°18′ 38°18′	4°44′ 29°34′	1.5
14～70	1:1.8	8°58′ 42°26′	7°12′ 34°54′	5°24′ 26°32′	1.2
15～150	1:2.5	6°04′ 55°50′	4°58′ 45°54′	30°38′ 35°08′	1.7
16～64	1:2	9°48′ 37°55′	7°52′ 30°45′	5°54′ 23°18′	1.2
18～108	1:2.5	8°24′ 47°36′	6°44′ 38°48′	5°02′ 29°34′	1.5
20～80	1:2.5	11°20′ 43°18′	9°04′ 35°14′	6°48′ 26°44′	1.2
20～100	1:1.8	9°04′ 35°14′	7°16′ 28°30′	5°26′ 21°34′	1.3
25～100	1:1.8	9°04′ 35°14′	7°16′ 28°30′	5°26′ 21°34′	2

3. 云台

摄像机云台是一种安装在摄像机支撑物上的工作台，用于摄像机与支撑物之间的连接，云台具有水平和垂直回转的功能。

云台与摄像机配合使用能达到扩大监视范围的作用，提高了摄像机的使用价值。

云台的种类很多，可按不同方式分类如下：

(1) 按安装部分　室内云台和室外云台(全天候云台)。室外云台对防雨和抗风力的要求高，而其仰角一般较小，以保护摄像机镜头。

(2) 按运动方式分　有固定支架云台和电动云台。电动云台按运动方向又分水平旋转云台(转台)和全方位云台两类。表 2-5 列出几种常用电动云台的特性。

表 2-5　几种常用电动云台的特性

性能项目 \ 种类		室内限位旋转式	室外限位旋转式	室外连续旋转式	室外自动反转式
水平旋转速度		6°/s	3.2°/s	—	6°/s
垂直旋转速度		3°/s	3°/s	3°/s	—
水平旋转角		0°～350°	0°～350°	0°～360°	0°～350°
垂直旋转角	仰	45°	15°	30°	30°
	俯	45°	60°	60°	60°
抗风力		—	60m/s	60m/s	60m/s

(3) 按承受负载能力分

轻载云台——最大负重 90.8N(20lbf);

中载云台——最大负重 227N(50lbf);

重载云台——最大负重 454N(100lbf);

防爆云台——用于危险环境，可负重 454N(100lbf)。

(4) 按旋转速度分

恒速云台——只有一挡速度，一般水平转速最小值为 6°~12°/s，垂直俯仰速度为 3°~3.5°/s。

可变速云台——水平转速为 0~>400°/s，垂直倾斜速度多为 0°~120°/s，最高可达 400°/s。

4. 防护罩

摄像机作为电子设备，其使用范围受元器件的使用环境条件的限制。为了使摄像机能在各种条件下应用，就要使用防护罩。

摄像机防护罩按其功能和使用环境可分为室内型防护罩、室外型防护罩、特殊型防护罩。

室内型防护罩的要求比较简单，其主要功能是保护摄像机在室内更好的使用，有防灰尘，有能隐蔽作用，使监视更具隐蔽性，使被监视场合和对象不易察觉，可采用针孔镜头，并带有装饰性的隐蔽防护外罩，但是隐蔽方式多样。例如带有半球型玻璃防护罩的 CCD 摄像机。外形类似一般家用照明灯具，安装在室内天花板或墙上，可对室内进行窥摄，具有隐蔽性强、监视范围大等特点。对室内防护罩还要求外形美观、简单，安装也要求简单实用等。不过，有些使用环境条件良好，也可省去室内防护罩，直接将摄像机安装在支架上进行现场监视。

室外防护罩要比室内防护罩复杂得多，其主要功能有防晒、防雨、防尘、防冻、防结露。气温 35℃以上时，要有冷却装置，在低于 0℃时要有加热装置。一般室外防护罩带有温度继电器，在温度高时自动打开风扇冷却，低时自动加热。下雨时可以人为控制雨刷器刷雨。有些室外防护罩的玻璃可以加热，如果防护罩有结霜，可以加热除霜。我国幅员辽阔，气候复杂，南方高温、潮湿，北方干燥、寒冷，在选择防护罩时应注意使用的地理环境。譬如在南方，最冷在 0℃左右，不需要带加热功能的防护罩，而在北方，则需要有此功能。室外防护罩的优劣对摄像机在室外应用非常重要，在设计时不可忽视。

摄像机防护罩的设备包括刮水器、清洁器、防霜器、加热器和风扇等，在选择防护罩时应根据摄像机安装环境条件适当配备上述部分附属设备。

刮水器用于防止雨雪附着在摄像机镜头上，一般都安装于机头朝上的摄像机罩上。防霜器实际上是把防护罩前的窗玻璃改为导电玻璃，并用约 10W 功率的电源加热，即可避免霜雾。加热器用于温度在 10℃以下的环境使机罩内的温度保持在 0℃以上。风扇则用于温度比较高的环境，采用风冷方式以保证摄像机正常的工作温度。

5. 一体化摄像机

一体化摄像机现在专指可自动聚焦、镜头内建的摄像机，其技术从家用摄像机技术发展而来，与传统摄像机相比，一体化摄像机体积小巧、美观，安装、使用方便，监控范围广、性价比高，在成功应用于教育行业视频展示台之后，正对安防产业监控系统形成新一轮的冲击。

(1) 一体化摄像机的定义　对于一体化摄像机，一直以来有几种不同的理解，有指半球型一体机、快速球型一体机、结合云台的一体化摄像机和镜头内建的一体机。严格来说，快速球型摄像机、半球型摄像机与一般的一体机不是一个概念，但所用摄像机技术是一样的，因而一般也会将其归为一体化范畴。现在通常所说的一体化摄像机应专指镜头内建、可自动聚焦的一体化摄像机。

（2）一体化摄像机的特点　与传统摄像机相比，一体机体积小巧、美观，在安装方面具有优势，比较方便，其电源、视频、控制信号均有直接插口，不像传统摄像机有麻烦的连线。一体机成像系统（镜头）、CCD、DSP 技术专利均被国际知名大厂所掌握，相对传统摄像机来说，一体机质量可以得到较好的控制。同时，一体化摄像机监控范围广、性价比高。传统摄像机定位系统不够灵活，多需要手动对焦，而一体化摄像机最大的优点就是具有自动聚焦功能。

可以做到良好的防水功能也是一体化摄像机的特色之一，一体化摄像机室外型都具有防水功能，而传统摄像机需和云台、防护罩配合使用才可以达到防水的功能。

（3）一体化摄像机的类型　一体化摄像机种类繁多，不一而足，目前的市场主体可分为彩色高清型和日夜转换型，以 16 倍、18 倍、20 倍、22 倍变倍最多，其他 6 倍、10 倍应用较少。总体来说，一体机的趋势是照度越来越低，倍数越来越高。如 Samsung 最新推出的 SCC-C4203P 型一体化摄像机，具有日夜彩色自动转黑白功能，内置 22 倍光学变焦及 10 倍电子变焦镜头，彩色最低照度 0.02lx，黑白最低照度 0.002lx，Samsung 款机型可说代表了技术上的新潮流。

（4）一体化摄像机的发展及前景　一体化摄像机技术发展方向可从几个方面看：

1）成像技术——镜头倍数更高，拍摄距离更广、更远。

2）像素数更高———提高图像清晰度。

3）实用性——开发商的思路、对市场的理解，决定其产品是否具有实用价值。

2002 年新加入一体化摄像机的技术有日夜自动转换功能、图像遮盖效果、图像翻滚、图像报警等。与普通摄像机一样，一体化摄像机在数字化及网络功能上也有新的进展，主要是数字化处理技术，在一体机内部嵌入 IP 处理模块，具备网络功能；另外就是目标锁定、自动跟踪功能。理论上来说自动跟踪功能可以很好地实现，可是实际应用中在多目标跟踪时一体机只能自动选择最大的目标进行锁定。网络功能与自动跟踪功能也是未来摄像机（包括一体化摄像机和普通摄像机）发展的方向。

一体化摄像机市场应用呈快速增长之势，而价格呈不断下降之势，早期普遍认为一体化摄像机价格太高，影响了一体化摄像机的市场开拓，而最近两年人们理性地看到，从综合性价比及实用性来说，一体化摄像机以其独特的魅力，正在成为 CCTV 监控系统的新宠，一般应用领域的传统彩色摄像机则面临来自一体机的强烈冲击，市场的均衡正在被一步步打破，可以预见，几年以后，市场格局将与今天完全不同。

二、传输部分

传输部分的任务是把现场摄像机发出的信号传送到控制中心。它一般包括线缆调制解调设备、线路驱动设备等。

监视现场和控制中心之间有两种信号需要传输：一种是摄像机得到的图像信号要传到控制中心；一种是控制中心的控制信号要传送到现场，控制现场设备。

视频信号的传输可以是直接控制，即控制中心把控制量直接送入被控设备，如云台和变焦距镜头所需的电源、电流信号等。这种方式适用于现场控制设备较少的情况。

其次，当控制云台、镜头数量很多时，需要大量的控制线缆，线路也复杂，需采用多线编码的间接控制。这种方式中，控制中心直接把控制命令编成二进制或其他方式的并行码，由多线传输到现场的控制设备，再将它转换成控制量，对现场设备进行控制。这种方式比上一种方式用线少，在近距离控制时常采用。

另外，控制信号还可采用通信编码间接控制。这种方式采用串行通信编码控制方式，用单根线可以控制多路控制信号，到现场后再进行解码。这种方式可以传送1000m以上，能够大大节约线路费用。

除上述方式外，还有一种控制信号和视频信号复用一条电缆的同轴视控传输方式。这种方式不需要另行铺设控制电缆。其实现方法有两种：一种是频率分割，即把控制信号调制在与视频信号不同的频率范围内，然后同视频信号一起传送，到现场后把它们分解开；另一种是利用视频信号场消隐期间传送控制信号。同轴视控在短距离传送时较其他方法有明显的优点，但目前此类设备价格比较昂贵，设计时可综合考虑。

三、控制部分

控制部分是整个系统的“心脏”和“大脑”，是实现整个系统功能的指挥中心。控制部分主要由总控制台(有些系统还设有副控制台)组成。总控制台中主要的功能有：视频信号放大与分配、图像信号的校正与补偿、图像信号的切换、图像信号(或包括声音信号)的记录、摄像机及其辅助部件(如镜头、云台、防护罩等)的控制(遥控)等等。在上述的各部分中，对图像质量影响最大的是放大与分配、校正与补偿、图像信号的切换三部分。总控制台的另一个重要功能是能对摄像机、镜头、云台、防护罩等进行遥控，以完成对被监视的场所全面、详细地监视或跟踪监视。总控制台上的录像机，可以随时把发生情况的被监视场所的图像记录下来，以便事后备查或作为重要依据。还有的总控制台上设有“多画面分割器”，如4画面、9画面、16画面等。也就是说，通过这个设备，可以在一台监视器上同时显示出4个、9个、16个摄像机送来的各个被监视场所的图像画面，并用一台常规录像机或长延时录像机进行记录。上述这些功能的设置，要根据系统的要求而定，对于一些重要场所，为保证图像的连续和清晰，不采取以上方法或选用以上设备。

总控制台对摄像机及其辅助设备(如镜头、云台、防护罩等)的控制一般采用总线方式，把控制信号送给各摄像机附近“终端解码箱”，在终端解码箱上将总控制台送来的编码控制信号解出，成为控制动作的命令信号，再去控制摄像机及其辅助设备的各种动作(如镜头的变倍、云台的转动等)。在某些摄像机距离控制中心很近的情况下，为节省开支，也可采用由控制台直接送出控制动作的命令信号——即“开、关”信号。总之，根据系统构成的情况及要求，可以综合考虑，以完成对总控制台的设计要求或订购要求。

1. 视(音)频切换器

视(音)频切换器是一种将多路摄像机的输出视频信号和音频信号，有选择地切换到一台或几台显示器和录像机上进行显示和记录的开关切换设备。

在闭路电视监控系统中，一般有几个、几十个、上百个乃至上千个摄像机安装在安全防范现场，他们传送回来的视频图像在闭路电视监控系统中一般没有必要实行一对一显示，以减少显示器的数量。通常情况下，大多采用4:1、6:1、8:1或12:1的方式进行手动切换或自动顺序切换即可满足安全防范工作的需要。

视(音)频切换器具有手动切换选择、自动顺序切换选择、同步显示和监听一组摄像机图像和声音的功能。具有报警功能的视频切换器带有与视频输入相同输入路数的报警输入端子，可以同时响应报警输入信号，进行报警联动摄像机图像的切换显示。

目前常用的切换器有视(音)频切换器、视频切换器、报警输入视频切换器等可供选择使用。

2. 视频矩阵切换控制主机

视频矩阵切换控制主机的功能是将多台摄像机的视频图像按需要向各个视频输出装置作交叉传送，即可以选择任意一台摄像机的图像在任一指定的监视器上输出显示，犹如 M 台摄像机和 N 台监视器构成的 $M\times N$ 矩阵一般，视应用需要和装置中模板数量的多少，矩阵切换系统可大可小，最小系统可以是 4×1、大型系统可以达到 1024×256 或更大，如图 2-3 所示。

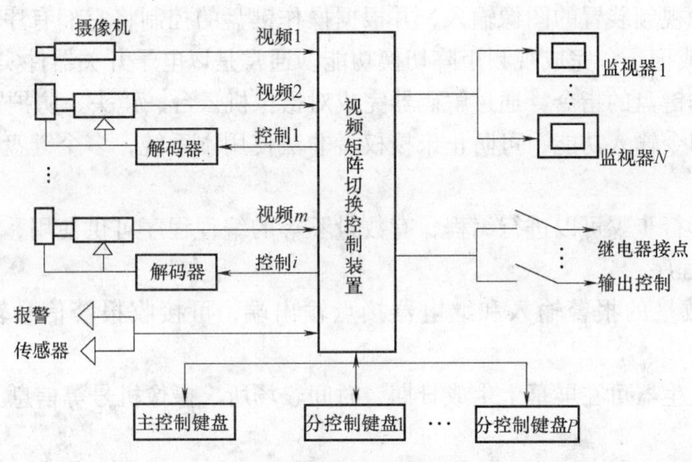

图 2-3 视频矩阵切换控制主机

视频切换控制主机是闭路电视监控系统的核心，多为插卡式箱体，内有装置外，还插有一块含微处理器的 CPU 板、数量不等的视频输入板、视频输出板、报警接口板等，有众多的视频 BNC 接插座、控制连线插座及操作键盘插座等。

(1) 矩阵切换主机的分类

1) 按系统的连接方式分类可分为并联连接方式矩阵切换主机和星形连接方式矩阵切换主机两种。

并联连接方式指电视监控系统中的所有控制设备(如矩阵切换主机、操作键盘、解码器、多媒体电脑控制平台、报警接口箱等)之间是通过一根通信总线相连接的，各控制设备之间的数据交换都是在这根通信总线上传输的。这一通信总线一般采用 RS-485 接口。在中小型电视监控系统中常常采用，具有施工简单、便于维护、便于扩展、节省材料等特点。

星形连接方式指电视监控系统中的所有控制设备(如矩阵切换主机、操作键盘、解码器、多媒体电脑控制平台、报警接口箱等)之间是通过矩阵切换主机相连接的，各控制设备之间的数据交换都要通过矩阵切换主机进行转发，这种连接方式在大中型监控系统中常常采用，具有施工简单、便于维护、便于扩展、便于管理等特点。

2) 按系统的容量大小分类可分为小规模矩阵切换主机和大规模矩阵切换主机两种：

小规模矩阵切换主机亦可称为固定容量矩阵切换主机。这类矩阵切换主机的规模一般都不是很大，且在产品出厂前，其矩阵规模已经固定，在以后的使用中不能随意扩展。如常见的 32×16(32 路视频输入、16 路视频输出)、16×8(16 路视频输入、8 路视频输出)、8×4(8 路视频输入、4 路视频输出)矩阵切换主机均属于小规模矩阵切换主机。其特点是产品体积较小，成本低。

大规模矩阵切换主机亦可称为可变容量矩阵切换主机。这类矩阵切换主机的规模一般都较大，且在产品设计时，充分考虑了其矩阵规模的可扩展性。在以后的使用中，用户根据不同时期的需要可随意扩展。如常见的 128×32(128 路视频输入、32 路视频输出)、1024×64(1024 路视频输入、64 路视频输出)矩阵切换主机均属于大规模矩阵切换主机。其特点是产品体积较大、成本相对较贵、系统扩展非常方便。

（2）矩阵切换主机具备的主要功能

1）接收各种视频装置的图像输入，并根据操作键盘的控制将它们有序地切换到相应的监视器上供显示或记录，完成视频矩阵切换功能。通常是以电子开关器件实现。

2）接收操作键盘的指令，通过解码器完成对摄像机云台、镜头、防护罩的动作控制。

3）键盘有口令输入功能，可防止未授权者非法使用本系统，多个键盘之间有优先等级安排。

4）对系统运行步骤可以进行编程，有数量不等的编程程序可供使用，可以按时间顺序来触发运行所需程序。

5）有一定数量的报警输入和继电器接点输出端，可接收报警信号输入和端接控制输出。

6）有字符发生器可在屏幕上生成日期、时间、场所、摄像机号等信息。

3. 解码器

按解码器所接收代码形式的不同，通常有三种类型的解码器：一种是直接接收由切换控制主机发送来的曼彻斯特码的解码器；另一种是由切换控制主机将曼彻斯特码转换后接收的 RC-232 或 RS-422 输入型解码器，即该类解码器在距离较近时由 RS-232 方式控制，在距离较远时用 RS-422 方式进行控制；第三种是经同轴电缆传送代码的同轴视控型解码器。因此，与不同解码器配合使用的云台存在着相互是否兼容的选择。

在以视频矩阵切换与控制主机为核心的系统中，每台摄像机的图像需经过单独的同轴电缆传送到切换与控制主机。对云台与镜头的控制，除近距离和小系统采用多芯电缆作直接控制外，一般是由主机经由双绞线等先送至解码器，由解码器先对传送来的信号进行译码，即确定对哪台摄像单元执行何种控制动作，再经固态继电器做功率放大，驱动指定的云台或镜头完成以下控制动作：

1）前端摄像机电源的开关控制。

2）对来自主机的控制命令进行译码，控制对应云台与镜头的运动，目前各厂家所用控制代码不具开放性，已成为阻碍各厂家产品可互换的关键。采用的控制代码主要有曼彻斯特码(Manchester)、SEC RS-422 码、Sensor Net 码等。指令解码器完成的动作包括：①云台的左右旋转运动；②云台的上下俯仰运动；③云台的扫描旋转(定速或变速)；④云台预置位的快速定位；⑤镜头光圈大小的改变；⑥镜头聚焦的调整；⑦镜头变焦变倍的增减；⑧镜头预置位的定位；⑨摄像机防护罩雨刷的开关；⑩某些摄像机防护罩降温风扇的开关(大多数采用温度控制自动开关方式)。

开关大多数采用低温时自动加电，至指定温度时自动关闭方式。

3）通过固态继电器提高对执行动作的驱动能力。

4）与切换控制主机间信息的传输控制。

解码器的各自设计是造成目前监控系统不能相互兼容的根源，未来，解码器将必须具有开放式的结构。

四、显示和记录部分

显示部分一般由几台或多台监视器组成，它的功能是将传送过来的图像一一显示出来。在电视监控系统中，除了特别重要的部位，一般都不是一台监视器对应一台摄像机进行显示，而是几台摄像机的图像信号用一台监视器轮流切换显示。这样做一是可以节省设备，减少空间的占用；二是因为被监视场所的情况不可能同时都发生意外情况，所以平时只要隔一定的时间(比如几秒)显示一下即可。当某个被监视的场所发生情况时，可以通过切换器将这一路信号切换到某一台监视器上一直显示，并通过控制台对其遥控跟踪记录，所以，在一般的系统中通常都按4:1、甚至8:1的摄像机对监视器的比例数设置监视器的数量。目前，常用的摄像机对监视器的比例数为4:1，即4台摄像机对应一台监视器进行轮流显示，当摄像机的台数很多时，再采用8:1。另外，由于“画面分割器”的应用，在有些摄像机台数很多的系统中，用画面分割器把几台摄像机送来的图像信号同时显示在一台监视器上，也就是在一台较大屏幕的监视器上，把屏幕分成几个面积相等的小画面，每个画面显示一个摄像机送来的画面。这样可以大大减少监视器，并且操作人员观看起来也比较方便。但是这种方案不宜在一台监视器上同时显示太多的分割画面，否则会使某些细节难以看清楚，影响监控的效果，一般以4分割或9分割较为合适。

为了节省开支，对于非特殊要求的电视监控系统，监视器可采用有视频输入端子的普通电视机，而不必采用造价较高的专用监视器。监视器(或电视机)的屏幕尺寸在14~18in(1in=25.4mm)之间的，如果采用了“画面分割器”，可选用较大屏幕的监视器。

放置监视器的位置应避免让监视器屏幕对着阳光旋转，放置监视器的位置应适合操作者以观看的距离、角度和高度。一般是在总控制台的后方，放置专用的监视器架子，所有监视器摆放在架子上。此外，监视器的选择，应满足系统总的功能和技术指标的要求，特别是应满足长时间连续工作的要求。

记录部分中的录像机，其功能是将传送过来的图像一一记录下来，供分析研究使用。

1. 视频监视器

视频监视器是监看图像的显示装置。系统前端中所有摄像机的图像信号以及记录后的回放图像信号都将通过监视器显示出来。电视监控系统的整体质量和技术指标，与监视器本身的质量和技术指标关系极大。也就是说，即使整个系统的前端、传输系统以及中心控制室的设备都很好，但如果监视器质量较差，那么整个系统的综合质量也不高。所以，选择质量好、技术指标能与整个系统设备的技术指标相匹配的监视器是非常重要的。

（1）监视器的分类

1）从使用功能上分有黑白监视器与彩色监视器、带音频与不带音频的监视器、有专用监视器与收/监两用监视器(接收机)以及有显像管式监视器与投影式监视器等。

2）从监视器的屏幕尺寸上分有 9in、14in、17in、18in、20in、21in、25in、29in、34in 等显像管式监视器，还有 34in、72in 等投影式监视器。此外，还有便携式微型监视器及超大屏幕投影式、电视墙式组合监视器等。

3）从性能及质量级别上分有广播级监视器、专业级监视器、普通级监视器。其中以广播级监视器的性能质量为最高。

（2）监视器的主要技术指标

1）清晰度（分辨率） 这是衡量监视器性能质量的一个非常重要的技术指标。通常给出的指标常以“中心水平清晰度（或分辨率）”为多见。按我国及国际上规定的标准及目前电视制式的标准，最高清晰度以 800 线为上限。在电视监控系统中，根据《民用闭路监视电视系统工程技术规范》（GB 50198—1994）的标准，对清晰度（分辨率）的最低要求是：黑白监视器水平清晰度应大于等于 400 线，彩色监视器大于等于 270 线。

2）灰度等级 这是衡量监视器能分辨亮暗层次的一个技术指标，最高为 9 级。一般要求大于等于 8 级。

3）通频带（通带宽度） 这是衡量监视器信号通道频率特性的技术指标。因为视频信号的频带范围是 6MHz，所以要求监视器的通频带应大于等于 6MHz。

2. 多画面处理器

多画面处理器是在一台显示器上或一台录像机上，同时显示或记录多个摄像机图像的设备。它一般用在需要多个画面同时需要显示和记录的场合。多画面处理器包括画面分割器和多画面处理器等产品。

根据输入摄像机视频信号的通道数和在一台监视器上能同时显示的画面数量，通常分为 4 画面、6 画面、双 4 画面、8 画面、9 画面和 16 画面等多种产品。

（1）画面分割器 画面分割器是较简单的画面处理设备。以 4 画面分割器较多。它把 4 个摄像机的视频图像压缩显示在一台监视器屏幕上的 4 个部分。它具有字符显示功能，可以在屏幕上同时显示识别字符和日期时间等。一般具有报警输入和输出功能。可以全屏显示和切换显示每个摄像机的输入图像。有些机型具有 2 个视频输出端子，可以连接 2 台监视器，一台监视器固定显示 4 个分割画面图像，另一台监视器用于全屏或切换显示画面。由于其价格相对较低，可以满足一些需要的场合，因而使用较多。

（2）多画面处理器 多画面处理器是随着数字处理技术发展起来的画面处理设备。它是以数字处理、动态时间分割（DTD）、并行视频处理（PVP）技术和计算机技术相结合发展起来的视频分割显示处理设备。一般具有以下功能和特点：

1）屏幕菜单编程，功能菜单设定，菜单快速设置。

2）双工或单工操作。双工操作时可用一台录像机实时录像，另一台录像机回放。在一台多画面处理器内同时进行，互不影响。

3）采用数字图像处理技术，可以由编程任意设定画面在屏幕上显示的位置。点触式冻结画面。

4）现场满屏、顺序切换、电子变倍放大（ZOOM）、画中画（PIP）、2×2（3×3 或 4×4）等多种画面显示。

5）视频信号丢失检测报警、报警输入、视频运动报警检测、联动报警输出、受控报警录像、报警事件记录。

6）自动安装检测，包括自动终端检测、自动彩色和黑白图像检测、自动摄像机检测、自动增益控制。

7）RS-232 遥控和编程，分控键盘，级联多画面处理器。

8）动态检测，VEXT 自动化录像机录像速度同步。

9）具有对云台镜头的控制能力。

10）屏幕字符、日期、时间显示。

除了以上介绍的功能外，各种画面处理器还有各种独特的功能。采用画面处理器即可组成一套独特的小型闭路监控系统用于一些特殊场合。

3. 录像机

录像机是监控系统的记录和重放装置。目前录像机可分为磁带录像机和数字硬盘录像机两种。

（1）模拟式长时间录像机　长时间录像机是记录监控图像的有效途径，有模拟式记录和数字式记录两大类。利用它可以减少不断更换与储存录像带的麻烦。模拟式又分为时滞式(Time Lapse)和实时式(Real Time Video Cassette Recorder)。

模拟式长时间录像机最基本的特征是由伺服电动机(Servo motor 或 Stepping motor)直接驱动磁头，使其逐格转动，每记录一幅图像，磁头就转动一格。长时间录像机的类别有：

1）24h 实时型录像机　24h 实时型录像机回放时画面动作连续可观，技术上采用 4 磁头结构来抑制出现噪声，其分辨率已能达到黑白 350 线左右，彩色 250 ~ 300 线。使用一盘 E-240 录像带，它可以 16.7 帧/s 的速度作 24h 连续录像，也可以 50 帧/s 图像作 8h 的连续录像。该录像机在与之相连的外部报警传感器被触发时，会从 16.7 帧/s 方式自动转换成 50 帧/s 记录方式，以完整地捕捉该报警事件。为了适应某些部门每周 5 天工作，每天工作 8h 的需要，出现了 40h 连续录像机。

2）24h 时滞式录像机　24h 时滞式录像机有 0.02 ~ 0.2s 的时间间隔，即从 50 帧/s 到 5 帧/s，因此在回放 5 帧/s 的录像带时，影像会有不连续感，将给人以动画的效果，典型产品有 3h、6h、12h 和 24h 这 4 种时间记录方式；其水平分辨率在 3h 记录方式时黑白图像为 320 线，彩色图像为 240 线或 300 线，信噪比为 46dB，有一道声音信号。

而可作 24h 高密度录像的机型，其带速为 3.9mm/s，每秒钟可记录 8.33 帧画面，提高了录像密度，该类长时间录像机均带有报警功能(见表 2-6)。

表 2-6　24h 高密度录像机

磁带类型 / 记录类型	可记录时间/h						录像间隔/s	声音记录	带速/mm · s^{-1}
	E240	E180	E120	E90	E60	E30			
8h	8	6	4	3	2	1	连续	有	11.7(连续)
24h	24	18	12	9	6	3	0.06	有	3.9(连续)

3）最长 960h 的时滞式长时间录像机　时滞式长时间录像机工作时的时间间隔是可以由用户选择的，用户可从每盒 E-180 录像带 3h 连续记录到间隔长达数秒钟记录一幅图像的范围选择。长时间录像机中录像时间最长的是一盘录像带能记录 960h，其录像模式有 3h、12h、24h、36h、48h、72h、84h、120h、168h、240h、480h、720h、960h，并带有报警功能；其他长时间录像机还有 168h、720h 等几种。一般选择时间间隔以 5s 以内为好，彩色分

辨率以240线为标准，但不少产品的分辨率已达到彩色300线，若要达到500线左右的水平分辨率，则需要采用S-VHS系统的长时间录像机。

（2）数字硬盘录像机　硬盘录像机是将视频图像以数字方式记录保存在计算机的硬磁盘中，故也称为数字视频录像机DVR（Digital Video Recorder, DVR）或数码录像机。现时DVR产品的结构，主要有两大类：一类是采用工业奔腾PC和Windows操作系统作平台，在计算机中插入图像采集压缩处理卡，再配上专门开发的操作控制软件，以此构成基本的硬盘录像系统，即基于PC的DVR系统（PC-Based DVR），其市场份额目前占绝大多数；另一类是非PC类的嵌入式数码录像机（Stand alone DVR）。随着今后对系统可靠性要求的提高，此类机型将会占有更多的市场份额。

DVR除了能记录视频图像外，还能在一个屏幕上以多画面方式实时显示多个视频输入图像，集图像的记录、分割、VGA显示功能于一身。在记录视频图像的同时，还能对已记录的图像作回放显示或者作备份，成为一机多工系统。

硬磁盘录像机由于是以数字方式记录视频图像，为此对图像需要采用Motion JPEG、MPEG4等各种有效的压缩方式进行数字化，而在回放时则需解压缩。这种数字化图像既是实现数字化监控系统的一大进步，又因能通过网络进行图像的远程传输而带来众多的优越性，非常符合未来信息网络化的发展方向。

某产品DVR处理流程如图2-4所示，主要特点如下：

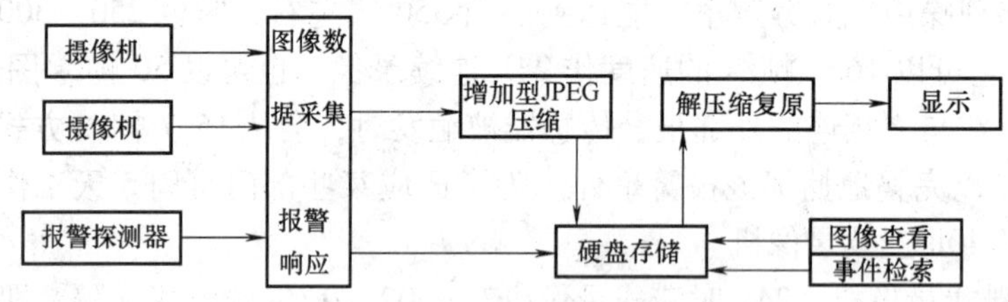

图2-4　DVR处理流程

1）可同时输入最多16台摄像机的图像进行数字化记录，并可同时观看，即在S-VGA主监视器可看到最多16画面分割的图像，同时在副监视器上可看到所录制的复合视频图像。

2）可将最多16路视频图像经压缩后保存在内置的数据硬盘中，1GB容量可存储1.5～4h的图像。

3）在发生报警时，可自动增加记录视频图像的数量至最高30～45帧/s，从而实现智能搜索与智能捕获，并完整地记录报警事件。

近期，数码录像机的存储容量不断增大，价格不断下降，它的普及和应用是一种趋势。

第三节　闭路电视监控系统的设计要求

一、设计要求与步骤

CCTV系统的工程设计，应根据使用要求、现场情况、工程规模、系统造价以及用户的特殊需要等来综合考虑，然后由设计者提出实施设想和措施，进行工程设计。

为了使设计合理，必须做好设计前的调查等准备工作。它包括工程概貌调查、被监视对象和环境的调查等。工程概貌调查包括了解系统的功能和要求、系统的规模和技术指标、施工的内容和完成时间、建设目的和投入资金等情况。根据使用部门的实际情况，在十分必要的场合安装 CCTV 系统，并考虑经济的合理性和技术的先进性。被摄对象和环境的调查包括被摄体的大小，是否活动，是室内和还是室外以及照明情况和可选用的安装设置方法等。此外，还要了解用户的要求，如监视和记录的内容、时间(如定期、不定期、连续等)、摄像机的镜头、角度和机罩的控制等。

电视监控系统的工程设计，一般分为初步设计(方案设计)和正式设计(施工图设计)。系统的设计方案应根据下列因素确定：

1）根据系统的技术和功能要求，确定系统组成及设备地点。

2）根据建筑平面或实地勘察，确定摄像机和其他设备的设置地点。

3）根据监视目标和环境的条件，确定摄像机类型及防护措施，在监视区域内它的光照度应与摄像机要求相适应。

4）根据摄像机分布及环境条件，确定传输电缆的线路路由。

5）显示设备宜采用黑白电视系统，在对监视目标有彩色要求时，可采用彩色电视机。对于功能较强的大、中型监控电视系统，宜选用微机控制的视频矩阵切换系统。

6）选用系统设备时，各配套设备的性能及技术要求应协调一致，所用器材应有符合国家标准或行业标准的质量证明。

7）系统设计应满足安全防范和安全管理功能的宏观动态监控、微观取证的基本要求，并符合在现场条件下运行可靠、操作简单、维修方便等要求。

8）应考虑建设和技术的发展，满足将来系统进一步发展和扩充，以采用新技术、新产品的可能性。

二、设备的选择

1. 摄像机、镜头、云台的选择

1）摄像机应根据目标的照度选择不同灵敏度的摄像机，监视目标的最低环境照度至少应高于摄像机最低照度的 10 倍，通常选择时可参照表 2-7 进行。照度与明暗度的关系如表 2-8所示。

表 2-7 照度与选择摄像机的关系

环境照度/lx	摄像机最低照度(F/1.4)/lx	
	黑白	彩色
1～30	≤0.1	≤1
30～50		1～2
≥50		≤3

表 2-8 照度与明暗度的关系

照度/lx	明暗度	照度/lx	明暗度
0.3	晴天月圆之夜的地面	100	饭店大厅
2	夜晚的病房、剧场内的观众席	200	视听室
10	车库、剧场休息时的观众席	500	小型自选商店内，普通办公室
50	旅游饭店的走廊		

2）在一般情况下选用的彩色摄像机，其最低照度应小于3lx(F/1.4)。用于室外安装的彩色摄像机，其最低照度应小于1lx(F/1.4)，或选用在低照度时能自动转换为黑白图像的彩色摄像机。

3）在一般的监视系统中，大多数采用黑白摄像机，因为它比彩色摄像机容易达到照度和清晰度等的较高要求，彩色摄像机主要用于对色彩有一定要求的场合，参见表2-9。

表 2-9 彩色和黑白摄像机的选择

	彩色摄像机	黑白摄像机
信息量	因有颜色而使信息增大(信息量大约为黑白摄像机的10倍)	不能辨别颜色
环境	在光线暗的场所，清晰度差	在光线暗的场所清楚度好(使用红外照明,在照度为0lx的黑暗处也可拍摄)
费用	费用较高	费用低

目前，监控电视系统宜采用固体摄像机(CCD摄像机)。选用固体黑白摄像机时，其水平清晰度应大于等于500线；选用固体彩色摄像机时，其水平清晰度应≥330线，它们的信噪比均应大于等于45dB，温度、湿度范围(必要时加防护设备)应符合现场气候条件的变化。

4）摄像机镜头应顺光源主向对准被摄目标，在只能逆光安装的地方，应选用具有逆光补偿的摄像机，否则易产生亮处图像白化，暗处图像质量不佳的现象。户内、外安装的摄像机均应加装防护套，防护套可根据需要设置遥控雨刷和调温控制系统。

5）镜头像面尺寸应与摄像机靶面尺寸相适应。摄取固定目标的摄像机，可选用定焦距镜头；在有视角变化的要求的摄像场合，可选用变焦距镜头。镜头焦距的选择可根据视场大小和镜头到监视目标的距离确定。

距离被照物体多远，拍摄图像有多大，由选择的广角镜头还是望远镜头来决定(见表2-10)。广角镜头具有广阔的视野，但拍的被照物体图像小，望远镜头视野窄，但拍的被照物体图像大。

表 2-10 摄像大小与镜头焦距

镜 头 种 类	1/3in 用	1/2in 用	2/3in 用
标准/mm	8	12	16
广角/mm	4	6	8
超广角/mm	<4	<6	<8
望远/mm	<8	>12	>16

6）电梯轿厢内的摄像机镜头，应根据轿厢体积的大小，选用水平视场角大小或等于90°的广角镜头。

7）对景深大、视角范围广的区域，应采用带全景云台的摄像机，并根据区域的大小选用6倍以上的电动遥控变焦距镜头，或采用两只以上定焦距镜头的摄像机分区覆盖。

8）摄像机应选用自动光圈镜头，尤其是室外的照度变化幅度相当大，必须采用自动光圈控制镜头。在电梯轿厢等光照度恒定或变化较小的场所可选用手动光圈镜头。

2. 显示、记录、切换控制器

1）安全防范电视监视系统至少应有两台监视器：一台做切换固定监视用；另一台做时序监视用。监视器宜选 23 ~ 51cm 屏幕的监视器。

2）一般监视器的屏幕尺寸应不小于 9in，总时序图像记录用监视器的屏幕尺寸应不小于 12in，双工多画面视频处理器用监视器的屏幕尺寸应不小于 17in。

3）安保电视系统摄像机的图像应能分组察看，时序及定点察看。

4）对主要出入口、大堂及电梯轿厢等重点部位的图像应配置双工多画面视频处理器察看。

5）摄像机与监视器不包括双工多画面视频处理器用监视器。之间的配置应有恰当比例：系统部分摄像机配置双工多画面视频处理器时，应不大于 5∶1；百分之五十以上摄像机选用双工多画面视频处理器时，应不大于 10∶1；全部摄像机配置双工多画面视频处理器时，应不大于 16∶1。

6）视频信号应作多路分配使用。一般分为三路：一路分组监视；一路录像、监视；一路备份输出。实行分组监视时，应考虑下列因素进行合理编组：

① 区别轻重缓急，保证重点部位。

② 忙闲适当搭配。

③ 照顾图像的同类型和连续性。

④ 同一组内监视目标的照度不宜相差过大。

实行分组监视时，摄像机与监视器之间应有恰当的比例。主要出入口、电梯等需要重点观察的部位不大于 2∶1，其他部位不大于 6∶1，平均不超过 4∶1。

7）黑白监视器的水平清晰度应大于 600 线，彩色监视器的水平清晰度应大于 350 线。

根据用户需要，可采用电视接收机作监视器，有特殊要求时，可采用大屏幕监视器或投影电视。

在同系统中，录像机的控制式和磁带规格宜一致，录像机的输入、输出信号应与整个系统的技术指标相适应。

8）视频切换控制器应能手动或自动编程，对摄像机的各种动作进行程控，并能将所有视频信号在指定的监视器上进行固定或时序显示。视频图像上宜叠加摄像机号、地址、时间等字符。

9）电视监控系统中应有与报警控制器联网接口的视频切换控制器，报警发生时切换出相应部位的摄像机图像，并能记录和重放。具有存储功能的视频切换控制器，当市电中断或关机时，对所有编程设置、摄像机号、时间、地址等均可保持。

10）摄像机的图像应有字符显示，以资区分。

11）电梯轿厢内摄像机的视频信号应与电梯运行层楼信号叠加，并显示在监视器的图像画面上。

12）下列图像信号应记录：①事故的现场情况及其全过程；②出入涉外场所的人流动态；③预定地点发生报警时的图像信号。

13）主要出入口、大堂、总服务台、电梯轿厢、首层电梯厅、室外车道、地下车库出入口等重要场所，应配置双工多画面视频处理器和长时间图像记录设备。

14）系统应配置长时间图像记录设备，对系统的图像信号进行时序或定点记录。

15）与安全报警装置等联动的摄像系统，宜单独配备相应的图像记录设备。

16）系统配置的图像记录设备，必须为专用设备。如长时间图像记录设备为录像机时，其工作状态宜设置在24h进行不间断图像记录；报警时自动转至3h工作状态，进行实时图像记录。

17）大型综合安全消防系统需多点或多级控制时，宜采用多媒体技术，做到文字信息、图表、图像、系统操作在一台PC上完成。

18）监视器的选择。选择的监视器必须与安装的摄像机性能、监视形态、监视器本身的安装环境相吻合。按用途选择监视器如表2-11所示。

表2-11　按用途选择监视器

用　　途	选择要点
4分割系统	14in以上的监视器比较合适。小于14in的监视器，在显示4分割图像时，各摄像机拍的图像很难核实
安放在ELA支架上时	15in以下的监视器比较合适。大于15in时，ELA尺寸的支架不够宽
每台摄像都配有一台监视器时	10in左右至21in左右的监视器比较合适，需认真考虑监视人与监视器之间的距离（远且监视器小时，看着困难）和安装场地
各监视器邻接安放时	有金属机壳的监视器比较适合，可以防止监视人之间互相干扰
使用高图像清晰度的摄像机时	适合选用水平图像清晰度高的监视器。如果选用水平图像清晰度低的监视器，则摄像机的性能不能充分发挥出来
用于摄像机对焦时	6in监视器比较适合。如果使用更小的或液晶监视器，则不能进行严格地调焦

19）监视形态的选择。当你监视摄像机拍摄的图像时，监视形态由监视方法和往VTR记录的方法来决定。主要监视形态的比较如表2-12所示。

表2-12　主要监视形态的比较

系统监视方法	实时监视	VTR记录
1∶1系统	（1）所有的摄像机拍摄的图像没有空载时间，都可以核实 （2）所占场地大	理想作法是每台摄像机都与VTR连接，但从费用和场地方面考虑，可以用帧转换开关和时序转换开关进行记录
4分割系统	（1）节省监视器，但所有摄像机的拍摄的图像没有空载时间，都可以核实 （2）在报警等情况下，可将报警的摄像机拍的图像扩大到整个画面，加以核实	有两种记录方法：一是每台4分割机器都与VTR连接；二是在一台VTR上边切换4分割画面边记录。空载时间少，但重放时，各台摄像机拍的图像小，很难进行核实
帧切换系统	（1）监控时，按时序显示各摄像机拍的图像，有空载时间 （2）各摄像机拍摄的可在整个画面上显示，容易核实	（1）如果与一般VTR组合，则几乎没有空载时间，是一种非常理想的监视形态 （2）如果与慢速VTR组合，则有相当多的空载时间 （3）重放时，可以连续观看任何一台摄像机拍的图像，容易核实
时序转换系统	（1）监控时，按时序显示各摄像机拍的图像，有空载时间 （2）各台摄像机拍的图像可在整个画面上显示，容易核实	（1）各台摄像机的图像都有相当多的空载时间 （2）重放时，各台摄像机拍的图像边切换边显示，很难核实

一般来说，如果选择实时监视形态，则采用4分割系统，如果用于记录，则采用帧切换系统，可以从价格和场地方面考虑如何选择。

三、传输线路的考虑

1）在视频传输系统中，为防止电磁干扰，视频电缆应敷设在接地良好的金属管或金属桥架内。室内线路敷设原则与CATV系统基本相同。通常，对摄像机、监控点不多的小系统，宜采用暗管或线槽敷设方式。摄像机、监控点较多的小系统，宜采用电缆桥架敷设方式，并应按出线顺序排列线位，绘制电缆排列断面图。监控室内布线，宜以地槽敷设为主，也可采用电缆桥架，特大系统宜采用活动地板。

电梯内摄像机的随行视频同轴电缆，宜从电梯井道的1/2高度处引出，经接地良好的纵向金属管或桥架引入监控室(因电梯机房是强电干扰源)。当与其他视频同轴电缆走同一金属桥架时，宜在该金属桥架内加隔离装置。当干扰严重时，还可采取加视频光隔离器等措施。

2）涉外建设项目安保电视系统，宜采用同轴电缆、光缆传输图像信号。

3）同轴电缆的选择应满足衰减小、屏蔽好、抗弯曲、防潮性能好等要求。在电磁干扰强的场所应选用高密度、双屏蔽的同轴电缆。

4）同轴电缆等传输黑白电视基带信号在5MHz点、彩色电视基带信号在5.5MHz点的不平坦度大于3dB时，宜加电缆均衡器；大于6dB时，应加电缆均衡放大器。

5）若保持视频信号优质传输水平，SYV-75-3电缆不宜长于50m，SYV-75-5电缆不宜长于100m，SYV-75-7电缆不宜长于400m，SYV-75-9电缆不宜长于60m；若保持视频信号良好传输水平，上述各传输距离可加长一倍。

6）传输距离较远，监视点分布范围广，或需进电缆电视网时，宜采用同轴电缆传输射频调制信号的射频传输方式。长距离传输或需避免强电磁场干扰的传输，宜采用无金属的光缆。光缆抗干扰能力强，可传输十几千米不用补偿。

四、摄像点的布置

摄像点的合理布置是影响设计方案是否合理的一个方面。对要求监视区域范围内的景物，要尽可能都进入摄像画面，减小摄像区的死角。要做到这点，摄像机的数量越多越好，这显然是不合理的。为了在不增加较多的摄像机的情况下能达到上述要求，需要对拟定数量的摄像机进行合理的布局设计。

摄像点的合理布局，应根据监视区域或景物的不同，首先明确主摄体和副摄体是什么，将宏观监视与局部重点监视相结合。另外，还需考虑系统的规模和造价等因素。

当一个摄像机需要监视多个不同方向时，如前所述配置遥控电动云台和变焦镜头。但如果多设一、两个固定式摄像机能监视整个场所时，建议不设带云台的摄像机，而设几个固定式摄像机，因为云台造价很高，而且还需为此增设一些附属设备。

摄像机镜头应顺光源方向对准监视目标，避免逆光安装。如果必须在逆光地方安装，则可采用可调焦距、光圈、光聚焦的三可变自动光圈镜头，并尽量调整画面对比度使之呈现出清晰的图像。尤其可采用带有三可变自动光圈镜头的CCD型摄像机。

对于摄像机的安装高度，室内2.5～5m为宜；室外以3.5～10m为宜，不得低于3.5m。电梯轿厢内的摄像机安装在其顶部，与电梯操作器成对角处，且摄像机的光轴与电梯两壁及天花板均成45°。

摄像机宜设置在监视目标附近不易受外界损伤的地方，应尽量注意远离大功率电源和工作频率在视频范围内的高频设备，以防干扰。从摄像机引出的电缆应留有余量(约1m)，以不影响摄像机的转动。不要利用电缆插头和电源插头去承受电缆的自重量。

由于电视再现图像其对比度所能显示的范围仅为(30～40)∶1，当摄像机的视野内明暗反差较大时，就会出现应看到的暗部看不见。此时，对摄像机的设置位置、摄像方向和照明条件应进行充分的考虑和调整。

对于宾馆、会所的CCTV系统，摄像点的布置以及对各监视目标配置摄像机时应符合下列要求：

1）必须安装摄像机进行监视的部位有：主要出入口；总服务台；电梯(轿厢或电梯厅)；车库、停车场；避难层等。

2）一般情况下均应安装摄像机的部位有：底层休息大厅；外币兑换处；贵重商品柜台；主要通道、自动扶梯等。

3）可结合宾馆质量管理的需要有选择地安装摄像机，或需埋管线在需要时再安装摄像机的部位有：客房通道；酒吧、咖啡茶座、餐厅；多功能厅等。

关于监视场地地照明：黑白电视系统监视目标最低照度应不小于10lx；彩色电视系统监视目标最低照度就不小于50lx。零照度环境下宜采用近红外光源或其他光源。监视目标处于雾气环境时，黑白电视系统宜采用高压水银灯或钠灯；彩色电视系统宜采用碘钨灯。具有电动云台的电视系统，其照明灯具宜设置在摄像机防护罩或设置在与云台同方向转动的其他装置上。

复习思考题

1. 简述闭路电视监控系统的组成形式。
2. 如何选择摄像机、镜头、云台？
3. 摄像点如何布置？

第三章　防盗报警系统

为了保证居民的人身和财产的绝对安全，建筑物内或住宅小区内采用防盗报警系统是很有必要的。报警系统可以是独立的系统，还可以与闭路电视监控系统进行联动，一旦发现有报警或其他突发事件，自动启动闭路电视系统，对现场进行实时录像，以协助管理机构尽快找到事件发生的原因。

第一节　防盗报警系统概述

一、防盗报警系统的作用

防盗报警系统是利用各种类型的探测器对需要进行保护的区域、财产、人员进行整体防护和报警的系统。防盗报警系统可以灵活的以多种方式进行布防和撤防，以多种方式进行报警，同时系统能够自动记录报警时间、防区，在可能的情况下，可以直接将音视频信息传送到接警中心，或通过闭路电视监控系统联动实现音视频报警的功能。

二、防盗报警系统的组成

防盗报警系统由前端探测器、传输线路(有线或无线)、中心监控三个部分组成。防盗报警系统的组成如图 3-1 所示。

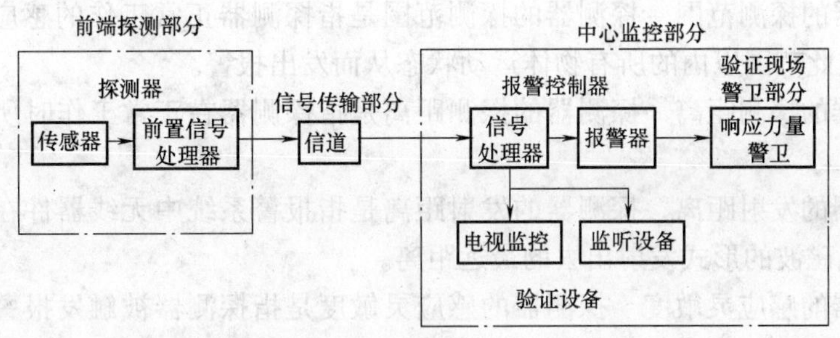

图 3-1　防盗报警系统的组成

1. 前端探测部分

根据安全防范的具体要求，被保护区域划分为一个个防区，每个防区可以连接一定数量的报警探测器，负责监视保护区域现场的任何入侵活动。通常在现场使用的报警探测器有：红外探测器、紧急按钮、微波探测器、超声波探测器、磁开关、玻璃破碎探测器等。这些探测器一般由传感器和信号处理器组成，把压力、振动、声音、电磁场等物理量转换成易于处理的电量(电压、电流、电阻)，来获得报警信号。

2. 信号传输部分

报警探测器通过信号传输媒体，将报警输出信号传送到报警控制主机，进行响应和处理。同时，报警探测器的控制信号、供电电源等也需要由报警控制主机提供。根据现场使用环境和条件不同，信号传输部分的传输媒体有多种方式，包括有线信号传输、无线信号传输、微波信号传输、光纤方式传输和电话线传输等。

3. 中心监控部分

中心监控部分是对传输系统传送来的报警信号进行判断、处理、显示、执行、存储和发送的控制设备，并给有线传输系统的前端探测器提供供电电源，对防区进行布防和撤防操作，对系统工作状态进行编程。它带有备用蓄电池，停电时，向前端探测器及系统设备提供不间断供电。

中心监控部分的报警控制器连有电话线，用于与上一级报警中心通信；连接有输出执行设备，完成警情的处理工作。

第二节　防盗报警系统主要设备

一、报警探测装置

1. 探测器的基本概念

(1) 探测器的定义　探测器的定义是：探测入侵者移动或其他动作的电子或机械部件所组成的装置。探测器通常由传感器和前置信号处理两部分组成，传感器是核心。简单的探测器仅有传感器而没有前置信号处理器。入侵者在实施入侵时总是要发出声响、产生振动波、阻断光路、对地面或某些物体产生压力、破坏原有温度场发出红外光等物理现象，传感器就是利用某些材料对这些物理现象的敏感性而将其转换为相应的电信号和电参量(电压、电流、电阻、电容等)，然后经过信号处理器放大、滤波、整形后成为有效的报警信号，并通过传输通道传给报警控制器。防盗报警系统前端探测部分的设备主要是探测器。

(2) 探测器的探测范围　探测器的探测范围是指探测器正常工作的感应范围，即探测器能够探测到在此范围以内的所有物体运动状态从而发出报警。

(3) 探测器的探测距离　探测器的探测距离是指探测器在正常工作时所能探测到的最远距离。

(4) 探测器的发射距离　探测器的发射距离是指报警系统中无线器件在被触发后将无线报警信号以电磁波的形式发射出去的最远距离。

(5) 探测器的感应灵敏度　探测器的感应灵敏度是指探测器被触发报警时探测距离的远近和反应速度的快慢。感应灵敏度高，则在离探测器很远的距离都能探测到；感应灵敏度低，则只能探测到较近的范围。

2. 探测器的分类

防盗探测器通常按传感器的种类、工作方式、工作原理、传输信道(或方法)、警戒范围、应用场合等划分。

(1) 按传感器的种类分类　按传感器的种类分类，即按可探测的物理量分类，探测器可分为磁控开关探测器、振动探测器、声音探测器、超声波探测器、电场探测器、微波探测器、红外探测器、激光探测器、视频运动探测器等，把两种传感器装于一个探测器里边的称为双技术(或称双鉴、复合)探测器。

(2) 按工作方式分类　按探测器的工作方式分类，可分为主动式探测器和被动式探测器。主动探测器在工作时，探测器要向探测现场发出某种形式的能量，经过反射或直射在传感器上形成一个稳定信号，当出现危险时，稳定信号被破坏，信号经处理后，产生报警信号。被动探测器在工作时，不需要向探测现场发出信号，而依靠被测体自身存在的能量进行检测。在接收传感器上平时输出一个稳定的信号，出现危险时，稳定信号被破坏，经处理发出报警信号。

(3) 按探测电信号传输信道分类　按探测电信号传输信道分类，可分为有线探测器和无线探测器。有线探测器是探测电信号由传输线(无论是专用线还是借用线)来传输的探测器，这是目前大量采用的方式。无线探测器是探测电信号由空间电磁波来传输的探测器。在某些防范现场很分散或不便架设传输线的情况下，无线探测器有独特作用。为实现无线传输，必须在探测器和报警控制器之间增加无线信道发射机和接收机。

需要指出的是，有线探测器和无线探测器仅仅是按传输信道(或传输方式)分类，任何探测器都可与之组成有线或无线报警系统。

(4) 按警戒范围分类　按警戒范围分类，可分为点控制探测器、线控制探测器、面控制探测器及空间控制探测器。点控制探测器是指警戒范围仅是一个点的报警器。当这个警戒点的警戒状态被破坏时，即发出报警信号，如磁控开关及各种机电开关探测器。线控制探测器是指警戒范围是一条线束的探测器。当这条警戒线上任意处的警戒状态被破坏时，即发出报警信号。如激光、主动红外、被动红外，微波(对射型)及双技术探测器，都可构成一种看不见摸不着的无形的警戒线，还有一些看得见摸得着的封锁线，如电场周界传感器、电磁振动周界电缆传感器、压力平衡周界传感器、高压短路周界传感器等。面控制探测器是指警戒范围是一个面的探测器，当这个警戒面上任意处的警戒状态被破坏时，即发出报警信号，如，振动探测器、感应探测器等。有的线控探测器，经组合也可构成面控探测器，如采用多束型或单束型经过多次反射等构成的激光墙、红外墙与微波墙等，也可采用来回布金属线构成线网墙等。空间控制探测器是指警戒范围是一个空间的报警器。当这个警戒空间内任意处的警戒状态被破坏时，即发出报警信号，例如双技术探测器、超声波探测器、微波探测器、被动红外探测器、电场式探测器、视频运动探测器等。在这些探测器所警戒的空间内，入侵者无论是从门窗、从天花板或从地下等任意处进入警戒空间时，都会产生报警信号。

(5) 按应用场合分类　按应用场合分类，可分为室内探测器与室外探测器，或可分为周界探测器、建筑物外层探测器、室内空间探测器及具体目标监视用探测器。

(6) 按工作原理分类　按工作原理分类，大致可分为机电式探测器、电声式探测器、电光式探测器、电磁式探测器等。

虽然要完全严格的分类有时也会发生困难，叙述起来也会有较多的重复，但是从不同角度和侧面进行分类，有利于从整体上对它认识和掌握。

3. 常用防盗报警探测器

(1) 磁控开关　门磁开关，可分为有线/无线门磁。一般应用在门、窗户上。只要磁条及干簧管离开距离小于20mm之后就会有报警信号输出。

磁控开关由带金属触点的两个簧片封装在充有惰性气体的玻璃管(称干簧管)和一块磁铁组成，如图3-2所示。

当磁铁靠近干簧管时，管中带金属触点的两个簧片，在磁场作用下被吸合，a、b接通；磁铁远离干簧管达一定距离时干簧管附近磁场消失或减弱，簧片靠自身弹性作用恢复到原位置，a、b断开。

使用时，安装在单元的大门、阳台门和窗户上。当有人破坏单元的大门或窗户时，门

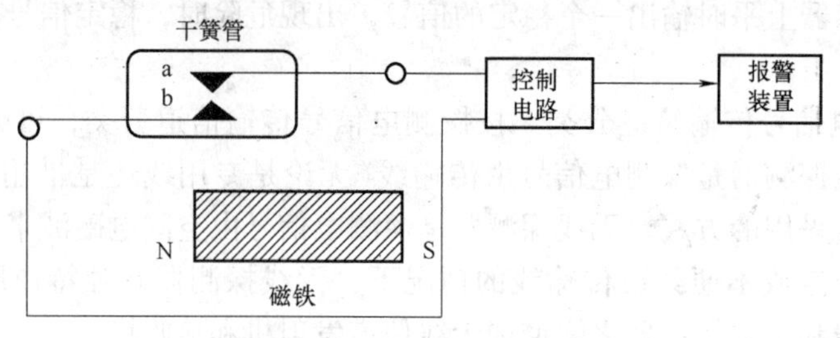

图 3-2　磁控开关报警示意图

磁开关立即将这些动作信号传输给报警控制器进行报警。如图 3-3 所示，干簧管装在门框、窗框等固定部位，磁铁安装在门扇、窗扇等活动部位。磁铁与干簧管的位置需保持适当距离，以保证门、窗关闭时磁铁与干簧管接近，在磁场作用下，干簧管触点闭合，形成通路。当门、窗打开时，磁铁与干簧管远离，干簧管附近磁场消失，其触点断开，控制器产生断路报警信号。

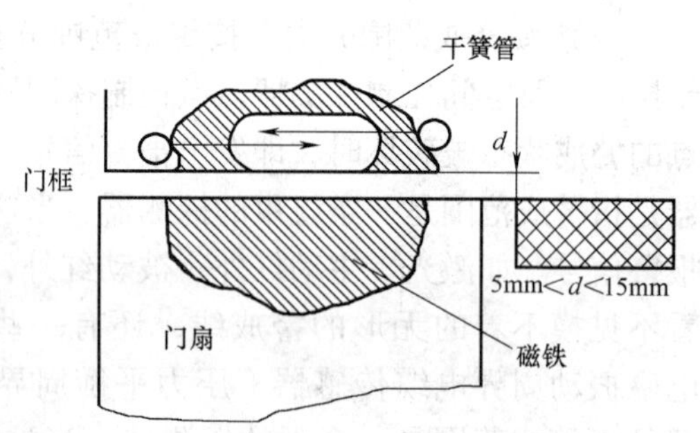

图 3-3　磁控开关安装示意图

磁控开关也可以多个串联使用，把它们安装在多处门、窗上。无论任何一处门、窗被入侵者打开，控制电路均可发出报警信号。这种方法可以扩大防范围，如图 3-4 所示。

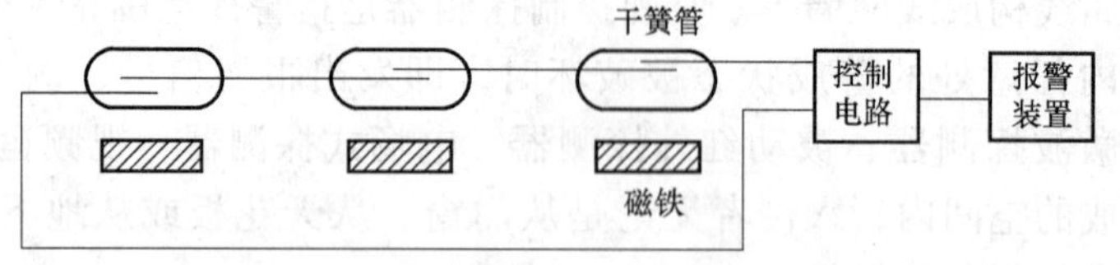

图 3-4　磁控开关的串联使用

磁控开关由于结构简单、价格低廉、耐腐蚀性好、触点寿命长、体积小、动作快、吸合功率小，因此在实际应用中经常采用。

安装、使用磁控开关时，应注意如下一些问题：

1）干簧管应装在被防范物体的固定部分，安装应稳固，避免受猛烈振动，以防止干簧管碎裂。

2）磁控开关不适用有磁性金属的门窗，因为磁性金属易使磁场削弱。此时，可选用微动开关或其他类型开关器件代替磁控开关。

3）报警控制部门的布线图应尽量保密，连线结点要接触可靠。

（2）玻璃破碎探测器　玻璃破碎探测器是利用压电陶瓷片的压电效应（压电陶瓷片在外力作用下产生扭曲、变形时将会在其表面产生电荷）制成玻璃破碎入侵探测器。对高频的玻璃破碎声音（10～15kHz）进行有效检测，而对 10kHz 以下的声音信号（如说话、走路声）有较强的抑制作用。玻璃破碎声发射频率的高低、强度的大小同玻璃厚度、面积有关。玻璃破碎探测器按照工作原理的不同大致分为两大类：一类是声控型的单技术玻璃破碎探测器，它实际上是一种具有选频作用（带宽 10～15kHz）的具有特殊用途（可将玻璃破碎时产生的高频信号驱除)的声控报警探测器。另一类是双技术玻璃破碎探测器，其中包括声控-振动型和次声波-玻璃破碎高频声响型。它一般适用于银行的ATM机上，其他的玻璃防破坏。

玻璃破碎探测器主要用于周界防护，安装在单元窗户和玻璃门附近的墙上或天花板上。当窗户或阳台门的玻璃被打破时，玻璃破碎探测器探测到玻璃破碎的声音后即将探测到的信号给报警控制器进行报警。

一种具有弯形金属导电簧片的玻璃破碎探测器的结构如图3-5所示。两根特制的金属导电簧片1和2，它们的右端分别置有电极3和4。簧片1横向略呈弯曲的形状，它对噪声频率有吸收作用。绝缘体、定位螺丝将金属导电簧片1和2左端绝缘，使它们的电极可靠地接触，并将簧片系统固定在外壳底座上。两条引线分别将簧片1和2连接到控制电路输入端。

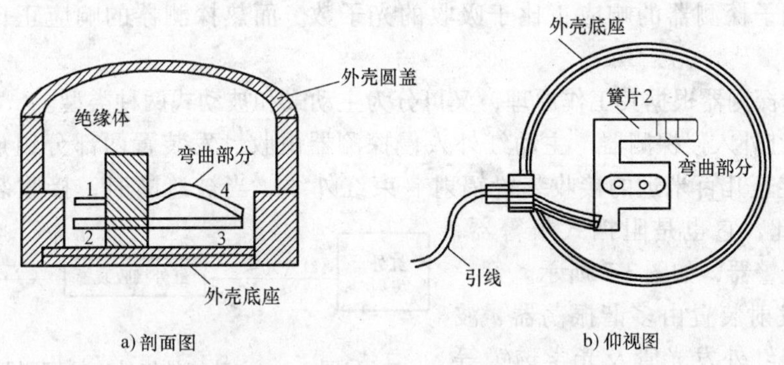

图3-5　一种具有弯形金属导电簧片式的玻璃破碎探测器的结构

玻璃破碎探测器的外壳需用粘接剂附在需防范玻璃的内侧。环境温度和湿度的变化及轻微振动产生的低频率、甚至敲击玻璃所产生的振动，都能被簧片的几处弯曲部分所吸收，不影响簧片2和电极4，使其仍能保持良好接触。只有当探测到玻璃破碎或足以使玻璃破碎的强冲击力时，这些具有特殊频率的振动，使簧片2和1产生振动，两者的电极呈现不断开闭状态，触发控制电路产生报警信号。

此外，还有水银开关式、压电检测式、声响检测式等玻璃破碎探测器，它们都是以粘贴玻璃面上的形式，当玻璃破碎或强烈振动时检测报警。因此，这些粘贴式玻璃破碎探测器在布线施工时要仔细、小心。

(3) 声控报警探测器　声控报警启用传声器作传感器(声控头)用来探测入侵者在防范区域内走动或作案活动发出的声响(如开闭门窗、拆卸搬运物品、撬锁时的声响)，并将此声响转换为报警点信号经传输线送入报警控制器。此类报警电信号既可送入监听电路转换为音响，供值班人员对防范区直接监听或录音，同时也可以送入报警电路，在现场声响强度达到一定电平时启动报警装置发出声、光报警，如图3-6所示。

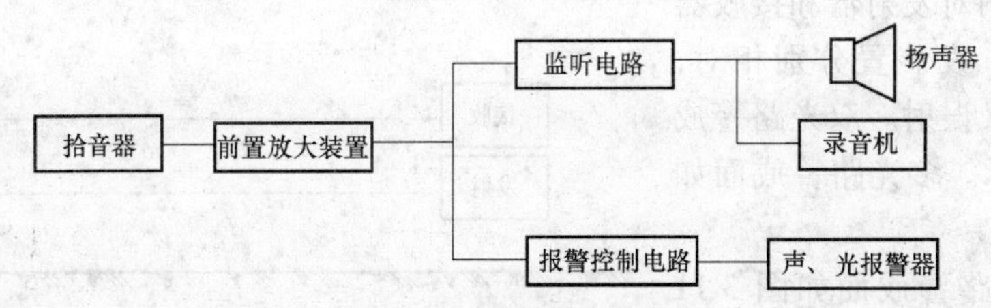

图3-6　声控报警器示意图

这种探测报警系统结构比较简单，仅需在警戒现场适当位置安装一些声控头，将音响通过音频放大器送到报警主控器既可，因而成本廉价，安装简便，适合用在环境噪音较小的银行、商品仓库、档案室、机要室、监房、博物馆等场合。

(4) 红外入侵探测器　红外入侵探测器是一种辐射能转换器，它是利用红外线的辐射和接收技术构成的报警装置。主要用于将接收到的红外辐射能转换为便于测量或观察的电能、热能等其他形式的能量。根据能量转换方式，红外入侵探测器可分为热探测器和光子探测器两大类。热探测器的工作机理是基于入射辐射的热效应引起探测器某一电特性的变化，而光子探测器是基于入射光子流与探测材料相互作用产生的光电效应，具体表现为探测器响应探测材料自由载流子(即电子和/或空穴)数目的变化。由于这种变化是由入射光子数的变化引起的，光子探测器的响应正比于吸收的光子数。而热探测器的响应正比于所吸收的能量。

红外入侵探测器根据其工作原理，又可分为主动式和被动式两种类型。

1) 主动红外入侵探测器　主动红外入侵探测器由收、发装置两部分组成。发射装置向装在几米甚至几百米远的接收装置辐射一束红外线，当被遮断时，接收装置即发出报警信号，因此，它也是阻挡式报警器，或称对射式报警器，如图 3-7 所示。

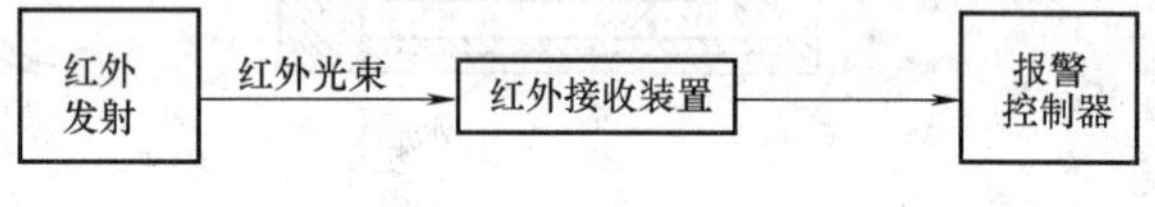

图 3-7　主动红外红外入侵探测器原理

通常，发射装置由多谐振荡器、波形变换电路、红外发光管及光学透镜等组成。振荡器产生脉冲信号，经波形变换及放大后控制红外发光管产生红外脉冲光线，通过聚焦透镜将红外光变为较细的红外光束，射向接收端。

接收装置由光学透镜、红外光电管、放大整形电路、功率驱动器及执行机构等组成。光电管将接收到的红外光信号转变为电信号，经整形放大后推动执行机构启动报警设备。

主动红外入侵探测器有较远的传输距离，因红外线属于非可见光源，入侵者难以发觉与躲避，防御界线非常明确。

主动红外入侵探测器是点形、线形探测装置，除了用作单机的点警戒和线警戒外，为了在更大范围有效地防范，也可以利用多机采取光墙或光网安装方式组成警戒封锁区或警戒封锁网，乃至组成立体警戒区。

单光路由一个发射器和接收器组成。收、发装置分别相对，是为了消除交叉误射。单光路构成警戒面，如图 3-8 所示。

双光路由两对发射器和接收器组成。两对收、发装置分别相对，是为了消除交叉误射。双光路警戒面如图 3-9 所示。多光路警戒面如图 3-10 所示。

反射单光路警戒面如图 3-11 所示。

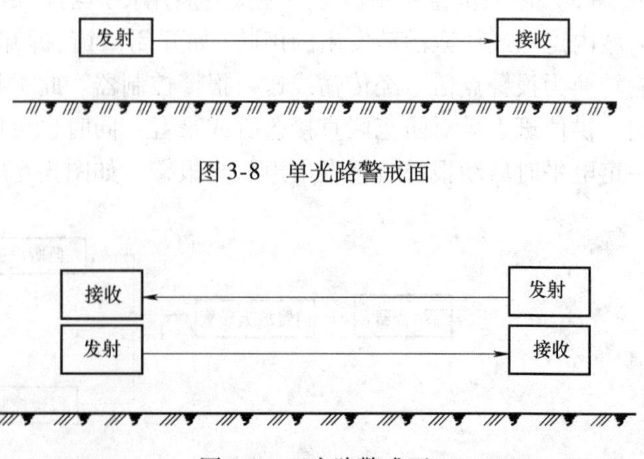

图 3-8　单光路警戒面

图 3-9　双光路警戒面

2）被动红外入侵探测器　被动红外入侵探测器不向空间辐射能量，而是依靠接收人体发出的红外辐射来进行报警。任何有温度的物体都在不断地向外界辐射红外线，人体的表面温度为36～37℃，其大部分辐射能量集中在8～12μm的波长范围内。

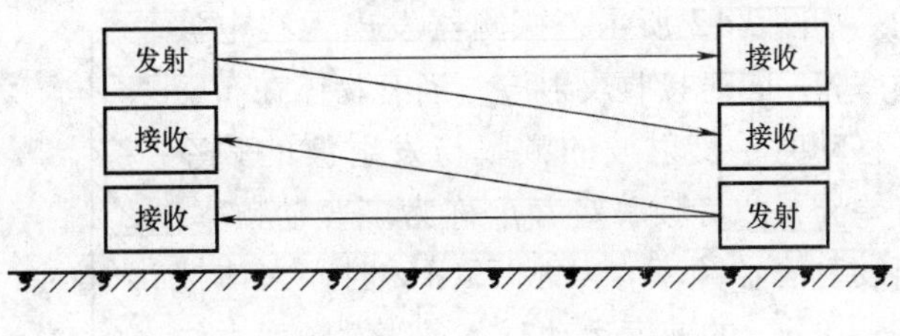

图3-10　多光路警戒面

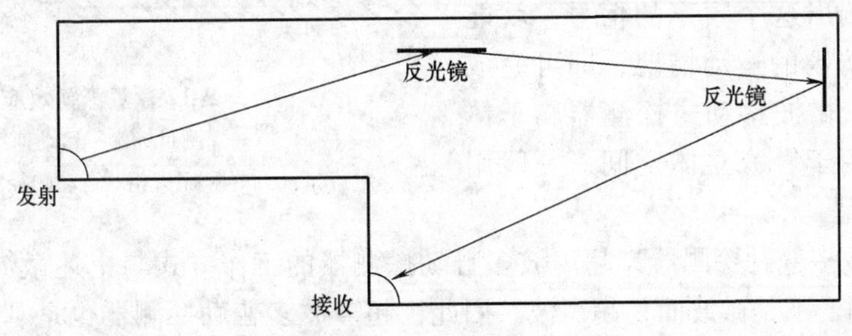

图3-11　反射单光路警戒面

被动红外入侵探测器在结构上可分为红外探头和报警控制部分。红外探测器目前用得最多的是热释电探测器，也是作为人体红外辐射转变为电量的传感器。如果把人的红外辐射直接照射在探测器上，也会引起温度变化而输出信号，但这样做，探测距离有限。为了加长探测器探测距离，需附加光学系统来收集红外辐射，通常采用塑镀金属的光学反射系统，或塑料做的菲涅耳透镜作为红外辐射的聚焦系统。

在探测区域内，人体的红外辐射能量透过衣饰被探测器的透镜接收，并聚焦于热释电传感器上。图3-12中所形成的视场既不连续，也不交叠，且都相隔一个盲区。

当人体(入侵者)在这一监视范围中运动时，顺次地进入某一视场，又走出这一视场，热释电传感器对运动的人体一会儿探测到，一会儿又探测不到，于是人体的红外线辐射不断地改变热释电体的温度，使它输出一个又一个相应的信号，此信号就是报警信号。

被动红外入侵探测器的主要特点：

①由于它是被动式的，不主动发射红外线，因此其功耗非常小；②安装方便；③与微波报警器相比，红外波长不能穿越砖头水泥等一般建筑物，在室内使用时，不必担心由于室外的运动目标会造成误报；④在较大面积的室内安装多个被动红外报警器时，因为它是被动的，所以不会产生系统互扰的问题；⑤工作不受声音的影响，即声音不会使它产生误报。

（5）微波多普勒探测器　应用多普勒原理，辐射频率大于9GHz的电磁波，覆盖一定范围，并能探测到在该范围内移动的人体而产生报警信号的装置。

上述红外探测器报警装置存在着红外线受气候条件(如温度等)变化的影响较大的缺点，影响安全性。而微波探测防盗报警器可以克服这些缺点，而且微波能穿透废金属物质，故可安装在隐蔽处或外加装饰物，不易被人发觉而加以破坏，安全性很高。利用微波能量辐射及探测技术构成的探测器称为微波探测器。

微波多普勒探测器报警装置主要是通过电磁波对运动目标产生的多普勒效应而进行报警

的。如图 3-12 所示，探测器发出无线电波频率f_0，同时接收反射波，当有物体在布防区移动时，反射波的频率与发射波的频率有差异，两者频率差为f_d称为多普勒频率。当发射信号频率$f_0=9.375\text{GHz}$时，人体按 0.5～8m/s 的速度运动时，多普勒频率大约在 31.25～520Hz 之间变动，这是音频段的低频。只要检测出这个频率的信号，就能探知人体在布防区的运动情况，即可完成报警传感功能。微波移动式探测器属于体控型探测器，用于警戒立体空间，一般用于监视室内目标。

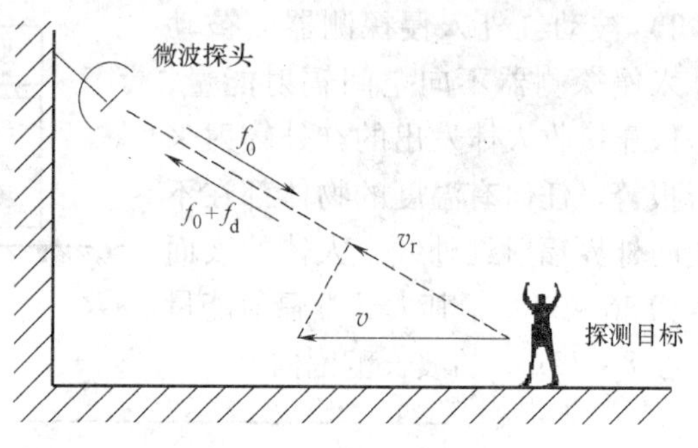

图 3-12　多普勒效应
v—探测目标水平运动速度
v_r—目标和探头相对运动的径向速度

（6）超声波多普勒探测器　超声波多普勒探测器的工作方式与上述微波多普勒探测器类似，只是使用的不是微波而是超声波。因此，超声波多普勒探测器也是利用多普勒效应，超声发射器发射 25～40kHz 的超声波充满室内空间，超声接收器接收从墙壁、天花板、地板及室内其他物体反射回来的超声能量，并不断与发射波的频率加以比较。当室内没有移动物体时，反射波与发射波的频率相同，不报警；当入侵者在探测区内移动时，超声反射波会产生约 ±100Hz 的多普勒频率，接收器检测出发射波与反射波之间的频率差异后，即发出报警信号。

超声波多普勒探测器在密封性较好的房间（不能有过多的门窗）效果好，成本较低，而且没有探测死角，即不受物体遮蔽等影响而产生死角。但容易受风和空气流动的影响，因此安装超声波多普勒探测器时不要靠近排风扇和暖气设备，也不要对着玻璃和门窗。

（7）被动红外/微波复合入侵探测器　为了克服单一技术探测器的缺陷，通常将两种不同技术原理的探测器整合在一起，只有当两种探测技术的传感器都探测到人体移动时才报警的探测器称为双鉴探测器。常见的双鉴探测器以微波＋被动红外居多，另外还有红外＋空气压力探测器和音频＋空气压力的探测器等产品。

被动红外/微波“双鉴”探测器，它是被动红外探测再加上微波同时探测，进一步减少误报现象的发生，即具有“双重鉴别”能力。

被动红外/微波入侵报警探测器主动向外发射微波，微波在遇到的物体上反射回来，如果物体是静止不动的，则反射的微波频率不产生变化。如果物体是运动的，则反射的微波频率将产生变化。

被动红外/微波入侵报警探测器只有当检测到红外与微波都产生触发信号时才产生报警信号输出。在使用环境较恶劣的场所，如过道、仓库等，流动空气容易触发红外线报警，但流动的空气不反射微波，因此，被动红外/微波入侵报警探测器使用在这种环境中，不会产生误报。需注意的是：微波具有一定的穿透能力，它能穿透一定厚度的墙壁，探测到墙外的行人。水管内流动的液体也能使微波频率发生变化。在这种环境中使用应予以考虑。

红外探测器和红外/微波双鉴器通常安装在重要的房间和主要通道的墙上或天花板上。当有人非法侵入后，红外探测器通过探测到人体的温度来确定有人非法侵入，红外/微波双鉴器探测到人体的温度和移动来确定有人非法侵入，并将探测到的信号传输给报警控制器进行报警。管理人员也可以通过程序来设定红外探测器和红外/微波双鉴器的等级和灵敏度。

双鉴探测器的特点：

1）微波与被动红外两种方法探测，并经过模糊逻辑数码分析，排除种种普通探测器无法克服的干扰，只对人体移动作出报警，杜绝误报漏报，性能远远超出无微波功能的各种红外探测器。

2）具有温度补偿，无论环境温度如何变化，探测灵敏度始终一致，没有温度死区（一般探测器在 32～40℃时，灵敏度大幅度下降，或在其他温区极易误报）。

3）微波探测稳定可靠，抗干扰能力强，最大可覆盖范围更加宽远，并可予以视区成型设置。

4）具有可编程功能，拥有最大的应用灵活性。

为了进一步提高探测器的性能，在双鉴探测器的基础上又增加了微处理器技术的探测器称为三鉴探测器。

（8）周界报警探测器　为了对大型建筑物或某些场地的周界进行安全防范，一般可以建立围墙、栅栏，或采用值班人员守护的方法。但是围墙、栅栏有可能受到破坏或非法翻越，而值班人员也有出现疏忽或暂离岗位的可能性。为了提高周界安全防范的可靠性，可以安装周界报警装置。实际上，前述的主动红外报警器和摄像机也可作周界报警器。

周界报警的传感器可以固定安装在现有的围墙或栅栏上，有人翻越或破坏时即可报警。传感器也可以埋设在周界地段的地层下，当入侵者接近或越过周界时产生报警信号，使值守人员及早发现，及时采取制止入侵的措施。下面介绍几种专用的周界报警传感器。

1）泄漏电缆传感器　这种传感器类似于电缆结构，如图 3-13 所示，其中心是铜导线，外面包围着绝缘材料（如聚乙烯），绝缘材料外面用两条金属（如铜皮）屏蔽层以螺旋方式交叉缠绕并留有方形或圆形孔隙，以便露出绝缘材料层。

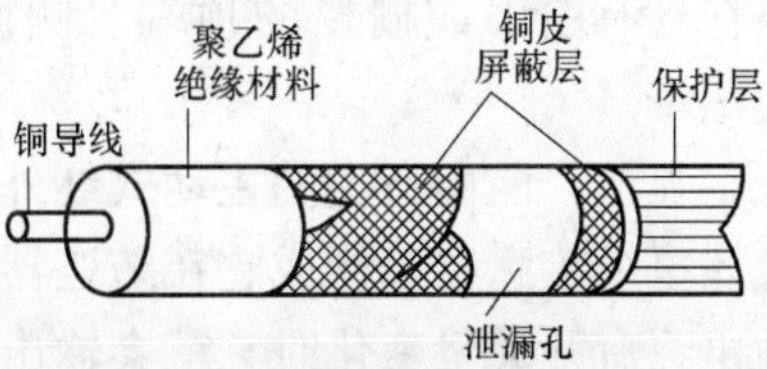

铜导线
聚乙烯
绝缘材料
铜皮
屏蔽层
保护层
泄漏孔

图 3-13　泄漏电缆结构示意图

电缆最外面是聚乙烯塑料构成的保护层。当电缆传输电磁能量时，屏蔽层的空隙处便将部分电磁能量向空间辐射。为了使电缆在一定长度范围内能够均匀地向空间泄漏能量，空隙的尺寸大小是沿电缆变化的。

把平行安装的两根泄漏电缆分别接到高频信号发射和接收器就组成了泄漏电缆周界报警器。发射产生的脉冲电磁能量沿发射电缆传输并通过泄漏孔接收空间电磁能量并沿电缆送入接收器。

这种周界报警器的泄漏电缆可埋入地下，如图 3-14 所示，当入侵者进入探测区时，使

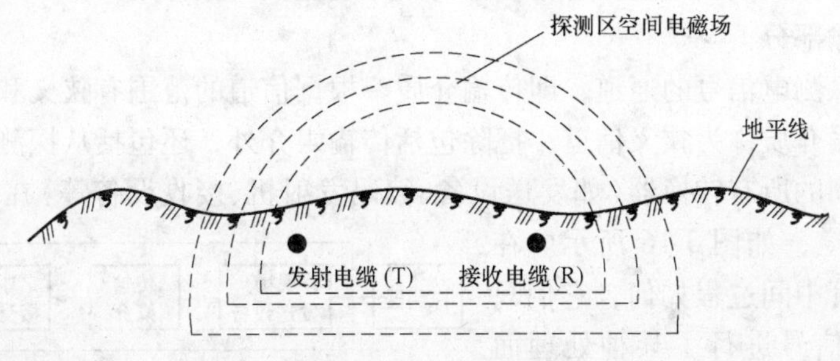

图 3-14　泄漏电缆空间场示意图

空间磁场分布状态发生变化。因而使接收电缆收到的电磁能量产生变化，此能量变化量就是初始的报警信号，经过处理后即可触发报警器工作。

此周界报警器可全天候工作，抗干扰能力强，误报和漏报率都比较低，适用于高保安、长周界的安全防范场所。

2）平行线周界传感器　这种周界传感器是由多条(2～10 条)平行线构成的，如图 3-15 所示。在多条平行导线中，有部分导线与振荡频率为 1～40kHz 的信号发生器连接，称之为场线，工作时场线向周围空间辐射电磁能量。另一部分平行导线与报警信号处理器连接，称之为感应线，场线辐射的电磁场在感应线中产生感应电流。当入侵者靠近或穿越平行线时，就会改变周围电磁场的分布状态，相应地使感应线中的感应电流发生变化，报警信号处理器检测出此电流变化量作为报警信号。

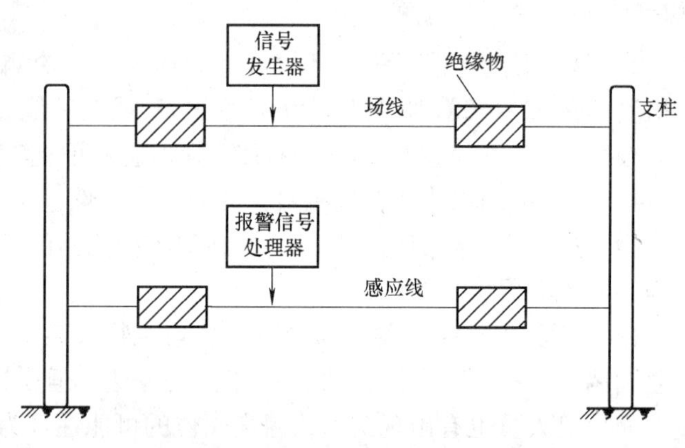

图 3-15　平行线周界传感器构成示意图

平行线周界传感器可以全天候工作，误报及漏报率都较低；安装方式可灵活多样，可安装在现有围墙或栅栏的顶端、侧面等部位，也可将平行导线安装在支柱上兼作周界栅栏使用。

显然，前面所述的主动式红外探测器可用作周界报警器。此外，还有用光纤传感器、驻极体电缆传感器等构成它在防盗器材当中是最简单的一种器材，它是一个开关，有常开/闭输出，有开关量变化时它就会输出报警信号给主机了，此不赘述。

(9）紧急呼救按钮　它在防盗器材当中是最简单的一种器材，它是一个开关。有常开/闭输出，有开关量变化时它就会输出报警信号给主机了。主要安装在人员流动比较多的位置，以便在遇到意外情况时可按下紧急呼救按钮向保安部门或其他人进行紧急呼救报警。

(10）报警扬声器和警铃　安装在易于被听到的位置，在探测器探测到意外情况并发出报警时，报警探测器能通过报警扬声器和警铃来发出报警声。

(11）报警指示灯　它是一种输出设备，当报警主机处理到有报警信号要处理的输出时，这时连接好的报警指示灯就会工作了。主要安装在单元住户大门外的墙上，当报警发生时，可让来救援的保安人员通过报警指示灯的闪烁迅速找到报警用户。

二、信道传输部分

信道是传输探测电信号的通道，即传输介质。根据信道的范围有狭义和广义之分，把仅指传输信号的传输介质称为狭义信道；把除包括传输媒介外，还包括从探测器输出端到报警控制器输入端之间的所有转换器(如发送设备、编码发射机、接收设备等)在内的扩大范围的信道成为广义信道，如图 3-16 所示。在广义信道中，不管中间过程如何，它们只不过是把探测电信号进行了某种处理而已。应用时只需关心最终传输的结果，而

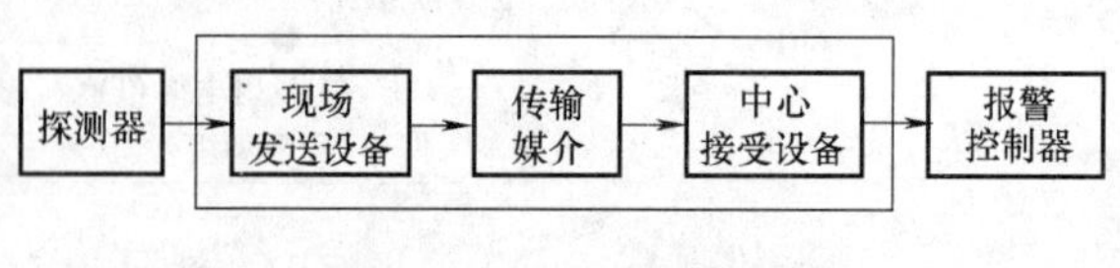

图 3-16　广义信道框图

无需关心形成这个最终结果的详细过程。

1. 有线信道

在报警器中常用的有线信道有专用线和借用线两种。

（1）专用线　专用线专用于连接每个探测器和报警接收中心的线路，只作为传输该系统的探测信号用，不作它用。一般常用的双绞线、电话线、电缆、通信电缆。专用线是目前我国大量采用的信道。专用线有并行传输的多线制和串行传输的总线制两种。总线制有树形布线和环状布线两种形式，线数最少有两根线，既作电源传输用又作信号传输用。常用的是4根线，电源线和信号线分开用，也有6根线或更多一点的。串行总线制比并行传输的多线制对整个报警工程系统的设计、施工和节省导线上都优越得多，尤其是对大、中型工程来说优越性就更加显著。

（2）借用线　一些已建筑好的建筑物内，已有了各种传输线网络，如220V的照明线路、电话及电视共用的天线线路等，借此来传输报警系统的探测信号，这正是报警系统的设计者和施工者们所盼望的。人们已根据实际需要研制了能利用已有的线路传输报警探测信号的相关设备，如电话报警器，平时作电话用，有情况时作报警器用。自动交换台在自动控制的范围内都可以用作报警器，在手动交换台控制的范围内不能用，这是因为，在需要报警的时刻，电缆不一定能保证接通。其他还有利用照明线路、电视共用天线来传输报警探测电信号等。目前，已有不少人从事这项研究工作，并研制出商用产品。

2. 无线信道

无线信道将探测器输出的探测电信号经过调制用一定频率的无线电波，向空间发送到报警控制器处接收。而控制中心将接收信号分析处理后，发出报警和判断出报警部位。

目前我国采用较多的是在无线信道中传送模拟信号。一般都是探测器在正常状态下不发射无线电波，而在报警状态下发射无线电波的模式。常用的有调幅、调频两种方式。

（1）调幅方式　当某个探测器A产生报警电信号时，发射机发出某个调幅波，其调制信号可以是该探测器特有的低频信号f_A，即显示探测器A处出现了危险情况。

这种传输方式较易受到外界干扰，引起误报警。有的尽管采取了抗电火花干扰措施但效果仍不理想。

（2）调频方式　当某个探测器B产生报警电信号时，发射机发出某个调频波，其调制信号可以是该探测器特有的两个音频信号f_B、f'_B（采用音叉振荡器频率较精确）。在报警接收中心收到调频波后，调频得到双音频信号f_B、f'_B，即显示探测器B处出现了危险情况。这种传输方式与调幅方式相比较，抗干扰性能较好。

随着科学技术的不断进步，人们将会更多地采用在无线信道中传送数字信号的传输方式。这是因为数字传输系统与模拟传输系统相比较，它更能适应对传输技术越来越高的要求。数字传输的抗干扰能力强，传输中的差错可以设法检测和纠正，便于使用计算机对信号进行处理，便于计算机联网使用。

三、防盗报警控制器

1. 防盗报警控制器

防盗报警控制器（Burglar-Alam Control Units）即在防盗报警系统中，实施设置警戒、解除警戒、判断、测试、指示、传送报警信息以及完成某些控制功能的设备。包括有线、无线的防盗报警控制、传输、显示、存储等设备。

防盗报警控制器按防护功能级别分为A、B、C三级。A级为较低防护功能级；B级为一般防护功能级；C级为较高防护功能级。

2. 防盗报警控制器的功能特点

防盗报警控制器应能接收入侵探测器发出的报警信号，具有按时间、区域部位任意布防和撤防，以及自检、防破坏、声光报警(报警时住宅内应有警笛或音乐报警声，且警笛、音乐报警声音量可调)的功能。

根据GB 12663—2001《防盗报警控制器通用技术条件》的规定，防盗报警控制器应符合以下功能要求：

(1) 互联监控和指示

1) 互联监控　防盗报警控制器应能对入侵探测器、防拆报警装置、报警器、紧急报警装置、报警传输设备以及辅助控制设备等互联设备进行监控。

2) 指示　防盗报警控制器应对入侵报警、防拆报警、防破坏报警和紧急报警等报警状态有明确的区分指示。

(2) 设置警戒与解除警戒　防盗报警控制器应有设置警戒和解除警戒的装置。它们可以是机械钥匙、遥控装置、密码键盘、读卡装置或其他装置。

1) 设置警戒　防盗报警控制器应能使用授权装置和/或用户密码进行设置警戒，也可以用单一按键快速设置警戒。

2) 解除警戒　防盗报警控制器的设置警戒状态，只能用授权的装置和/或用户密码、有效卡等解除警戒，不能用控制面板上的单一按键进行解除警戒。

(3) 报警　防盗报警控制器应能接收报警信号，产生报警，一般常用的有瞬时报警和防拆报警两种，此外，还有延时报警、紧急报警、传递延时报警、胁迫报警等。

1) 瞬时报警　瞬时报警即接收到入侵探测器的报警信号后，立即产生报警指示，并应能发送报警信号到远程监控站。

2) 防拆报警　防拆报警包括两个方面：第一方面是防盗报警控制器应有能接收探测器防拆报警信号的接口；第二方面是防盗报警控制器及其辅助设备应有装在机壳盖里面的防拆探测装置。当打开探测器或防盗报警控制器机盖或防盗报警控制器被移离安装表面时，应不受防盗报警控制器所处状态和交流断电影响，提供24h防拆报警。

3) 防破坏报警　当与防盗报警控制器互联的报警探测回路发生断路、短路时，应立即发出报警；当报警探测回路为阻性，并接任何阻性负载时，应立即发出报警或不能破坏防盗报警控制器正常报警功能。

(4) 故障检测、指示、通告功能及声压要求　防盗报警控制器应能检测主电源故障、备用电源故障、时钟和互联设备直流欠电压等故障；在解除警戒状态下应能故障指示，区分故障种类，并在故障持续时间内保持；防盗报警控制器全设置警戒状态下则不需要故障指示；故障信号在任何时候均应传送到远程监控站；故障提示声压不得小于60dBA。

(5) 复位　具有编程功能的防盗报警控制器应有恢复出厂设定值的装置或手段。使用编程密码只能复位可听报警指示；使用用户密码能复位可见报警指示和取消发往远程监控站的报警。

(6) 事件记录及传输　防盗报警控制器应有如下事件记录：

a. 报警事件；

b. 故障事件；

c. 防拆/防破坏事件；

d. 设置警戒/解除警戒事件；

e. 复位事件；

f. 隔离/暂时隔离事件；

g. 更改有效用户密码事件；

h. 传输故障事件；

i. 校时事件；

j. 修改软件(包括特定位置数据)事件；

k. 主电源掉电事件；

l. 备用电源欠电压事件；

m. 防盗报警控制器所有记录应包括时间：时、分、日、月，时间误差不大于15min。应能储存最近250条独立事件记录。

防盗报警控制器用正常或非正常手段均不能改变记录内容，在交、直流电源全部失电时，设置参数和事件记录应能最少30天不丢失。事件记录应能打印。

防盗报警控制器还应有传送事件信息到远程监控站的功能，并应能区别事件属性。

第三节　防盗报警系统的设计要点

一、防盗报警系统设计一般要求

防盗报警系统是安全防范工程中的一个子系统，设计应遵循以下内容进行：

1）防盗报警系统应由入侵探测器、传输系统、控制设备组成，并应附加音、像(或两者之一)复核装置(监听装置)，应能探测现场内人的话音、走动、撬、挖、凿、锯时发出的声音。

2）防盗系统工程应具备防入侵、防盗窃、防抢劫功能，其防范能力与设计任务书的约定相一致。

3）入侵报警系统设计，应在现场勘察的基础上进行。

4）传输系统一般宜自敷专线传输报警信息，并配以必要的有线、无线转接装置，形成以有线传输为主，无线传输为辅的报警传输系统，不适宜采用有线传输方式的区域和部位，应采用无线传输方式。

5）设备及线路敷设方式的选择应符合防范要求，满足使用环境条件。

6）在防护区域内，入侵探测器盲区边缘与防护目标间的距离不得小于5m。

7）室外探测、传输系统应考虑有适应当地具体条件的抗雷电干扰措施和在自然环境条件下正常工作的能力。

8）所选用设备、器材必须符合国家有关技术标准的安全标准，并选用经过国家指定检测中心检验合格的产品，进口设备、器材至少应有商检合格证书。

9）供内部工作人员使用的出入口应配置或其他自动识别身份的出入控制装置。

10）固定安装的无线报警发射装置应有防拆报警和防止人为破坏的实体保护壳体。

11）以无线报警组网方式为主组成的安全防范系统，应有对使用的信道进行监视的功能，当出现连续阻塞信号或干扰信号超过30s，足以妨碍正常接受报警信号时，接受端应有故障信号显示。

12）以无线报警组网方式为主组成的安全防范系统，接收端应有接收处理多路同时报警的功能而不得产生漏报警。

13）门、窗应安装开关式报警装置或其他报警装置。

14）中心控制室应能在接收报警信号的同时立即识别部位、性质（抢劫、盗窃、火灾、故障等），并在屏幕上显示，应能打印记录及存储报警时间、部位、性质及处置预案。

15）发射机使用的电池应保证有效使用不少于6个月，在发出欠电压报警信号时，电源应能支持发射机正常工作7天。

16）接收机安装位置应由现场试验确定，以保证接收到防范区域内任意发射机发出的报警信号。

17）系统设计应考虑到系统进一步发展的可能性，应有利于系统规模的扩充及新技术的引用。

18）系统应考虑安装方便、配置方便、使用方便，系统自身安全性、保密性要强。

二、入侵警报系统设计步骤

1）设计必须根据国家有关标准进行，应全面了解建筑物的性质，确定防护目标的风险等级和保护级别。

2）应全面了解、勘察防护范围及其特点，包括对地形、气候、各种干扰源的了解，以及发生入侵的可能性。

① 测量防护目标附近产生的有规律性的电磁波辐射强度和对无线电的干扰强度，调查一年中现场的温度、湿度、风、雨、雾、雷电变化情况和持续时间（以当地气象资料为准）。

② 勘察、记录重点保卫部位的所有出入口的位置、门洞尺寸（包括天窗）及其用途、数量、重要程度。

3）确定防盗报警工作的功能要求和入侵探测器的种类。

4）根据入侵探测器的探测范围，提出入侵报警系统方案。

5）根据所用的技术方法和所选的设备，画出系统原理图。

6）编制主要设备材料表和说明书，标出设备名称/型号规格和数量。

三、探测器的选择

应根据使用条件和防区干扰源情况选择探测器的类型，根据防护要求选择具有相应技术性能的探测器，使得在探测器防护区域内，有盗窃行为发生时不产生漏报警，无盗窃行为发生时尽可能避免误报警。

探测器的选型原则：

1）所选用的探测器必须符合相关标准的技术要求。

2）在探测器防护区域内，发生入侵时，不应产生漏报警，无事故时应尽可能避免误报警。

3）根据设防部位/环境条件和防区干扰源情况（如气候变化、电磁辐射、小动物出入等）选择探测器的类型。

4）根据防护要求选择具有相应技术性能的探测器。

5）应满足防护区域内无盲区探测，且入侵探测器盲区边缘与防护目标间的距离应大于5m。

6）探测灵敏度满足防范要求。探测器的作用距离覆盖面积一般应留有25% ~30%的余量，能通过灵敏度调整进行调节。在交叉覆盖时应避免相互干扰及各种可能的干扰。

7）防护区域宜采用两种以上探测原理的入侵探测器(复合型的视为一种)。

以下为各类型报警器功能比较如表3-1所示。

表3-1　报警器功能比较表

报警器名称		警戒功能	工作场所	主要特点	适于工作的环境和条件	不适于工作的环境及条件
微波	多普勒式	空间	室内	隐蔽，功耗小，穿透力强	可在热源光源流动空气的环境中正常工作	机械振动，有抖动摇摆物体、电磁反射物、电磁干扰
	阻挡式	点线	室内室外	与运动物体速度无关	室外全天候工作适于远距离直线周界警式	收发之间视线内不得有障碍物或运动、摆动物体
红外线	被动式	空间	室内	隐蔽，昼夜可用功耗低	静态背景	收发间视线内不得有障碍物，地形起伏、周界不规则，大雾、大雪恶劣气候
	阻挡式	点线	室内室外	隐蔽，便于伪装，寿命长	在室外与围栏配合使用做周界报警	背景有红外辐射变化既有热源、振动、冷热气流、阳光直射、背景与目标温度接近，有强电磁干扰
超声波		空间	室内	无死角，不受电磁干扰	隔声性能好的密闭房间	振动热源、噪声源、多门窗的房间，温湿度及气流变化大的场合
激光		线	室内室外	隐蔽性好，价高，调整困难	长距离直线周界警戒	(同阻挡式红外报警器)
声控		空间	室内	有自我复核	无噪声干扰的安静场所	有噪声干扰的热闹场合

四、防盗报警系统传输线路

到目前为止，无论是国内或国际上，采用有线尤其是专用线传输的报警系统占多数，而且无论是区域控制或集中控制，采取集中供电和信号显示的也居多数，选用现场供电的很少，因为采用集中供电，便于管理，一般现场的各个探测器都是靠这种专用线和控制器连接起来的，这种传输线相当于整个报警系统的神经，在报警系统中无论哪根线断了、破了或选的不合适，或在布线施工中弄错了，都会使报警系统的局部或全部造成瘫痪。因此在对报警系统有线传输部分设计时，应对以下问题进行认真考虑。

1. 导线规格的选择

对系统中的信号传输线，不需计算导线截面积，因为信号电流太小。只需考虑机械强度，但共用信号线要计算，尤其是对许多探测器共用一条线时，更需要进行计算。

对集中供电的电源线，一定要根据这对导线上所承受的总负载和由控制器供电部位到最远的探测器之间的距离，以及要选择的线的种类进行计算和选线。

铜线的导线截面积为

$$S_{Cu}=\frac{IL}{54.4\Delta U}$$

式中 I——导线中通过的最大电流(A);

L——导线的长度(m);

ΔU——允许的电压降(V);

S_{Cu}——铜线的导线截面积(mm^2)。

铝线的导线截面积为

$$S_{Al}=\frac{IL}{34\Delta U}$$

式中 S_{Al}——铝线的导线截面积(mm^2)。

ΔU(电压降)可由整个系统中所用的探测器的工作电压范围和给系统供电用的电源电压额定值(包括备用电源在内)综合起来考虑来选定，一般选取工作范围最窄的那个值。假如在一对电源传输线上有多个探测器，其中有的探测器工作电压范围为10.5~16V；有的为11~13V；有的为8~15V等。而电源电压额定值则为12V，按取下限最高值，上限最低值的原则来选，因为只有这样来选定ΔU，计算出来的导线规格，才能满足整个系统的要求。本例中的ΔU应为1V。

2. 导线选色和标号

在一个系统中，最好根据导线所起的作用选色和标号，有标准的执行标准，没标准的自己配色和编号，这样会使众多的导线层次清楚，对下道工序和维修都方便。例如：电源(+)为红色；地(-)为黑色；共用信号线为黄色；巡检线为绿色；地址信号线为白色等，地址信号线不多时也可用不同的颜色来区分，如果采用并行传输的大系统，地址信号线太多时，可用不同的颜色来分区域或分层，每区每层再编号。力争做到层次分明，多而不乱。

3. 导线配管

为了对传输线保护，使其免受外界的干扰和破坏，一般都穿管或线槽。但穿管时应注意以下几点：

1）不同电源电压回路的导线，在没有采取电路隔离措施时，一般不得穿在同一管内(电压为65V以下的传输线路除外)，尤其是强电传输线(如220V、380V或更高的电压)和安全电传输线(如65V以下的12V、24V、48V等)对弱电压和信号会产生强烈的干扰，会使弱电压不稳，会使弱信号失真，此外，万一有破皮短路，也将会给低电压的设备和操作维修者造成严重的威胁。

2）穿在管内的导线不得有接头，因为检查维修不方便。

3）穿在管内导线的总截面积(包括绝缘层)不应超过管内截面积的40%。

4）传输线路布局。

整个系统传输线路的布局走向设计，应从整个系统防护区域的整体着眼，查明地形结构及环境情况，选择安全易施工而捷径的路线。

五、防盗报警监控中心

报警监控中心设备是整个防盗报警系统中的中心设备，是整个系统的司令部，它的选择至关重要，应从整个系统的实际需要出发来选配监控设备的种类、容量、功能等，当然还应该考虑其价格和其质量。例如，若这个系统是个防盗、防火、电视监控等的综合系统，那么在控制室内，这几种监控设备都应该具备，或选一种都兼容的设备代替之。除了控制设备外，还应该根据需要配备录像机、打印机、不间断电源等辅助设备。若这个系统是个只有几个保护区的单一的防盗报警系统，那么只需选一台可容纳几个信息的小型控制装置或区域控制装置，如选用微机和多路传输技术为宜。若警力和控制中心不在同一处，还须要选择合适的通信设备(有线的或无线的)等。

复习思考题

1. 防盗报警系统由哪几部分组成?
2. 什么是探测器的探测范围?
3. 防盗报警探测器的传感器有几种类型? 工作原理是什么?
4. 常用家庭防盗报警探测设备有哪些? 探测原理是什么?
5. 介绍一些常用的报警信号的传输方法。
6. 布置和安装被动红外探测器的原则有哪些?

第四章　出入口控制系统

管理建筑物内人员出入门的系统被称为出入口控制系统，出入口控制系统又称为门禁管理系统。出入口控制系统是安全防范系统的一个应用非常普遍的设备，是确保智能建筑的安全、实现智能化管理时简便有效的措施。

出入口控制系统是安全防范自动化系统的主要子系统。它对建筑物正常的出入通道进行管理，控制人员出入、控制人员在楼内或相关区域的行动。过去此项任务由保安人员、门锁和围墙来完成，但是人有疏忽的时候，另外还有感情成分，钥匙会丢失、被盗和复制。智能建筑采用电子出入口控制系统，可以解决上述问题。

出入口控制系统（Access Control System，ACS）是利用自定义符识别或/和模式识别技术对出入口目标进行识别并控制出入口执行机构启闭的电子系统或网络。

第一节　出入口控制系统概述

当今，随着智能化建筑的高速发展和普及，出入口控制系统不但广泛地应用于各类建筑，同时也成为智能化建筑中不可少的一个系统。门禁系统改变了传统意义上的门卫值班概念，它使门卫管理自动化，更加可靠，更加安全，是门卫安全防范领域的重大进步。通常实现出入口控制方式有以下三种：

第一种方式是在需要了解其通行状态的门上安装门磁开关（如办公室门、通道门、营业大厅门等）。当通行门开/关时，安装在门上的门磁开关，会向系统控制中心发出该门开/关的状态信号，同时，系统控制中心将该门开/关的时间、状态、门地址，记录在计算机硬盘中。另外也可以利用时间诱发程序命令，设定某一时间区间内（如上班时间），被监视的门无需向系统管理中心报告其开关状态，而在其他的时间区间（如下班时间），被监视的门开/关时，向系统管理中心报警，同时记录。

第二种方式是在需要监视和控制的门（如楼梯间通道门、防火门等）上，除了安装门磁开关以外，还要安装电动门锁。系统管理中心除了可以监视这些门的状态外，还可以直接控制这些门的开启和关闭。另外，也可以利用时间诱发程序命令，设某通道门在一个时间区间（如上班时间）内处于开启状态，在其他时间（如下班时间以后）处于闭锁状态。或利用事件诱发程序命令，在发生火警时，联动防火门立即关闭。

第三种方式是在需要监视、控制和身份识别的门或有通道门的高保安区（如金库门、主要设备控制中心机房、计算机房、配电房等），除了安装门磁开关、电控锁之外，还要安装磁卡识别器或密码键盘等出入口控制装置，由中心控制室监控，采用计算机多重任务处理，对各通道的位置、通行对象及通行时间等实时进行控制或设定程序控制，并将所有的活动用打印机或计算机记录，为管理人员提供系统所有运转的详细记录。

一、出入口控制系统的组成

门禁控制系统，一般具有如图4-1的结构图，它包括三个层次的设备。底层是直接与人打交道的设备，有读卡机、电子门锁、出门按钮、报警传感器和报警扬声器等。它们用来接收人员的输入信息，再转换成电信号送至控制器中，同时根据来自控制器的信号，完成开锁、闭锁工作。中间层是控制器，控制器接收底层设备发来的有关人员的信息，同自己存储的信息相比较以作出判断，然后再发出处理信息。上层是监控计算机，管理整个防区的出入口，对防区内所有的控制器所产生的信息进行分析、处理和管理，并作为局域网的一部分与其他子系统联网。

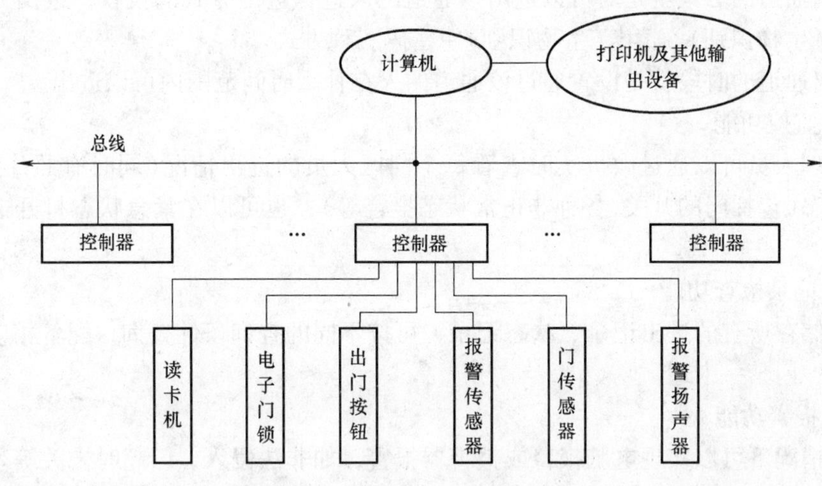

图 4-1 门禁控制系统结构图

出入口控制系统主要由识读部分、传输部分、管理/控制部分和执行部分以及相应的系统软件组成。其组成框图如图 4-2 所示。

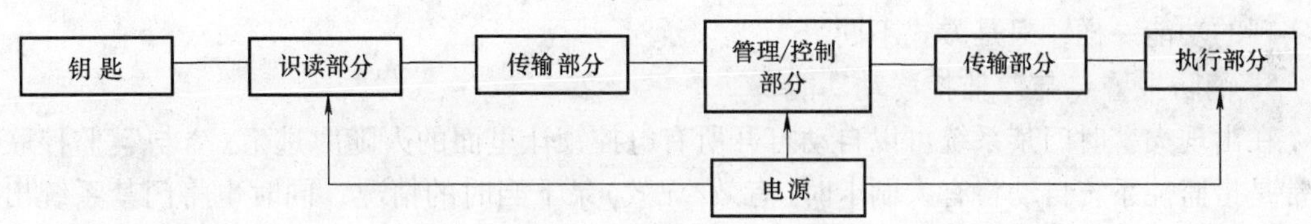

图 4-2 出入口控制系统组成框图

1）控制主机负责接收信号以及辨别信号后，进行开关门或发报的动作。

2）控制器是出入口控制系统的核心部分，相当于计算机的 CPU，它负责整个系统输入/输出的处理、存储及控制等。

3）读卡器是读取卡片中数据（生物特征信息）的设备。

4）门锁用来锁住门体，除非断电或送电，否则正常运作情形下不应自动开门。

5）卡片是开门的钥匙。可以在卡片上打印持卡人的个人照片，可实现开门卡、胸卡合二为一。

6）出门按钮按一下即可打开门，适用于对出门无限制的情况，通常安装在室内。

7）门磁开关用于检测门的安全开关状态等。

单个控制器就可以组成一个简单的门禁系统，用来管理一个或几个门。多个控制器通过通信网络同计算机连接起来就组成了整个建筑的门禁系统。计算机装有门禁系统的管理软件，它管理着系统中所有的控制器，向它们发送控制命令，对它们进行设置，接收其发来的信息，完成系统中所有信息的分析与处理。

二、出入口控制系统的功能

1. 对通道进出权限的管理

对通道进出权限的管理主要有以下几个方面：

1）进出通道的权限就是对每个通道设置哪些人可以进出，哪些人不能进出。

2）进出通道的方式就是对可以进出该通道的人进行进出方式的授权，进出方式通常有密码、读卡(生物识别)、读卡(生物识别) + 密码三种方式。

3）进出通道的时段就是设置通过该通道的人在什么时间范围内可以进出。

2. 实时监控功能

系统管理人员可以通过微机实时查看每个门区人员的进出情况(同时有照片显示)、每个门区的状态(包括门的开关,各种非正常状态报警等)；也可以在紧急状态打开或关闭有关的门。

3. 出入记录检查功能

系统可储存所有的进出记录、状态记录，可按不同的查询条件查询，配备相应考勤软件可实现考勤、门禁一卡通。

4. 异常报警功能

在异常情况下可以实现电脑报警或报警器报警，如非法侵入、门超时未关等。根据系统的不同，出入口控制系统还可以实现以下一些特殊功能。

(1) 反潜回功能　就是持卡人必须依照预先设定好的路线进出，否则下一通道刷卡无效。本功能是防止持卡人尾随别人进入。

(2) 防尾随功能　就是持卡人必须关上刚进入的门才能打开下一个门，本功能与反潜回实现的功能一样，只是方式不同。

5. 消防报警“与”监控联动功能

在出现火警时门禁系统可以自动打开所有电控锁让里面的人随时逃生。“与”监控联动通常是指监控系统自动将有人刷卡时(有效/无效)录下当时的情况，同时也将门禁系统出现警报时的情况记录下来。

6. 网络设置管理监控功能

大多数门禁系统只能用一台计算机管理，而技术先进的系统则可以在网络上任何一个授权的位置对整个系统进行设置监控查询管理，也可以通过 Internet 进行异地设置管理监控查询。

7. 逻辑开门功能

简单地说就是同一个门需要几个人同时刷卡(或其他方式)才能打开电控门锁。

三、出入口控制系统的分类

1. 出入口控制系统按进出识别方式划分

出入口控制系统按进出识别方式划分可分为密码识别、卡片识别、生物识别。

识别出入人员的身份是否被授权可以进出是出入口控制系统的关键技术。有效授权的方式是持有身份卡、特定密码或控制中心记忆有被授权人的人体特征。因此，出入口控制系统一般分为卡片出入控制系统和密码识别控制系统以及人体自动识别技术出入控制系统三大类。

（1）密码识别　通过检验输入的密码是否正确来识别进出权限，通常每三个月更换一次密码。

（2）卡片识别　通过读卡或读卡加密码方式来识别进出权限。按卡片种类又分为

1）磁卡

优点：成本较低；一人一卡（+密码），安全一般，可连计算机，有开门记录。

缺点：卡片设备有磨损，寿命较短；卡片容易复制；不易双向控制。卡片信息容易因外界磁场丢失，使卡片无效。

2）射频卡

优点：卡片无接触，开门方便安全；寿命长，理论数据至少 10 年；安全性高，可连计算机，有开门记录；可以实现双向控制。卡片很难被复制。

缺点：成本较高。

卡片种类很多，通常有磁卡、条码卡、射频识别卡、威根卡、智能卡、光卡、光符识别卡等。有关各种卡片的性能特点如表 4-1 所示。目前智能卡的应用已经越来越多。

表 4-1　几种卡识别技术的主要性能和指标

类　型	OCR 卡	条　码　卡	磁卡	IC 卡	RFID 卡	光　卡	威　根　卡
信息载体	纸、塑胶	纸等	磁性材料	EPROM	EPROM	合金塑胶	金属丝
信息量	小	较小	较大	大	较大	最大	较小
可修改性	不可	不可	可	可	可	不可，但可追加	不可
读卡方式	CCD 扫描	CCD 扫描	电磁转换	电方式	无线发收	激光	电磁转换
保密性	差	较差	较好	最好	好	好	较好
智能化	无	无	无	有	无	无	无
抗干扰	怕污染	怕污染	怕强磁场	静电干扰	电波干扰	怕污染等	电磁干扰
证卡寿命	较短	较短	短	长	较长	较短	较短
ISO 标准	有	有	有	有，不全	在制定中	有	有
证卡价格	低	低	较高	高	较高	较高	较高
读/写速度	写：高 读：低	写：高 读：低	高	较低	较低	高	较高
特点	可读性好	简单可靠，接触识读	可改写	信息安全可靠	可遥读	信息量大	较安全可靠
弱点	抗污染差	抗污染差	寿命短	卡价格高	易受电磁波干扰	表面保护要求高	不便推广应用

（3）生物识别　通过检验人员生物特征等方式来识别进出，有指纹型、虹膜型、面部识别型。

优点：从识别角度来说安全性极好；无须携带卡片。

缺点：成本很高。识别率不高，对环境要求高，对使用者要求高（比如指纹不能划伤，眼不能红肿出血，脸上不能有伤，或胡子的多少），使用不方便（比如虹膜型的和面部识别型的安装高度位置一定了，但使用者的身高却各不相同）。

2. 出入口控制系统按其硬件构成模式划分

出入口控制系统按其硬件构成模式划分可分为一体型和分体型。

一体型，出入口控制系统的各个组成部分通过内部连接、组合或集成在一起，实现出入口控制的所有功能，如图 4-3 所示。

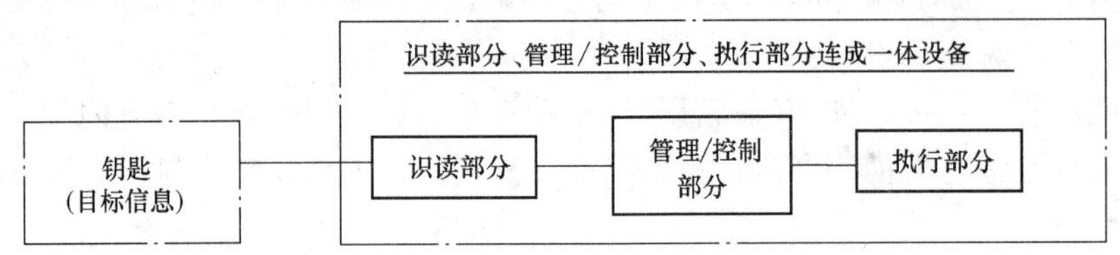

图 4-3　一体型结构框图

分体型，出入口控制系统的各个组成部分，在结构上有分开的部分，也有通过不同方式组合的部分。分开部分与组合部分之间通过电子、机电等手段连成为一个系统，实现出入口控制的所有功能，如图 4-4 所示。

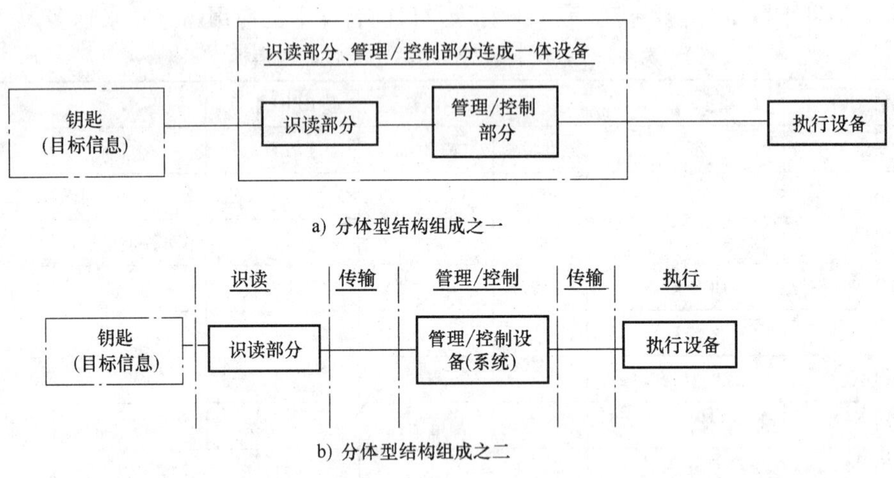

a) 分体型结构组成之一

b) 分体型结构组成之二

图 4-4　分体型结构框图

3. 出入口控制系统按其管理/控制方式划分

出入口控制系统按其管理/控制方式划分可分为独立控制型、联网控制型和数据载体传输控制型。

独立控制型：出入口控制系统，其管理/控制部分的全部显示/编程/管理/控制等功能均在一个设备(出入口控制器)内完成，如图 4-5 所示。

联网控制型：出入口控制系统，其管理/控制部分的全部显示/编程/管理/控制功能不在一个设备(出入口控制器)内完成。其中，显示/编程功能由另外的设备完成。设备之间的数据传输通过有线和/或无线数据通道及网络设备实现，如图 4-6 所示。

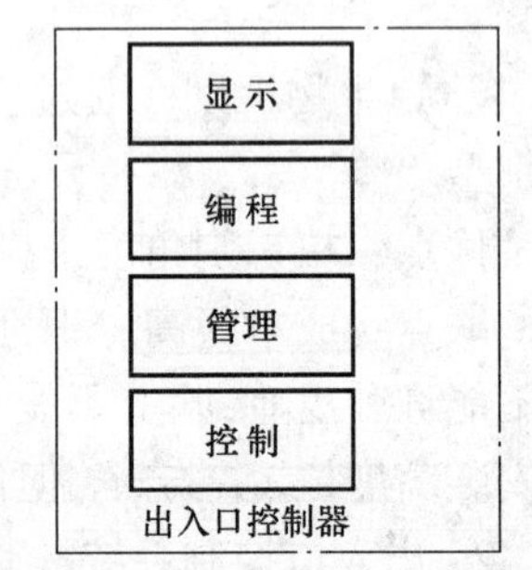

图 4-5　独立控制型结构框图

数据载体传输控制型：出入口控制系统与联网型出入口控制系统区别仅在于数据传输的方式不同。其管理/控制部分的全部显示/编程/管理/控制等功能不是在一个设备(出入口控制器)内完成。其中，显示/编程工作同另外的设备完成。设备之

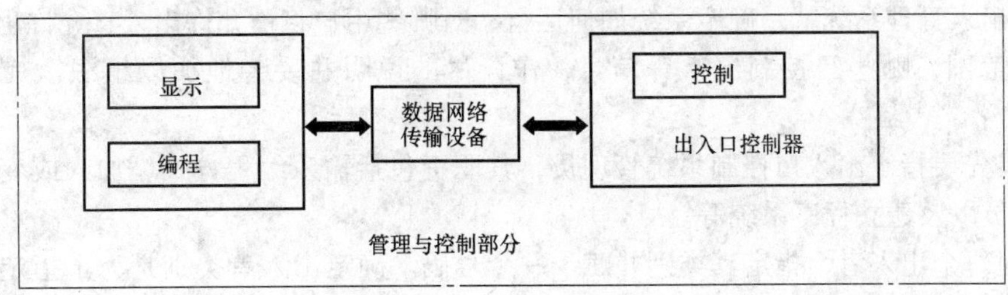

图 4-6　联网控制结构框图

间的数据传输通过对可移动的、可读写的数据载体的输入/导出操作完成，如图 4-7 所示。

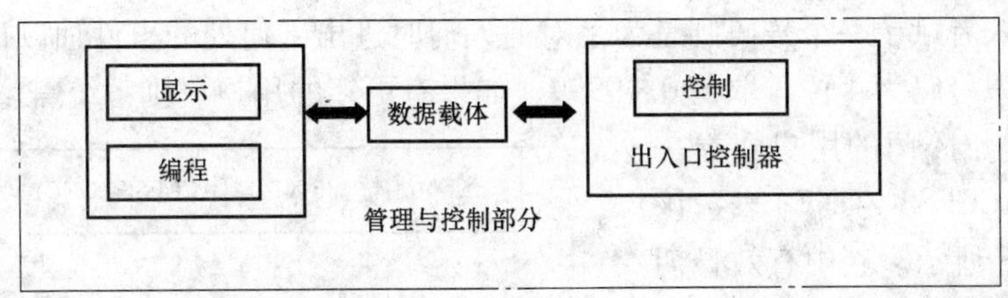

图 4-7　数据载体传输控制结构框图

出入口控制系统是一种典型的集散控制系统。系统采用集中管理、分散控制的方式。管理中心管理主机主要负责对系统的集中管理，分布在现场的控制设备负责对出入口目标的识别和设备的控制。现场设备能脱离系统独立工作。门禁管理系统可与入侵报警系统、视频监控系统联动。

出入口控制系统的适用范围，理论上是一切需要控制出入的门都可安装门禁系统。主要是对重要的通行口、出入口、电梯进行出入控制，一般常用于银行、金融机构、重要办公楼、办公室、住宅单元门、酒店客房门、电梯厅、军事基地、厂矿企业、各类停车场等。在受控门上安装门磁开关、电子门锁或读卡机等控制装置，由中央控制室监控，上班时间被控门的开和关无需向管理中心报警和记录，下班时间被控门的开和关需向管理中心报警和记录。

四、出入口控制系统的特点

1）每个用户持有一个独立的卡、指纹或密码，它们可以随时从系统中取消。卡等一旦丢失，即可使其失效，而不必像机械锁那样重新配钥匙，并更新所有人的钥匙，甚至换锁。

2）可以预先设置任何人的优先权或权限。一部分人可以进入某个部门的某些门，另一部分人可以进入另一组门。这样可以控制谁什么时间可以进入什么地方，还可以设置一个人在哪几天或者一天可以多少次进入哪些门。

3）系统所有活动都可以记录下来，以备事后分析。

4）用很少的管理员就可以在控制中心控制整个大楼内外所有出入口。

5）系统的管理操作用密码控制，防止任意改动。

6）整个系统有后备电源支持，保证停电后一段时间内仍能正常工作。

7）具有紧急全开门或全闭门功能。

五、人员出入管理系统的权限设置

任何功能齐全的出入口控制系统都是实现对 3W 的控制，其功能均是认可或者拒绝何人（who）于何时（when）出入哪个门（where），同时根据需要，提供多种多样的管理功能。

人员出入管理系统就是确定系统如何运行、对哪些用户将被允许出入、允许出入门的日期和时间范围、哪些门控制出入等信息，作详尽的说明并妥善地加以组织，其主要步骤如下：

1）首先要指定出入口控制系统管理员，其职责包括输入编程方式、加入或变更或删除出入门人员以及建立程序系统等。

2）对每个出入者，指定其类别并赋予一个号码。确定出入者类别是为了指定其允许出入的地点、时间等信息，类别指定大多遵循相同职位级别者同属一类的一致化原则，或者按工作性质及部门来分类，例如公司中有管理部、人事部、生产部、销售部、工程部等分属不同的部门。

对每个出入者赋予一个号码则是为了对何人何时进出了何处的事件加以记录，一般系统允许的用户标识号码为4位，取值0~9999，如果有更多的用户，则系统需增加扩展板。

3）对允许出入门的用户建立一个出入区域(ACCESS ZONE)表，该表组成如图4-8所示。其中有效日期是指定每个星期中的哪几天是允许出入的以及遇到假日是否可出入。可预编排32个节假日，在节假日时自动屏蔽平时所有功能，并自动执行节假日程序，持卡人经特定时间区内进出所保护的区域。还有限制使用的访客卡，可将访客卡编程为只能使用1~254次(不限日期)或1~254日(在此日期内不限次数)。有系统报告功能，可提供详尽的系统状态报告，将所有正常及非法操作记录在案。

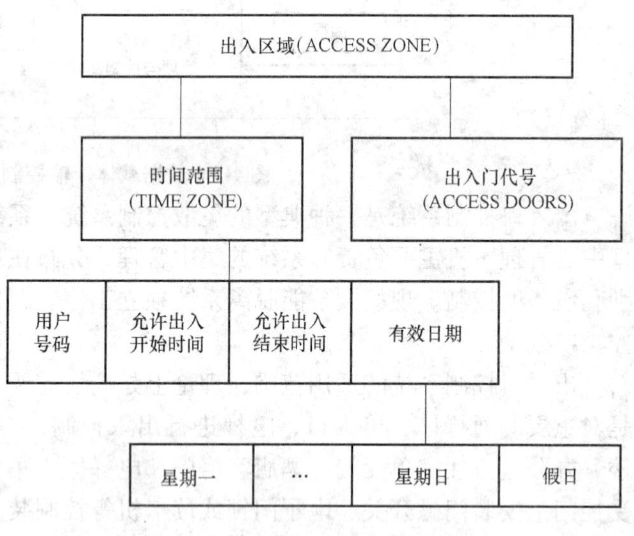

图4-8　用户出入区域表

4）以此表编制程序并存入系统的存储器中，即可实现预定的出入门控制作业。

六、出入口控制系统的管理法则

一个功能完善的出入口控制系统，必须对系统运行方式进行妥善组织。例如按什么法则、允许哪些用户出入，允许他们在什么日期及时间范围内出入，允许他们通过哪个门出入等必须作出明确规定。由于保护区的保安密级不同、出入人员身份不同，在管理上，系统对于不同的受控制的门可能会有不同控制方式的要求。比较常用的方式有以下几种：

1. 进出双向控制

出入者在进入保安区及退出保安区时，都需要出入口控制系统验明身份。只有授权者才允许出入。这种控制方式使系统除可掌握何人在何时进入保安区域外，还可了解何人在何时离开了保安区域，还可以了解当前共有多少人在保安区域内，他们都是谁。

2. 多重控制

在一些保安密级较高的区域，出入时段可置多重鉴别，或采用同一种鉴别方式进行多重检验，或采用几种不同鉴别方式重叠验证。只有在各次、各种鉴别都获允许的情况下，才允许通过。

3. 二人同时出入

可通过把系统设置成只有两人同时通过各自验证后才允许进入或退出保安区域的方式来实现安全级别的增强。

4. 出入次数控制

对用户限制出入次数，当出入次数达到限定值后该用户将不再允许通过。

5. 出入日期(或时间)控制

对用户的允许出入的日期、时间加以限制，在规定日期及时间之外，不允许出入，超过限定期限也将被禁止通过。

第二节　出入口控制系统的主要设备

出入口控制系统是安全防范自动化系统的主要子系统。它是根据建筑物安全技术防范管理的需要，对需要控制的各类出入口，按各种不同的通行对象及其准入级别，对其进出时间、通行位置等实施实时控制与管理，并具有报警功能。

系统一般由出入口对象(人、物)识别装置、信息处理/控制/通信装置和控制执行机构等组成。系统应有防止一卡进多人或一卡出多人的防范措施，应有防止同类设备非法复制有效证件卡的密码系统，密码系统应能授权修改。

一、识别装置

1. 个人身份识别码技术(密码识别)

个人身份识别码(PIN)是指每个有权出入的人所对应的一组代码，作为身份识别的依据，这个代码被存储到出入口控制系统中。当用户想进入时，必须在键盘上输入他的身份识别码。系统将输入的号码与系统所存储的代码相比较。如结果一致，将允许该人通过。反之则禁止出入。

为了增加保密功能，经常将密码输入与卡片控制方式两者同时使用。在这种情况下通常是要求用户首先插卡，系统将根据卡中信息，调出该用户的有关资料，然后要求用户通过键盘输入他的个人识别代码，并将该代码与个人资料中所存储的代码相比较，一致时才允许通过。这组代码可以由用户选择，也可以由系统来指定。通常使用4~6位数字。这种方式也有它的弱点：个人身份识别码及出入凭证，可以由用户提供给一个无权出入的人，也可以通过强制手段得到。

在个人身份识别码出入口控制系统中，代码的输入要通过键盘，常用的有两种不同工作方式的键盘：固定式与乱序式。固定式键盘指的是像电话机键盘一样，0~9数字在键盘上的位置是固定不变的。但使用这种键盘的缺点在于当用户输入密码时，容易被他人记住、仿冒，保密性不高，所以现行应用中一般都与卡片机配套使用。而乱序式键盘上0~9共10个数字键，在显示键盘上的位置，排列方式不是固定的，而是随机的，每次使用时显示数字的顺序都不一样，这样就避免了被别人将密码窃取、冒用，从而提高了系统的安全性。当然，乱序键盘输入密码与刷卡两者并用，则是最为理想的。

2. 卡片式出入口控制技术

卡片式出入口控制技术是早已获得广泛使用的传统的出入口控制技术。该系统是以各类卡片经读出装置识别后决定是否允许出入。这类系统具有下列基本功能：

可提供能被机器识别的唯一的身份代码；可对每个经过编码的证件的出入进行记录；可实现不必对证件本身操作，即可终止持证人的出入权限；可提供多级出入权限。例如，只能在指定的出入口出入或只能在当天的特定的时间出入。系统可在每次有出入请求时查验出入权限记录，并且按要求对每次出入的时间、出入的位置、身份识别号码进行记录，并列表显示。

可对证件进行编码的技术是多种多样的，依其工作方式可分为两大类：感应式和接触式。

（1）感应式卡片识别技术（射频卡） 感应卡（简称 RF 卡）使用了射频感应识别技术，是一种以无线方式传送数据的集成电路卡片，被非常耐用的塑料外套保护着，可防水及防污，它具有数据处理及安全认证功能等特点。

RF 卡在读写时是处于非接触操作状态，避免了由于接触不良所造成的读写错误等误操作，同时避免了灰尘、油污等外部恶劣环境对读写卡的影响。

操作简单、快捷，RF 卡采取无线通迅方式，使用时无方向要求，所以使用起来十分方便。

防冲突，RF 卡中存有快速防冲突机制，能防止卡片之间出现数据干扰，因此终端可以同时处理多张卡片，便于一卡多用。RF 卡中有多个分区，每个分区又各自有自己的密码，所以可以将不同的分区用于不同的应用，实现一卡多用。

射频卡与接触式 IC 卡相比较，射频卡具有以下优点：

1）可靠性高 射频卡与读写器之间无机械接触，避免了由于接触读写而产生的各种故障。特别在一些条件恶劣、干扰很大的环境里，由于其完全封闭的封装方式，不仅可以防止由于粗暴插卡、非卡外物插入、灰尘、油污等导致接触不良，而且具有防水汽、防静电、防振动和防电磁干扰的优良特性。射频卡表面无裸露的芯片，无须担心芯片脱落、静电击穿，弯曲损坏等问题。

2）操作方便、快捷 由于非接触通信，读写器在 1 ~ 30cm 范围内就可以对卡片操作，所以不必像 IC 卡那样进行插拔工作。非接触卡使用时没有方向性，卡片可以任意方向掠过读写器表面，完成一次操作仅需 0.1s，可大大提高每次使用的速度。射频系统一个重要优点是具有隔墙感应特性，因此读卡机及发射接收天线能被隐蔽安装在墙的建筑结构内，因而不容易遭到破坏。

3）防冲突、抗干扰性好，可同时处理多张卡 射频卡中有快速防冲突机制，能防止卡片之间出现数据干扰，在多卡“同时”进入读写范围内时，读写设备可一一对卡进行处理。这提高了应用的并行性，也无形中提高了系统的工作速度。

4）应用范围广 射频卡的存储器结构特点是它一卡多用，可应用于不同的系统，用户根据不同的应用设定不同的密码和访问条件。

5）加密性能好 射频卡的序列号是唯一的，制造厂家在产品出厂前已将此序列号固化，不可再更改。射频卡与读写器之间采用双向验证机制，即读写器验证射频卡的合法性，同时射频卡也验证读写器的合法性；处理前，射频卡要与读写器进行三次相互认证，而且在通信过程中所有的数据都加密。此外，卡中各个扇区都有自己的操作密码和访问条件。

系统的工作过程是这样的：读卡机发射出射频电磁波 RF，在一个范围内产生磁场。当有卡进入该区域范围时，识别卡中的射频电路被磁场激发，从而发出射频电波将该卡的识别码传回读卡机。读卡机将收到的信号送至解码器，经解码后送至主机，进行核查此编码是否正确，完成感应识别功能。接触式感应卡工作原理如图 4-9 所示。

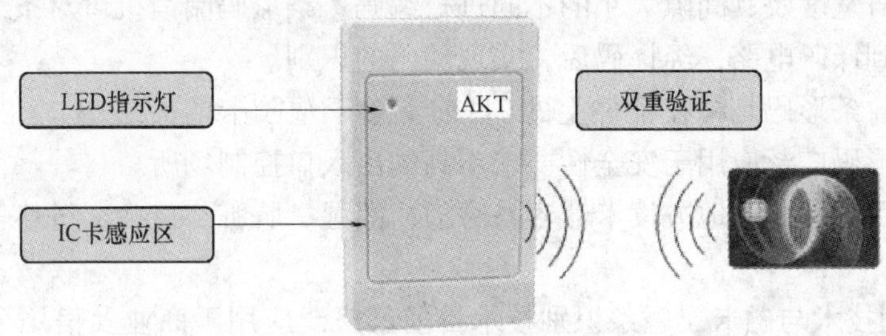

图 4-9　接触式感应卡工作原理

感应卡可以按多种不同的方式来划分：根据卡的能量来源；根据卡的工作频率范围；根据卡的编码为只读或可擦写式等。

主动式感应卡中的电路依靠与卡片封装在一起的长寿电池供电。一类为只有卡进入检测区后，电池才供电，另外一类则为全天始终供电，一直发射信号，但只有进入检测区后才能被读卡机天线收到。而被动式感应卡的供电则是由进入检测区后收到的读卡机发射出的射频信号来提供能量。

读卡机和卡的工作频率对不同的系统来说各有不同。低频卡工作在 33 ~ 500kHz 之间。高频卡则工作在 2.5MHz ~ 10GHz 之间。随着工作频率的增加，阅读范围和卡与读卡机之间的通信速度将增加。同样，系统的成本也将增加。

感应卡常采用的工作方式是发射和接收频率不同。一般接收频率皆为发射频率的一半。在应用中感应卡一进入检测范围马上发射返回信号。此时返回信号与激发电磁场同时存在，且两组电磁场频率偏差量可保证在一定的范围内。从而保证无论在何种环境中都能正常工作。

只读感应卡的编码通常是在制造时就确定的一组特定的编码，是无法更改的。而可擦写式感应卡的数据区一般比只读卡大，并且可根据系统管理人员的需要编程。感应式读卡机工作时是非接触性的，即使是频繁的读、写或移动，也不必担心接触不良或数据被损坏。

由于感应式卡或出入口控制系统具有保密性强、环境适应性强、工作可靠、稳定、使用方便等特点，在国内外已经得到了广泛的应用，如韩国、巴西、加拿大的公交、地铁收费系统。我国香港、北京、上海、广州、珠海、太原等城市也已发行了公交卡，还有公路收费、停车场收费、门禁系统、考勤系统以及购物收费系统，广泛地应用到了我们生活的每一部分。

目前，还有其他几种正在应用的能产生唯一编码的技术：声表面波技术(SAW)——这种技术是利用压电介质晶体表面所感应到的无线电信号来产生表面波，然后通过金属换能器转换后，传输至读卡器识别。电子调谐电路——这种编码技术通过卡中的一个具有特定谐振频率的调谐电路来产生，在这种方式下，读卡机始终在工作频率范围内变换发射的无线电频率，当卡靠近读卡机时，读卡机便可滤出与卡的频率产生谐振的那个频率，从而实现检测功能。

（2）接触式卡片识别技术

1）条形码识别技术与条形码　条形码是一组彼此间隙很小且本身宽度不同的平行条纹，根据条纹本身宽度及其间隙大小的不同进行编码。条形码阅读机可对条纹进行扫描，并将获取的数据送到译码电路，经译码后，实现编码的识别。

一般情况下，条形码是粘在证件上的（目前常置于塑胶卡的夹层中）。由于复制起来相对容易，所以条形码广泛应用于安全性要求不高的出入口控制场所。

另外，在使用频率高的地方读卡器容易磨损，潮湿、肮脏、过冷、过热等恶劣环境也使其应用受到限制。

2）磁条识别技术与磁卡　磁条识别技术目前已广泛应用于商业及信用卡等系统中，当磁卡从读卡机中划过时，系统便从位于磁卡一侧的磁条中读取数据。目前有三种材料可作为磁条的磁性材料。第一种单层300Oe（磁性强度单位）的磁条。它的缺点为它的数据较其他种类更容易被消除。第二种为双层300/4000Oe（1Oe≈80A/m），可以保护4000Oe层的数据不被消除，但300Oe层数据的意外改写或删除还是有可能发生。第三种材料也是信贷应用中使用最广泛的一种，它是在4000Oe磁记录层上覆盖了一层保护层，几乎不可能被意外改写或删除。使用字母数字编码方式，可将持卡人的姓名及卡号两项都进行编码。由于可对磁条内的数据进行编码或复制的设备并不难得到，所以伪造也就相对容易。不过这种情况可以通过一些专有的、非标准化的编码方式和读取方式的应用得到很大程度上的改善。

3）内嵌技术与威根卡（WEIGAND CARD）　威根卡是目前国际上非常流行的。它的输出信号格式已成为事实上的工业标准。这种技术下的编码是由卡片内具有特殊磁性的、极细的内嵌式金属丝形成。由于这些金属丝是由厂家制造，一旦打开卡片，金属丝排列即被破坏，故无法复制，防伪效果好。另外，特制金属丝不受磁场磁化，所以有防磁、防水之效果，可用于恶劣环境中，应用范围广，现在已获得广泛的应用。

4）视觉识别技术与红外线卡　应用视觉识别技术的证件中，内嵌一个含有几何点阵的薄片，读卡机中的探测器通过对点阵的几何图样来确认编码。为了提高防伪性能，在其制作中采用了红外技术，在只有当红外线照射下才透明的基层上，用在红外线照射下不透明的油墨来印制图样。也可将点阵制成在可见光下不透明而在红外光下透明的卡中。这种技术提供了很好的保护方式，使得卡片很难被伪造。而且，这种卡可以做成完全非磁性和非金属性，故不会对敏感的金属探测器产生影响。

5）磁点识别技术与磁点卡　目前有多种磁点识别系统已经使用。采用这种技术的卡内有一系列具有永久磁性的磁点。系统通过磁点的位置和极性来确定编码。虽然将这种卡置于足够强的磁场中，磁点的磁性可以被改变，但经验证明这不是一个大问题。这种卡中编码的数据量可达大约60bit。当然这种卡也存在着被伪造的可能性。

（3）智能卡技术及IC卡　IC卡（Integrated Circuit Card）就是集成电路卡。它是一种随着半导体技术的发展和社会对信息安全性要求的日益提高而应运而生的。它是将集成电路芯片镶嵌在塑料基片之中制成的，并被封装成卡片的形式，其外形与磁卡相似。IC卡的应用最早出现于20世纪70年代，由法国首创。IC卡的核心是集成电路芯片。一般使用3BM以下半导体技术制造。IC卡具有数据的写入和存储能力。IC卡存储器中的内容根据需要可以有条件的供外部读取，或供内部信息处理和校验用。根据卡中的集成电路不同，IC 卡可分为存储器卡、逻辑加密卡、智能卡三类。

存储器卡：此类卡中的集成电路为 EEPROM（电擦除可编程只读存储器）。它仅有数据存储能力，没有数据处理功能。

逻辑加密卡：卡中的集成电路具有加密逻辑和 EEPROM。对卡中的数据进行操作前，必须验证每个卡的操作密码。密码的验证是由卡中的芯片完成，而不是由读卡终端完成。卡中有一个错误计数器，如果连续三次验证密码失败，则卡中数据被自动锁死，该卡不能再使用。

智能卡：也称为灵巧卡。卡中的集成电路包括 CPU（中央处理器）、EEPROM、RAM（随机存储器）以及固化在 ROM（只读存储器）中的 COS（片内操作系统）。分为通用型和专用型两种。专用型是指其中 CPU 为专用的、保密的。与通用型的主要差别在于其有很好的物理保护措施。智能卡的发展方向是保密的专用型。

IC 卡采用当今最先进的半导体制造技术和信息安全技术，IC 卡相对于其他种类的卡具有以下 4 大特点：

① RAM、ROM、EEPROM 等存储器，存储容量可以从几字节到几兆字节。卡上可以存储文字，声音，图形，图像等各种信息。

② 体积小，重量轻，抗干扰能力强，便于携带，易于使用。

③ 安全性高。IC 卡从硬件和软件等几个方面实施其安全策略，可以控制卡内不同区域的存储特性。

④ 对网络要求不高：IC 卡的安全可靠性使其在应用中对计算机网络的实时性、敏感性要求降低，十分符合当前国情，有利于在网络质量不高的环境中应用。

IC 卡和磁卡比较有以下 4 大优点：

① IC 卡的安全性比磁卡高得多，IC 卡内信息加密后不可复制，安全密码核对错误有自毁功能，而磁卡很容易被复制。

② IC 卡的存储容量大，内含微处理器，存储器可分成若干应用区，便于一卡多用，方便保管。

③ IC 卡防磁，防一定强度的静电，抗干扰能力强，可靠性比磁卡高。一般至少可重复读写 10 万次以上，使用寿命长。

④ IC 卡的读写机构比磁卡的读写机构简单可靠，造价便宜，容易推广，维护方便。

正是由于上述优点，使得 IC 卡应用得到迅速的普及，不仅仅应用于保安及出入口控制系统，也广泛用于金融、电信、智能大厦等领域。

3. 人体特征识别技术

人体特征识别系统是建立在每个人所具有的一些独一无二的生物特征的基础上的。目前已经投入使用的这类设备可实现对手形、笔迹、视网膜、指纹、语音和其他许多特征的识别。所有人体特征识别系统均需围绕下列三个难题进行研究：一是可用于识别人体特征的唯一独特性；二是特征的变化性；三是提供可处理这些特征的实用系统的困难性。

（1）手形与指纹识别技术

1）手形识别技术　对于手形进行识别的设备是建立在对人手的几何外形进行三维测量

的基础上的。因为每个人的手形都不一样，所以可以作为识别的条件。主要通过确定人手的几个外形上的特征，像手和手指在不同部位的宽度，手指的长度，手指的厚度和手指弯曲部分的曲率等，来实现识别功能。

为了测量这些特征，手形检测系统将光束通过一对镜面反射照向手掌(俯视及侧视)，投射到一个反射镜面，然后送入一个由光敏二极管组成的阵列。最终结果映象经过数字化作为一个手形样本被存储到设备的存储器中，通常此类设备足以存储1万以上个样本。

要使用这类设备，使用者必须提供一个经有效编码的卡或4位数的PIN(个人身份码)。并将手放在测试板上，调准放在测试板上的手指的位置等待扫描。为帮助使用者将手调到合适的位置，在有的仪器上装了LED，平时常亮，只有手的摆放合乎要求时，LED熄灭，才可以进行扫描。扫描过后将扫描结果与RAM中的样本进行比较，从而实现识别功能。

注册过程与识别过程很相似，只不过对注册者的手要检测三次，然后将三次检测结果取平均值来构成样本。尽管测试板上定位标志最适合用于右手的检测，但将左手放于测试板上的掌形中也可以实现注册与检测。

经测试表明，该类设备错误拒绝发生率约为0.03%(经三次检验)，而错误接受发生率为0.1%(经一次检验)。系统完成一次识别需要1s，完成一次注册约需60s。

2）指纹识别技术　指纹识别技术的应用已有一百多年的历史了，而且至今仍然被认做是几种最可靠的识别方法之一。指纹是每个人所特有的东西，在不受损伤的条件下，一生都不会发生变化。近些年来，由于自动化技术的发展，指纹识别系统也有了很大的提高。指纹比对通常采用特征点法，抽出指纹上凸状曲线的分歧点或指纹中切断的部分(端点)等特征来识别。为了提高可靠性，系统对手指的摆放位置及指纹分析与比较的精度要求很高。

这类系统通常在登记注册有2000枚指纹左右的情况下，辨识时一般在1s左右，错误拒绝发生率小于1%，错误接受发生率小于0.0001%。因此，可以指纹识别系统应用会更加广泛。

(2）视网膜识别技术　人体的血管纹路也是具有独特性的，人的视网膜上面血管的图样可以利用光学方法透过人眼晶体来测定。如果视网膜不被损伤，从三岁起就会终身不变。每个人的血管路径差异很大，所以被复制的机会很少。通常这类系统使用一束低强度的发自红外发光二极管的光束环绕着瞳孔中心进行扫描。根据扫描后得到的不同位置所对应的不同反射光束强度来确定视网膜上的血管分布图样。这种方法在不是生物活体时无法反应，因此不可能伪造。在戴眼镜或患某些眼病时(如白内障)无法进行识别。

在注册过程中，当进行扫描时，使用者必须注视检测器中的一个用于校准的目标其时间至少0.2s。通常经过几次这样的扫描，按一定规律将几次扫描结果结合起来从而建立起使用者的参考图样数据。然后将这些数据存储于系统的存储器中。

进行识别检测时，只需做一次类似的扫描，全过程大约需6s，包括输入PIN(个人识别码)。目前也有不需输入PIN的识别模式，工作在这种模式下，由于识别时要对所有已注册的记录进行搜索，从而使检测过程的时间加长，每搜索100个样本约需额外增加1s。在实验室环境下的测试数据表明，这类系统错误拒绝发生率小于0.4%，而错误接受发生率为零。

（3）签字识别技术　利用签名来确认一个人的身份早已获得广泛的应用（如在金融业中已应用多年）。尽管伪造者能够造出在外形上非常相像的签名，但是不太可能正确复制笔画的速度、笔顺、笔运、笔压等，因而就可以利用这些参数进行识别。

自动笔迹识别系统正是根据笔迹的一些动力学特征进行识别（如笔迹的走向、速度、加速度等）。对这些数据的统计分析表明，每个人的签名都是独特的，并且自身可保持一致性。这些数据可通过安装在书写工具或签字板上的传感器来获得。目前市面上已有这类系统的实际应用。

（4）语音识别技术　语音识别技术是利用每个人所特有的声音为辨识条件。人们的发音方式取决于多种因素，包括地理影响、声带和嘴形。通过让某个人重复说一套单字或短语，可以获得他的声波纹模板。

语音自动识别系统的应用是与数据自动处理分不开的。语音中可用于识别的特征包括：声波包络、声调周期、相对振幅、声带的谐振频率等。这几种方式可用于安全检测，而且有较好的发展前景。

将被检测人的语音特征与事先早已注册的样本进行对比即可进行识别。但语音特征可受感冒及环境噪声等的影响发生错误判断。

（5）面部识别技术　面部识别系统分析面部形状和特征。这些特征包括眼、鼻、口、眉、脸的轮廓、形状和位置关系。因亮度及脸的角度和面部表情各不相同，使得面部识别非常复杂。目前已投入实际应用的系统需要人站在摄像机前面对摄像机。但有一些更先进的系统，能在人运动时识别出来。

4. 各种识别方法的优缺点比较

各种识别方法的优缺点如表 4-2 所示。

表 4-2　各种识别方法的优缺点

类　型		原　理	优　点	缺　点	备　注
密码		输入预先登记的密码进行确认	无携带物品	不能识别个人身份，会泄密或遗忘	要定期更改密码
卡片	磁卡	对磁卡上的磁条存储的个人数据进行读取与识别	价廉、有效	防伪更改较容易，会忘带或丢失	为防止丢失和伪造可与密码法并用
	IC 卡	对存储在 IC 卡中的个人数据进行读取与识别	伪造难，存储容量大，用途广泛	会忘带卡或丢失	使用最多
	非接触式 IC 卡	对存储在 IC 卡中的个人数据进行读取与识别	伪造难，操用方便，耐用	会忘带卡或丢失	广泛使用
生物特征识别	指纹	输入指纹与预先存储的指纹进行比对与识别	无携带问题，安全性极高，装置易小型化	对无指纹者或指纹受伤者不能识别	效果好
	掌纹	输入掌纹与预先存储的掌纹进行比对与识别	无携带问题，安全性极高	精确度比指纹法略低	使用较少
	视网膜	用摄像机输入视网膜与存储的视网膜进行比对与识别	无携带问题，安全性最高	对弱视或视网膜充血以及视网膜病变者无法对比识别	注意摄像光源强度不致对眼睛的伤害

二、出入口信息处理/控制、通信装置和控制执行机构

1. 出入口信息处理/控制、通信装置和出入口控制执行机构功能

1）应根据安全防范管理的需要，在楼内(外)通行门、出入口、通道、重要办公室门等处设置出入口控制装置。系统应对受控区域的位置、通行对象及通行时间等进行实时控制并设定多级程序控制。系统应有报警功能。

2）系统的信息处理装置应能对系统中的有关信息自动记录、打印、存储，并有防篡改和防销毁等措施。应有防止同类设备非法复制的密码系统，密码系统应能在授权的情况下修改。

3）系统的识别装置和执行机构应保证操作的有效性和可靠性，且应有防尾随措施。

4）系统应能独立运行。应能与电子巡查系统、入侵报警系统、视频监控系统等联动。集成式安全防范系统的出入口控制系统应能与安全防范系统的安全管理系统联网，实现安全管理系统对出入口控制系统的自动化管理与控制。组合式安全防范系统的出入口控制系统应能与安全防范系统的安全管理系统联接，实现安全管理系统对出入口控制系统的联动管理与控制。分散式安全防范系统的出入口控制系统，应能向管理部门提供决策所需的主要信息。

5）系统必须满足紧急逃生时人员疏散的相关要求。疏散出口的门均应设为向疏散方向开启。人员集中场所应采用平推外开门，配有门锁的出入口，在紧急逃生时，应不需要钥匙或其他工具，亦不需要专门的知识或费力便可从建筑物内开启。其他应急疏散门，可采用内推闩加声光报警模式。

2. 出入口信息处理/控制、通信装置和控制执行机构主要设备

(1) 阴极锁[断电关门](送电开门)　正常闭门情形下，锁体并未通电，而呈现[锁门]状态，经由外接的控制系统(例:刷卡机、读卡机)对锁进行通电时，内部的机体会动作，而完成[开门]的状态。

断电关门则适用于金库等一些财产保险性较高的门禁场合，此时可以用电子机械锁和阴极锁一起搭配使用，一旦人员有危险时，还可以使用旋钮或钥匙开门。

(2) 阳极锁[断电开门](送电关门)　正常闭门情形下，锁体持续通电，而呈现[锁门]状态，经由外接的控制系统(例:刷卡机、读卡机)对锁进行断电时，内部的机体会动作，而完成[开门]的状态，如磁力锁。

断电开门适用于消防法规，大多火灾发生的原因都是电线走火，火灾现场的热度可以使五金门锁的机件熔化而无法开门逃生，使许多人在火场中因门锁无法打开逃生而葬生火海，断电开门的好处是一旦电线走火而引发停电时，通道的防烟门将会动作，阻绝烟雾扩散，人也可以较容易地开门逃生。

三、一卡通门禁系统

随着科学技术的发展、生活水平的提高以及现代都市节奏的加快，无论在工作上还是生活上，人们都越来越追求更方便、更实用、更快捷的方式。在人们的身边出现的各式各样的智能卡，正在替代一些传统的现金、钥匙、票证、纸卡等。这些智能卡的出现确实大大地方便了人们的工作和生活。作为现代化的智能办公大厦、小区、企业更加需要功能齐全、使用方便、安全性好的智能卡来配合整体智能化的实现。

各种卡类的出现，都有赖于现代信息识别技术的发展。从条码识别技术诞生以来，先后

出现了磁条读写技术、接触式 IC 卡读写技术、光电技术读写技术等，也出现了相对应的卡片类型。但是它们却存在或多或少的不可克服的局限性，不能实现一卡通管理，没有真正达到安全、方便、快捷、舒适、智能的效果。而近几年出现的感应卡 IC 卡一卡通技术，可以有效地解决这些问题。感应卡 IC 卡，以其独有的无接触卡方式、独有的恶劣环境适应能力、大容量读写空间、优良的电气和机械特性、极高的安全性，受各界用户的青睐。

感应卡 IC 卡“一卡通”技术正广泛应用于社会的各个领域，在智能化建筑领域也不例外。该技术扩展了智能化系统集成的应用范围，增强了整个建筑物的总体功能，不但可以实现一卡通系统内部各分系统之间的信息交换、共享和统一管理，而且可以实现一卡通系统与建筑物各子系统之间的信息交换，统一管理和联动控制。

“一卡通”是基于目前最先进的非接触式集智能卡技术、计算机技术、网络通信技术相结合的产物。使得生活在特定区域的人们及访客，只需随身携带一张智能卡，这张卡既可以用来作为上班时的工作卡，又可以用于停车场的停车证明，住宅小区的会所消费购物及公司的食堂消费等，这不仅大大方便了用户的需要，改变了过去用户在不同场合需携带多张卡的繁琐现象，同时也提高了该社团内部管理水平及工作效率。一卡通由于其极强的便利性，现在已越来越广泛地被接受，多应用在政府机关、商业大楼、智能小区、校园、大型企业、高速公路收费系统等领域。例如，对停车场、巡更、考勤、消费等各子系统的联合使用提出的智能管理一卡通系统。通常有 4 个环节：智能卡、读写终端、计算机及网络，如图 4-10 所示。

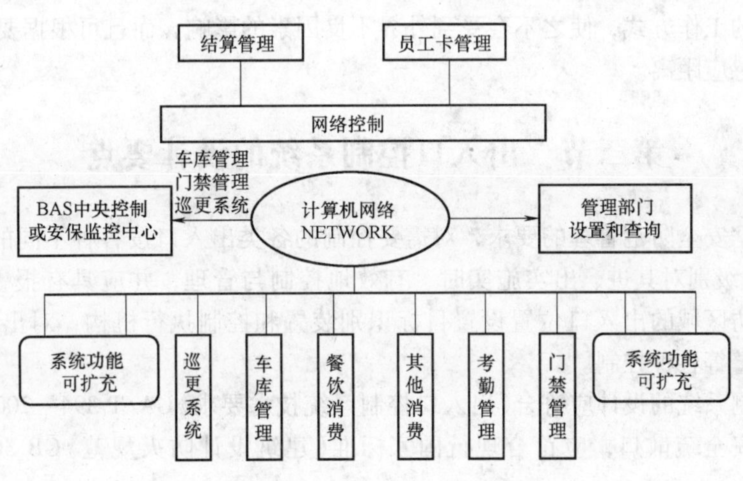

图 4-10　一卡通系统的组成

“一卡通”系统的特点：

1. 方便快捷性

由于选用的非接触式 IC 卡采用非接触无源通信方式，读写器在 10cm 内就对卡操作，不用插拔卡，同时无方向性，大大提高每次使用速度。

2. 安全稳定性

IC 卡通过各种智能化终端的读写权限设置和数据的准确记录，从而杜绝伪造、欺骗行为，并且智能化终端不会因为环境的变化而影响正常运行。实现企业对“人、财、物”资源的准确有效管理。

3. 灵活性

由于一卡通系统具有前端功能响应的独立性和其他相关业务的职能管理系统共容性，既可单独使用，又可支持网络环境，即可在任意的网络结构下实现。从而便于系统的扩展和充分利用。

4. 一卡多用性

由于非接触式卡具有16个独立的应用区，每个应用区有独立的密码体系和访问条件，因此一张卡不仅能作为企业职工的出入证和身份标识，还可以储存大量的数据以便于查询，同时具有电子货币的功能，如食堂售饭、停车场收费管理等。

5. 内部管理自动化

在“一卡通”系统中，采用计算机网络，内部所有数据进行统一规范管理，这样可大大减少工作量，节约综合管理费用，提高工作效率。

“一卡通”系统的形成，最主要是由于非接触IC卡在系统中的应用。以前的条码磁卡、接触式IC卡已面临着换代。磁卡、条码卡由于其存储容量小、安全性能差等缺点，故在日常生活中已逐渐被淘汰。而接触式IC卡由于芯片外露而导致的污染、损伤、磨损、静电以及插卡等这不便的读写过程，使得在频繁使用卡的一卡通系统中，不能满足要求。

而非接触IC卡，不仅继承了接触式IC卡的大容量、高安全性等优点，还克服了接触式IC卡所无法避免的缺点，同时非接触IC卡还具有外形尺寸小、集成化程度高、可靠性强等优点，其性能大大高于已经被人们熟悉的接触式IC卡。因为非接触IC卡采用完全密封的形式和不需接触的工作方式，使之不会受到外界不良因素的影响，而且可根据要求其感应卡的感应有不同的感应距离。

第三节　出入口控制系统的设计要点

系统应根据安全防范管理的要求，对需要控制的各类出入口按各种不同的通行对象(人和物)及其准入级别对其进、出实施实时、有效地控制与管理，并应具有报警功能。为此，系统应在被设防区域的出入口位置设置目标识别装置和控制执行机构，对出入目标实施放行、拒绝和报警等各种控制。

出入口控制系统的设计应符合《出入口控制系统技术要求》GA/T 394—2002等相关标准的要求。人员安全疏散口，应符合现行国家标准《建筑设计防火规范》GB 50016—2006的要求。

一、出入口控制系统的设计要求

1）根据防护对象的风险等级和防护级别、管理要求、环境条件和工程投资等因素，确定系统规模和构成；根据系统功能要求、出入目标数量、出入权限、出入时间段等因素来确定系统的设备选型与配置。

2）出入口控制系统的设置必须满足消防规定的紧急逃生时人员疏散的相关要求。

3）供电电源断电时系统闭锁装置的启闭状态应满足管理要求。

4）执行机构的有效开启时间应满足出入口流量及人员、物品的安全要求。

5）系统前端设备的选型与设置，应满足现场建筑环境条件和防破坏、防技术开启的要求。

6）当系统与考勤、计费及目标引导(车库)等一卡通联合设置时，必须保证出入口控制系统的安全性要求。

二、出入口控制系统设备的选择

出入口控制系统中使用的设备必须符合国家法律法规和现行强制性标准的要求，并经法定机构检验或认证合格。

1. 智能控制器的选择

出入口控制系统的核心部分，相当于计算机的 CPU，它负责整个系统输入输出的处理、储备及控制等。厂家提供的一般有两种形式：一种是控制一体机；另一种是分体式门禁配单门或多门控制器。

如选择分体式门禁，通常一个安全门配置一个门禁读卡器，而控制器则可根据各安全门地理位置的分布情况选择单、双门控制器或 8 门控制器。单、双门控制器较不常用，8 门控制器适用于大型门禁网络系统，且仅适用于各安全门比较集中的情况，否则，由控制器连接到各安全门的读卡器和电锁的直流信号，由于线路过长，衰减量大，而影响系统的正常运行。单门门禁系统结构图如图 4-11 所示。多门门禁系统结构图如图 4-12 所示。

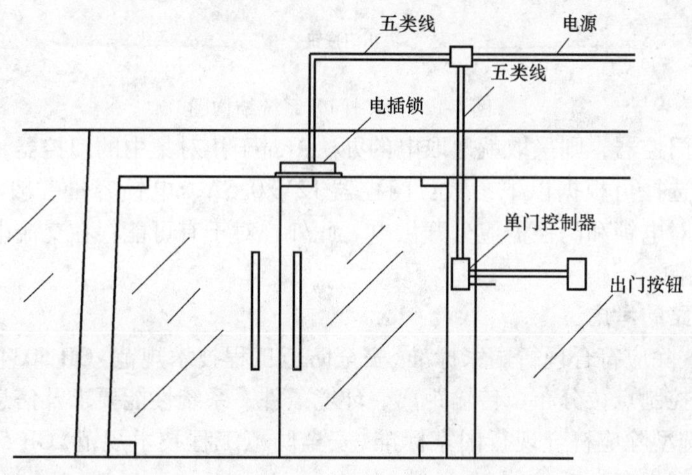

图 4-11　单门门禁系统结构图

2. 电控锁的选择

电控锁是出入口控制系统的执行部件。用户应根据门的材料、出门要求等需求选取不同的锁具。常用的有以下几种类型：

（1）电磁门锁　电磁门锁断电后是开门的，符合消防要求，并配备多种安装架以供顾客使用。这种锁具适用于单向的木门、玻璃门、防火门、对开的电动门等。

（2）阳极锁　阳极锁是断电开门型，符合消防要求。它安装在门框的上部。与电磁门锁不同的是阳极锁适用于双向的木门、玻璃门、防火门，而且它本身有门磁检测器，可随时检测门的开关状态。

（3）阴极锁　一般的阴极锁为通电开门型，适用于单向木门。安装阴极锁一定要配备 UPS 电源。因为停电时阴极锁是锁门的。

3. 电源

电源的选择主要考虑因素为门控器与电锁的耗电量和门控器的地理分布。

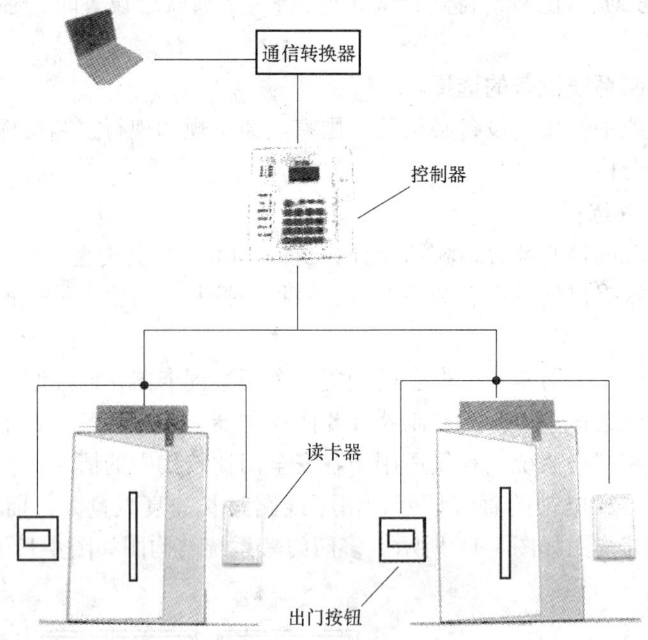

图 4-12 多门门禁系统结构图

对于分散的门控器，则采取就地取电的办法；对于相对集中的门控器，建议采用集中供电的方式，容量选择可根据以下参数：门控器 12V/0.5A、电锁容量一般小于 12V/1A。条件允许情况下，对电锁和门控器应分开供电。此外，对于有可能存在交流电断电的位置，可考虑配置 UPS 电源。

三、传输线路的考虑

1）传输方式除应符合现行国家标准《安全防范工程技术规范》GB 50348 的有关规定外，还应考虑出入口控制点位分布、传输距离、环境条件、系统性能要求及信息容量等因素。

2）线缆的选型除应符合现行国家标准《安全防范工程技术规范》GB 50348 的有关规定外，还应符合下列规定：

① 识读设备与控制器之间的通信用信号线宜采用多芯屏蔽双绞线。

② 门磁开关及出门按钮与控制器之间的通信用信号线，线芯最小截面积不宜小于 $0.50mm^2$。

③ 控制器与执行设备之间的绝缘导线，线芯最小截面积不宜小于 $0.75mm^2$。

④ 控制器与管理主机之间的通信用信号线宜采用双绞铜芯绝缘导线，其线径根据传输距离而定，线芯最小截面积不宜小于 $0.50mm^2$。

3）执行部分的输入电缆在该出入口的对应受控区、同级别受控区或高级别受控区外的部分，应封闭保护，其保护结构的抗拉伸、抗弯折强度应不低于镀锌钢管。

4）门禁系统的干线可用钢管或金属线槽敷设。支线可用配管敷设，导线敷设时信号线与强电线要分开敷设。

四、监控中心

1）监控中心应符合现行国家标准《安全防范工程技术规范》GB 50348 的有关规定。

2）当出入口控制系统与安全防范系统的其他子系统联合设置时，中心控制设备应设置在安全防范系统的监控中心。

3）当出入口控制系统的监控中心不是系统最高级别受控区时，应加强对管理主机、网络接口设备、网络线缆的保护，应有对监控中心的监控录像措施。

复习思考题

1. 出入口控制系统由哪几部分组成？试画出系统的结构框图。

2. 试述各种个人识别卡的优缺点。

3. 出入口控制系统管理法则有哪些？

4. 商场、对外办公的机关大楼、学校等主要出入口应该设置什么样的门禁系统？什么时候设防？什么时候撤防？

第五章 电子巡更系统

随着社会的进步与发展，各行各业的管理工作趋向规范化、科学化、计算机化，在日常生活中随处可见各种人员对特定的区域、楼宇、设备和货物进行定期或不定期的安全巡查管理。一般的巡查管理制度都是通过巡查人员在巡查点记录本上签到的方式来对巡查人员进行管理。但这种方式即难核实时间又难避免冒签、补签或一次多签等作弊行为，在核查签到时比较费时费力，对于失盗、失职分析难度较大，使得管理制度形同虚设。一旦出现问题，管理层很难判明责任。

因此，摆在管理层一个很现实的问题是：如何准确地评定巡查人员的工作质量、工作情况？如何判明责任？如何加强对巡更员巡检工作进行有效监督成为困扰管理者的一大难题。电子巡更系统就是基于该需求的基础上，经过长时间地考察研究、实验开发出来的，它可真实地记录、了解巡更员执行任务时的真实情况，以保证巡更工作保质保量地进行。随着非接触式 IC 卡的出现，便自然地产生了感应巡更系统。这一系统的推出对社会的安定起到了极其重要的作用。

第一节 电子巡更系统概述

电子巡更系统既可以用计算机组成一个独立的系统，也可以纳入整个监控系统。但对于智能化的大厦或小区来说，电子巡更系统也可以与其他子系统合并在一起，以组成一个完整的楼宇自动化系统。

电子巡更管理系统是对保安巡查人员的巡查路线、方式及过程进行管理和控制的电子系统。

一、电子巡更系统的功能

保证巡更值班人员能够按巡更程序所规定的路线、时间及到达指定的巡更点，进行巡视，不能迟到，更不能绕道。同时保护巡逻人员的安全。巡更人员如果出现问题，如被困或被杀，控制中心会很快发觉并及时采取有效措施，从而保证巡更人员的人身安全。

在巡更管理系统中，有的还配备对讲机向系统监控中心报告情况，打印出记录，便于查询同时发出警报，显示情况异常的路段，及时派人前往处理。

巡更程序的编制应具有一定的灵活性，对巡更路线、行走方向以及各巡更点之间的到达时间都应该能够方便进行调整。为了巡更工作更具保密性，巡更路线应该经常更换。系统应具备如下主要功能：

①实现巡更线路的设定和修改；②实现巡更时间的设定和修改；③在重要部位及巡更路线上安装巡更站点，各站点要能被主机识别；④控制中心可查阅、打印各巡更人员的到位时间和工作情况；⑤具有巡更违规记录、提示。

二、电子巡更系统的组成

巡更管理系统的组成可分为三部分：现场控制器或读卡机、系统管理中心、巡更点匙控开关或巡检卡。通常系统管理中心可以与防盗报警系统的监控中心共用。

电子巡更系统按控制方式一般分为在线式巡更和离线式巡更两种。

1. 在线巡更系统

（1）系统组成　该系统由感应式IC卡、门禁读卡器、门禁软件、巡更管理软件、通信转换器等组成。实施时，只需在使用门禁的基础上，增加一套巡更管理软件即可。保安员巡更的读卡数据在经过巡更管理软件筛选后，将作为巡更数据来处理。在线巡更系统组成如图5-1所示。

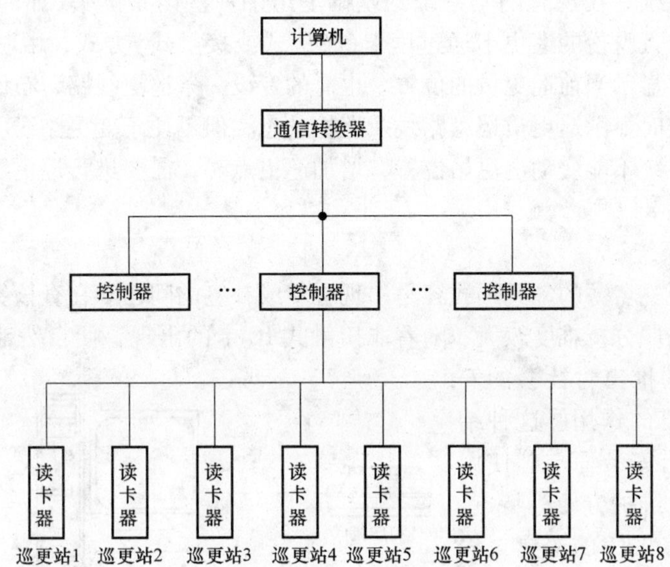

图5-1　在线巡更系统组成

（2）功能特点

①在门禁系统的基础上，不需增加成本，只需一套软件；②直接从门禁软件中读取数据；③任意设置巡更点；④任意设置班次、巡更路线；⑤强大的报表功能，能生成各类报表，可根据时间、个人、部门、班次等信息来生成报表；⑥完善的操作员管理程序，多种级别、多种权限；⑦实时显示巡更情况，对未正常巡更则提示和报警。

使用方法是巡更人员在规定的时间内到达指定的巡更站，使用专门的钥匙开启巡更开关或按卜巡更点信号箱上的按钮或在巡更站安装的读卡器上刷卡等手段，向系统监控中心发出“巡更到位”的信号，系统监控中心在收到信号的同时将记录巡更到位的时间、巡更站编号及巡更员等信息。

根据设定的要求，巡更点还可以同时作为紧急报警使用，如果在规定的时间内指定的巡更站未收到巡更人员“到位”信号，则该巡更站将向监控中心发出报警信号；如果巡更站没有按规定的顺序开启巡更站的开关，则未巡视的巡更站将发出未巡视信号，同时中断巡更程序并记录在系统监控中心，监控中心应对此立即作出处理。

在线式巡更系统具有如下优点：

1）实时掌握巡更人员的巡更情况。如巡更人员当前所在的位置，哪些巡更站已经巡查，下一站巡更位置是什么，以及相应的巡更时间。

2）保证巡更人员的人身安全。在线式巡更系统能够实时了解巡更人员的巡更情况，一旦巡更人员没有按指定的时间到达巡更站，系统将报警提示，坐在计算机前面的管理人员可以马上通过对讲机与巡更人员联络，了解巡更人员目前的状况，防止意外情况发生。尤其在偏僻的地方巡更，该系统的优越性不言而喻。

3）加强巡更人员的管理，实时监督巡更人员的工作情况。

4）同门禁系统一起使用时，可以借助门禁系统已有的网络设施，如读卡器和控制器，节省投入的费用。

在线式巡更系统是在现有门禁系统的基础上增加一些门禁读头（如周界围墙等部位）。巡更员手持标志个人身份的巡更卡通过读卡（感应式或接触式）方式，由联网系统传到中央控制室的微机上，显示当前巡更员的位置。也有的专设一条巡更线路，布设若干读卡器进行打卡。这种方式实时显示巡更员巡逻路线及巡检动态，但不便于变更路线。

在线式巡更系统不能变动巡更站位置，增加巡更点时，需要进行巡更线路的敷设。不宜增加及修改巡更站。

2. 离线巡更系统

巡逻时，传统签名簿的签到形式容易出现冒签或补签的问题。在查核签到时比较费时费力，对于失盗、失职分析难度较大。随着非接触式 IC 卡的出现，便自然地产生了感应巡更系统。这一系统的推出对社会的安定起到了极其重要的作用。这种结构的巡更系统具有安装简单、使用方便、造价低廉、维护方便等特点，在实际应用中，有 90% 的巡更工程采用这种方案。即在每个巡更点离地面 1.4m 高处安装一个巡更点信号器（感应 IC 卡），值班巡更人员手持巡更棒在规定的时间内到指定的巡更点采集该点的信号。巡更棒有很大的存储容量，几个巡更周期后，管理人员将该巡更棒连接到计算机，就能将所有的寻更信息下载，由计算机进行统计。从而，管理人员就能根据巡更数据知道各点巡更人员的检查情况，并能清晰地了解所有巡更路线的运行状况。且所有巡更信息的历史记录都在计算机里储存，以备事后统计和查询。

（1）系统组成　离线巡更系统由主机、信息采集器（巡更棒）、传输器、信息钮等组成，如图 5-2 所示。

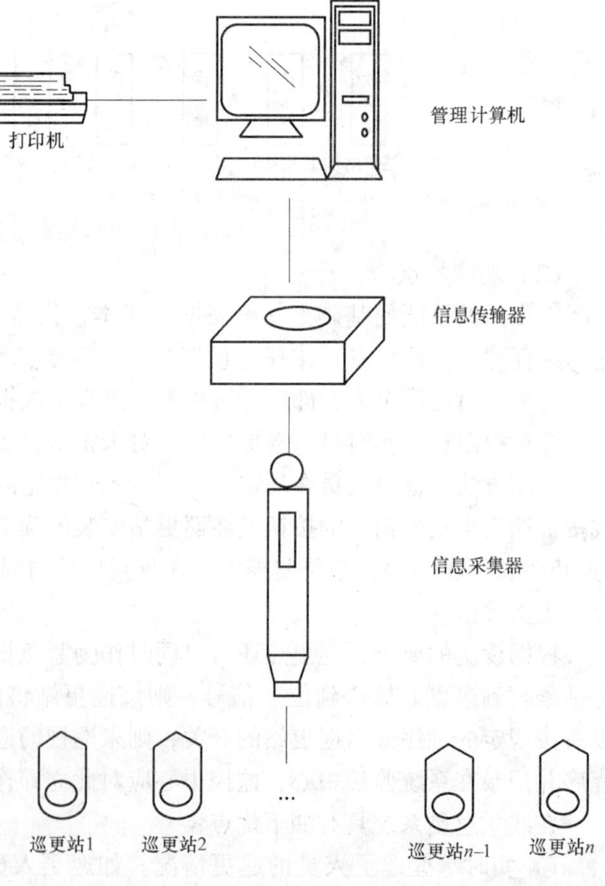

图 5-2　离线巡更系统结构图

(2) 系统特点

①不需布线，安装方便；②非接触 IC 卡读感距离远，8cm，使用方便；③巡更棒体积小，重量轻，携带方便；④可记录巡更员、巡更点、巡更时间等信息，杜绝作弊；⑤可任意设置巡更路线、巡更地点和时间；⑥强大的报表功能，能生成各类报表，并提供多功能数据检索，查询方便；⑦巡更棒自带液晶显示功能，可直接查询记录。

离线巡更系统可方便地设置巡更站及改变巡更站的位置。由于离线式巡更系统具有工作周期短、无须专门布线、无须专用计算机、扩容方便等优点，因而适应了现代保安工作便利、安全、高效的管理，并为越来越多的现代企业、智能小区等采用。

使用方法是巡更员在指定的路线和时间内，由巡更员用信息采集器在信息钮上读取信息，通过下载传输器将信息采集器采集到的信息传输到计算机，管理软件便会识别巡更员号，显示巡更员巡更的路线和时间，并进行分析处理及打印。

离线方式巡更系统是在巡更路线上布设巡更点感应物，如玻管状感应卡、金属钮扣状感应卡等，巡更员使用手持巡更信息采集器依顺序逐点读取感应物内码，每次读卡自动加上当时时间(月日时分秒)。回到机房在巡更管理计算机上一次写入微机硬盘(不可修改)并可列表印出。读卡有感应式及接触式两类，前者无磨损但夜间读取不易找到埋设位置。后者读取时需碰击接触一下，有声光提示读取成功，并且有较宽的温度适应性。

离线巡更系统的优点设计灵活，巡更可随时变动或增减；缺点是不能及时传送信息到监控中心。

离线巡更系统可方便物业管理公司设置巡更站及随时改变巡更站的位置，离线式无线电子巡更系统集安全巡视、员工工作考勤于一体，使管理者即便稳坐办公室，也能确知员工们尽职于工作岗位。

三、非接触式 IC 卡巡更系统的构成模式

非接触式 IC 卡巡更管理系统可以帮助掌握确实的行程时间和路线，以便追踪与考核。

非接触式 IC 卡巡更管理系统的实现有两种：独立式巡更管理系统和联网式巡更管理系统。

1. 独立式巡更管理系统

对于独立式巡更管理系统需要事先指定合理的巡更时间与路线，并设定合理的检测点，布置墙埋式非接触式 IC 卡，以手持式 POS 机作为巡更签到器。保安巡更人员刷卡签到，并在下班后，将手持 POS 机记录交回管理人员，以便将所有的信息下载到后台计算机管理中心，进行下一步的信息统计、汇总和分析工作。该系统可检测到保安巡更人员是否按指定的时间、线路、次数巡更，可有效避免保安巡更人员的失职。

2. 联网式巡更管理系统

采用联网式的巡更管理系统可将读感器安装在巡检点附近的墙面上，在计算机管理中心设立一个工作站，通过计算机网络实现联网，巡更人员持巡更卡巡更。

在巡更点，巡更人员只需在读感器的有效读感区内轻晃一下非接触 IC 卡，即可将巡检员的姓名、巡更时间、巡检的地点等信息实时送入系统，系统实时监控巡更人员的巡更情况，并通过对当班所有巡检数据信息的分析，作出当班巡更报表。

第二节 电子巡更系统的主要设备

1. 电子巡更器

电子巡更器一般用于无线方式，携带方便，可和固定安装的巡更感应器配合使用，记录巡更人员工作情况。可充电，并防水、防尘、防震，保证全天候使用。

2. 巡更感应器

巡更感应器一般采用预埋方式，可装在水泥墙、砖墙或其他物体内。每个感应器内设置独立内码，安全性极高，非接触式读取数据，没有接触性磨损，防水、防磁、防尘，寿命长。

3. 信息采集器

手持读卡机就是信息采集器，目前种类和型号比较多，一般由金属浇铸而成，使用9V或12V锂电池供电，配备容量不低于128KB的存储器，内置日期和时间，有防水外壳，能存储5000条以上信息。有些手持读卡机可以直接使用USB接口与计算机连接进行数据传输。

4. 数据传输器

数据传输器是计算机的专用外围设备，其上有电源、发送及接收状态指示灯。对于不能直接与计算机进行数据传输的手持读卡机，在插入数据传输器后可通过串行口与计算机连通，从而通过软件读出其中的巡更记录。

5. 主机

系统管理主机以视窗软件运行，一方面可以方便地组织和变换巡更路线；另一方面可详细列出巡更人员经过每一个巡更点的地点、时间以及缺巡资料，以便核对巡更人员是否尽责，确保智能建筑周围的安全。

第三节 电子巡更系统的设计要点

一、对电子巡更系统设计的要求

1）系统应能编制保安人员巡查软件，在预先设定的巡查图中，用通行卡读出器或其他方式，对巡更人员的巡查行动、状态进行监督和记录。有线巡更系统的巡更人员可以在发生意外情况时，及时向安防监控中心报警。

2）系统可独立设置，也可与出入口控制系统或入侵报警系统联合设置。独立设置的在线巡更系统宜与安防系统联网，实现安防监控中心对该系统的集中管理与监控。独立设置的无线巡更系统，应能向监控中心提供所需的主要信息，满足安全管理系统对该系统管理的相关要求。

3）巡更点的数量根据现场需要确定，巡更点的设置应以不漏巡为原则，安装位置应尽量隐蔽。

4）在规定的时间内指定巡更点未发出“到位”信号时，应能发出报警信号，宜联动相关区域的各类探测、摄像、声控装置。

5）当采用离线式电子巡更系统时，巡查人员宜配备无线对讲系统，并且到达每一个巡更点后立即与监控中心作巡更报到。

二、电子巡更系统设计步骤

（1）设计巡更路线　巡更站宜设置于楼梯口、楼梯间、电梯前室、门厅、走廊、拐弯处、地下停车场、重点保护房间附近及室外重点部位。巡更站设备安装高度为底边距地1.4m，在主体施工时配合预埋穿线管及接线盒。巡更站点设置如图5-3所示。

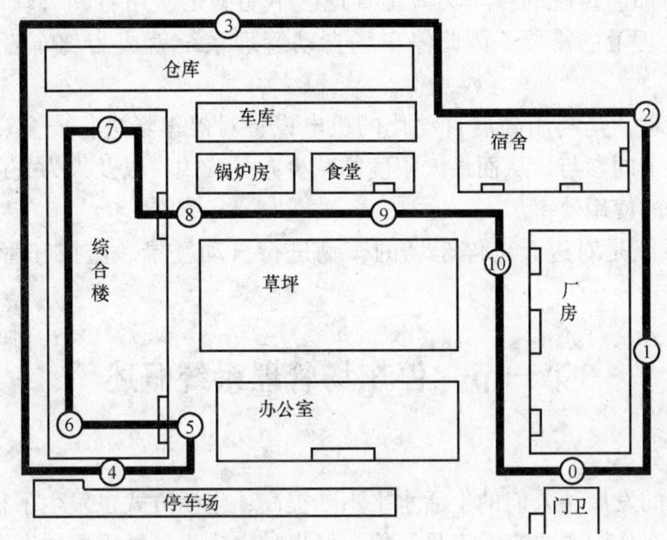

注：⓪～⑩分别表示巡更站点。

图5-3　巡更站点设置

（2）在巡更站点位置安装巡更感应器　对于新建的智能大厦，可根据实际情况选用有线或无线巡更系统。对于智能化住宅小区，宜选用无线巡更系统。对于已建的建筑物宜选用无线巡更系统。

复习思考题

1. 电子巡更系统有哪两种工作方式？
2. 离线式电子巡更系统和在线式电子巡更在组成和功能上有哪些区别？
3. 巡更系统程序软件的编制应向厂商提出什么要求？

第六章　停车场管理系统

随着社会经济的快速发展以及城市化、机动化进程加快，小轿车拥有量迅速增长，停放车需求也随之增加。传统的停车场人工管理已不能满足使用者和管理者对停车场效率、安全、性能以及管理上的需要。因此停车场自动管理系统就成为驾车者与管理者的理想选择。

停车场自动管理，是利用高度自动化的机电设备对停车场进行安全、快捷、有效的管理。由于减少了人工的参与，从而最大限度的减少人员费用，以及人为失误造成的损失，极大的提高了停车场的使用效率。

停车场管理系统是对进、出停车场的车辆进行自动登录、监控和管理的电子系统或网络。

第一节　停车场管理系统概述

一、停车场的分类

随着国民经济的发展，人们的生活水平不断提高，生活方式也发生了很大的变化，越来越多的人将私人汽车作为主要交通工具，停车场也随之成为一种重要的商业资源。停车场的设置多种多样，不同的停车场其管理和使用方式也存在很大的差别，下面主要从几个方面对停车场进行分类。

1. 根据停车场和周围建筑的关系分类

（1）建筑附属停车场　建筑附属停车场附属于某一建筑或建筑群，主要为本建筑或建筑群业主服务，在满足对内需求的情况下也可以对外服务。建筑附属停车场可以设置在建筑物内，也可在建筑物周边设置，例如大型建筑地下室停车场、住宅小区建筑周边设置的露天停车场或小区绿化覆盖停车场等。

（2）独立式停车场　独立式停车场作为一个独立的使用空间，与周围建筑并不存在直接关系，主要设置在原有车位不能满足使用要求的商业区和写字楼群附近。这种停车场主要作为商业空间使用，以商业服务的方式运行。

2. 根据停车场的服务对象分类

（1）固定服务对象停车场　固定服务对象是指服务对象在一定时间内是固定不变的，并非永久性固定。例如住宅小区停车场主要是为本区域内的业主服务，业主一般购买或按年、季度长期租用停车位，其停车场的服务对象相对固定。

（2）非固定服务对象停车场　非固定服务对象停车场的服务对象是流动的，车位也可自由使用，独立式停车场多为这种情况。

（3）混合服务对象停车场　混合服务对象停车场同时对固定对象和非固定对象提供服务，一般情况下采用分区管理的办法，固定服务对象拥有自己固定的停车位，非固定服务对象随机使用流动车位。

3. 根据收费方式分类

（1）免费停车场　免费停车场有两种：一种是对特定用户实行免费，例如住宅小区免费提供或由业主购买停车位、停车场所有单位内部免费使用车位等停车场；另一种是商业场所或其他服务性场所为顾客提供的免费停车场。

（2）单次收费停车场　对外服务性停车场如果只提供流动服务，则每次使用停车场都需要缴纳一次性使用费，计费方式可以每次固定收费或按使用时间收费。

（3）定时收费停车场　定时收费停车场为长期租用车位的固定用户提供服务，停车位租用费用可按月、季度或年征收。

二、停车场管理系统的功能

不同性质的停车场需要的管理内容不同，所以管理系统的功能配备也存在很大区别，总体来说停车场管理系统的功能主要包括以下几方面：

（1）停车位信息管理　停车场的车位使用方式有临时出租、长期出租或出售使用权等，为了管理方便应该将停车场进行区域划分。停车位信息管理可以记录、更改、查询车位的使用方式以及对停车场进行区域划分，同时对长期租用人和车位使用权人进行信息管理和出入凭证的发放。

（2）停车场当前状态显示　在停车场入口处和管理中心显示当前车位占用情况和运行状态，一方面为需要使用者提供能否提供服务信息；另一方面是管理者可以对停车场状态进行查询和监管。

（3）车辆识别　车辆识别工作是通过车牌识别器完成的，可以由人工按图像识别也可以完全由计算机进行操作。车辆识别一方面可以对长期租用车位者或车位使用权人的车辆不需票卡读取直接升起电动栏杆放入，从而方便顾客使用；另一方面可以在停车场出口根据票卡对照车辆进入时保存的相应资料，防止车辆被盗事件的发生。

（4）车辆防盗　车辆防盗应该属于安全防范系统范畴，也可以在管理系统中设置车辆防盗功能。其一可以通过车辆识别器在车辆出场时进行校对；其二可以使用闭路电视系统对停车场内进行监控和信息储存、查询；其三可以在停车位使用红外或微波等电子锁。

（5）电动栏杆控制　停车场进出口处的电动栏杆起到阻拦车辆的作用，在车辆取得进出场权限后电动栏杆可以直接升起，减轻人工工作。当车辆强行出入撞击电动栏杆时，电动栏杆则发出报警信号。

（6）计价收费　在车辆离开停车场时，自动收费系统可以根据票卡信息或车辆进出场时间信息进行计价和收费，可以自动收费也可以由人工根据显示信息收费。

（7）停车场运行信息管理　停车场管理系统的管理中心可以对停车场的运行情况进行保存和分析，为管理人员提供管理参考信息。

三、停车场管理系统的组成

停车场（库）管理系统的组成包括停车场入口设备、出口设备、收费设备、图像识别设备、中央管理站等。

1）停车场（库）入口设备包括：车位显示屏、感应线圈或光电收发装置、读卡器、出票（卡）机、栅栏门等。

2）停车场（库）出口设备包括：感应线圈或光电收发装置、读卡器、验票（卡）机、栅栏门等。

3）停车场(库)收费设备。根据停车场(库)的管理方式，停车场(库)收费设备可分为中央收费设备和出口处的收款机。

4）中央管理站：包括计算机、打印机、UPS电源等。

停车场管理系统实际是一个分布式的集散控制系统，一般可分为以下几部分：

1）车辆入场的监测和控制。车辆入口处应该设置车位占用情况显示牌、车辆感应装置、车辆信息录入和识别器、票卡的发放和监测器件等。

2）车辆出场的监测和控制。车辆出口处应该设置读卡器、车辆信息识别器、计价收费器和报警装置。

3）管理中心。管理中心主要由管理主机和打印机、显示器等输出设备组成，实现对车位、票卡的管理以及处理一些紧急情况。

四、停车场管理系统的工作流程

停车场的运行包括后台工作和前台工作两部分，后台工作主要是在管理中心对车位和票卡管理，包括车位的分配与区域划分，长期票卡及使用权人票卡的发放、回收、信息更改及收费等；前台工作即现场设备和管理中心的实施工作。

停车场管理系统中，持有效卡的车主在出入停车场时，将卡放在出入口控制机读卡感应区内感应，控制机读卡后自己或通过计算机判断卡的有效性。对于有效卡，有摄像机时计算机会抓拍该车的图像，道闸的闸杆自动升起，中文电子显示礼貌用语提示，同时发出礼貌语音提示，车辆通过，系统将相应的数据存入数据库中；若为无效卡或进出图像不符等异常情况时，则不放行。

下面从车辆进入停车场和车辆离开停车场两个过程以及特殊情况的处理来介绍停车场工作流程。

1. 车辆进入停车场过程

1）永久用户车辆驶入停车场时，读卡器自动检测到车辆进入，并判断所持卡的合法性。如合法，道闸开启，车辆驶入停车场，摄像头抓拍下该车辆的照片，并存在计算机里，控制器记录下该车辆进入的时间，联机时传入计算机。

2）临时用户车辆驶入停车场时，从出票机中领取临时卡，读卡器自动检测到车辆进入，并判断所持卡的合法性。如合法，道闸开启，车辆驶入停车场，摄像头抓拍下该车辆的照片，并存在计算机里，控制器记录下该车辆进入的时间，联机时传入计算机。

车辆进入停车场流程图，如图6-1

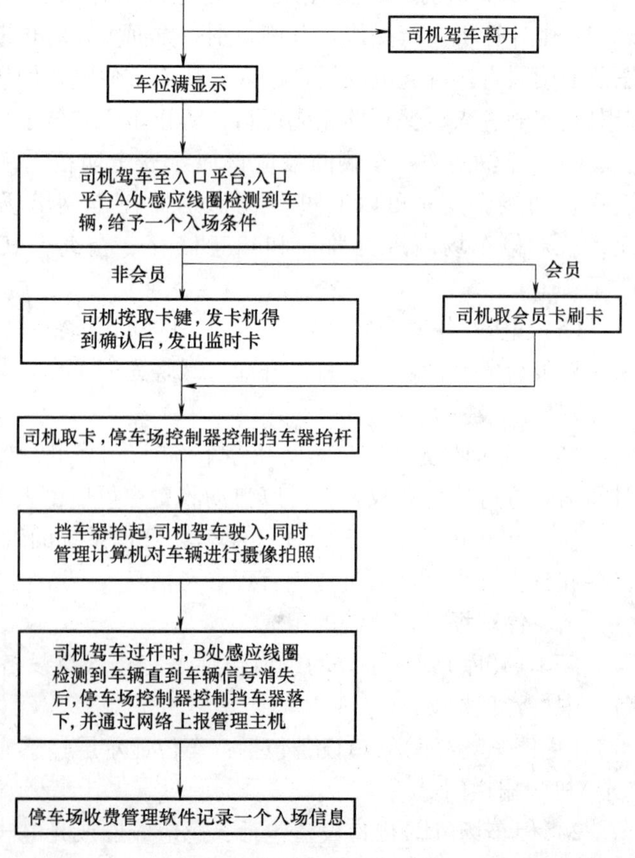

图6-1　车辆进入停车场流程图

所示。

2. 车辆离开停车场过程

1）永久用户车辆离开停车场时，读卡器自动检测到车辆离开，并判断所持卡的合法性。如合法，道闸开启，车辆离开停车场，有摄像头时会抓拍下该车辆的照片，并存在计算机里，控制器记录下该车辆离开的时间，联机时传入计算机。

2）临时用户车辆离开停车场时，控制器能自动检测到临时卡，提示司机必须交费，临时车必须将临时卡交还保安，并需交一定的费用，经保安确认后方能离开。车辆驶出停车场，若有摄像头时会抓拍下该车辆的照片，并存在计算机里，控制器记录下该车辆离开的时间，联机时传入计算机。

车辆离开停车场流程图，如图 6-2 所示。

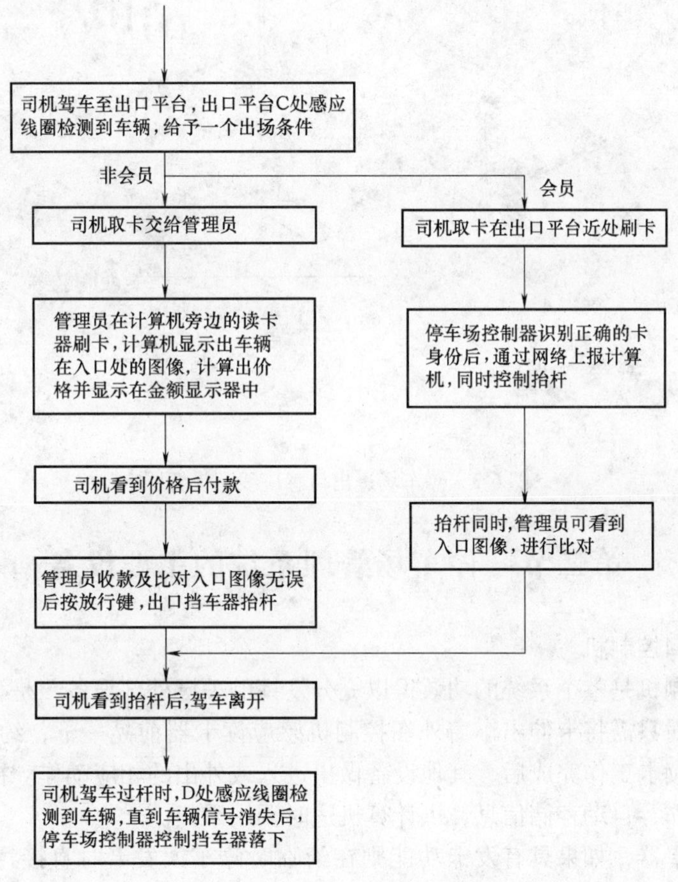

图 6-2　车辆离开停车场流程图

大部分停车场都提供长期出租车位服务或出售车位使用权，为了方便这一部分顾客的使用，停车场应该划属专用区域固定使用车位并发放对应票卡，不应进行临时出租使用。一个车位的使用者可能会在不同时间停放不同的车辆，所以一个车位可以向一个使用者发放多张票卡，每张票卡可以对应多部车辆信息，但一个车位的所有对应票卡的信息必须一致。由于这一部分车辆可以免读卡直接进入停车场，所以当一个车位已经被该车位注册车辆中一辆占用时其他车辆即使凭票卡也无权直接进入停车场，只能按临时付费使用。当持卡人驾驶一部未被注册的车辆欲使用该卡对应的未被占用的车位时，可以在入口读卡器读卡并获得免费使用该车位资格，同时识别器按临时停车记录该车辆信息。

停车场管理系统具有强大的数据处理功能，可以完成收费管理系统的各种参数设置、数据的收集和统计，可以对发卡系统发行的各种卡进行挂失，并能够打印有效的统计报表。

停车场进出口感应线圈设置图如图 6-3 所示，图中为一入一出双向停车场设备定位示意图。

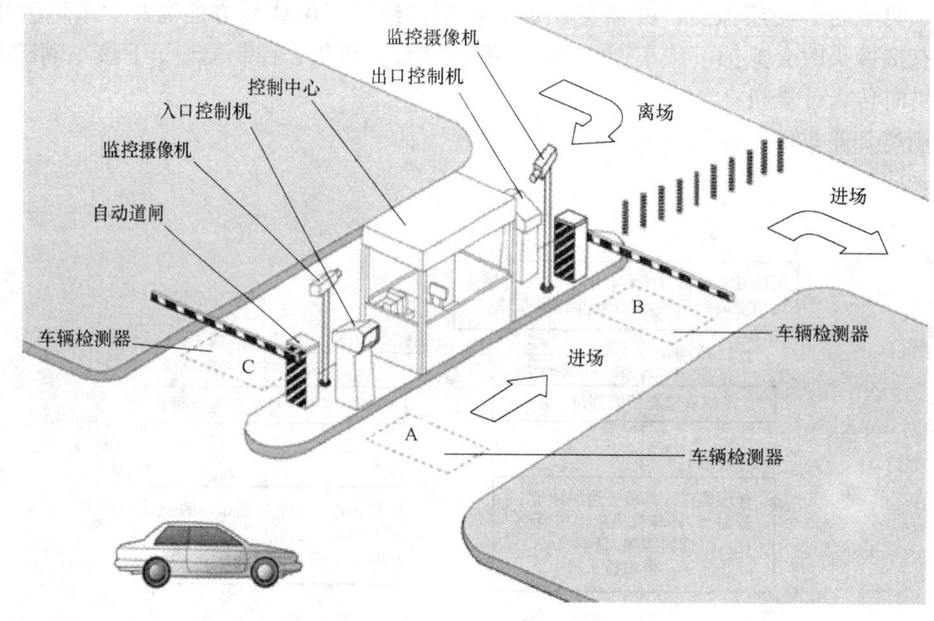

图 6-3　停车场进出口感应线圈设置图

第二节　停车场管理系统的主要设备

一、出、入口控制机

出、入口控制机是整个系统的功效得以充分发挥的关键外部设备，是智能卡与系统沟通的桥梁。在使用时只需将卡伸出车窗外在控制机感应读卡器前晃一下，约需 0.1s 时间即可完成信息交流。读卡工作完成后，其他设备做出进入或外出的相应动作。控制机可在关闭计算机的状态下工作，自动存储信息，供计算机适时调用采集。

对于入口读卡器，如果具有发卡功能则在给临时停车人发卡时直接将入场的时间(年、月、日、时、分)打入票卡，同时将票卡的类别、编号及允许停车位置等信息储存在读卡器中并输入管理中心；如果发卡和验卡是独立进行的，则只辨别驾驶人员票卡是否有效，票卡有效则将入场的时间(年、月、日、时、分)打入票据卡，同时将票卡的类别、编号及允许停车位置等信息储存在读卡器中并输入管理中心，无效则拒绝放行并报警。长期租用停车位人和停车位租用权人的车辆在车牌识别器识别成功时可免除读卡直接放行；在无车牌识别器或识别失败时可在读卡器上读卡，读卡成功则直接放行，读卡失败则拒绝放行并报警。读卡器或车牌识别器允许车辆通过时电动栏杆升起放行，车辆驶过入口感应线圈后，栏杆放下，阻止下一辆车进场。

对于出口读卡器，所有车辆必须验卡，有车牌识别器的出口还可以根据票卡上的信息核对车辆与凭该卡驶入的车辆是否一致，长期租用停车位人和停车位租用权人的车辆在验证无误后直接放行。对于临时停车卡如果读卡器具有收银功能则根据票卡信息计算停车费用，同时显示入场和出场时间及所需交纳金额，使用者结清费用后放行同时回收停车卡；如果不具有收银功能则将出场的时间(年、月、日、时、分)打入票卡同时计算停车费用，持卡人在收银处结清停车费用后放行。车辆获得驶出资格后电动栏杆升起放行，车辆驶过出口感应线圈后，栏杆放下，阻止下一辆车出场。如果票卡无效或票卡存储信息与驶入车辆的牌照不符以及未结清停车费用强行撞击电动栏杆逃逸立即发出报警信号。

二、感应式 IC 卡

由于停车场使用者分为临时停车人、长期租用停车位人和停车位租用权人三种情况，因而对停车人持有的票据卡上的信息要作相应的区分，票卡的发放与使用方式也不同。临时停车人在出入口领卡和退卡；长期租用停车位人和停车位租用权人可在管理中心的营业窗口办理使用卡，在票卡有效期内不需退卡。

票卡的发放(回收)与信息读取可以由一台具有发卡(回收)功能的读卡器完成，也可以单独设置发卡(回收)器和读卡器。

停车场的票据卡有条形码卡、磁卡与 IC 卡三种类型，因此，出入口读卡器的停车信息阅读方式可以有条形码卡、磁卡读写和 IC 卡读写三类。无论采用哪种票据卡，读卡器的功能都是相似的。

三、电动栏杆

入口电动栏杆由读卡器或车辆识别器控制，出口电动栏杆由读卡器或自动收银机控制。电动栏杆收到放行指令后自动升起；如果栏杆遇到冲撞立即发出报警信号并自动落下，不会损坏电动栏杆机与栏杆。一个电动栏杆机可以控制一根栏杆，也可以控制双侧两根栏杆。栏杆可以由合金或橡胶制成，一般长度为 2.5m。在停车场入口高度有限时，可以将栏杆制造成折线状或伸缩型，以减小升起时的高度。当车辆处于道闸的正下方时，地感线圈检测到车辆存在，道闸将不会落下，直至车辆全部驶离其正下方。

四、自动计价收银机

自动计价收银机可以直接由出口读卡器提供信息，也可根据停车票卡上的信息或管理中心提供的信息自动计价，向停车人显示进出场时间以及应交纳的停车费用并提交单据。停车人则按显示价格投入钱币或信用卡支付停车费。停车费结清后，自动收银机可直接控制电动栏杆放行或将停车费收讫的信息打入票卡上。

五、车牌图像识别器

车牌识别器有两个功能：一个是在入口可以识别长期租用停车位人和停车位租用权人的车辆，省略读卡过程，方便顾客使用；另一个是在出口处识别票卡与车辆是否对应，防止偷车事故的发生。长期租用停车位人和停车位租用权人的车辆信息在办理票卡时将被保存到数据库中。当车辆驶入停车场入口时，摄像机将车辆外形、色彩与车牌信号送入计算机与长期租用停车位人和停车位租用权人的车辆数据库进行比较，如果辨别为属于该范围车辆则可控制电动栏杆放行，如果不属于则将信息保存在计算机内。有些系统还可将车牌图像识别为数据。车辆出场前，摄像机再次将车辆外形、色彩与车牌信号送入计算机，与该票卡记录的车辆信息相比，若两者相符合即可放行。车辆信息识别的工作可由人工按图像来识别，也可使用特别的操作软件完全由计算机来完成。

六、管理中心

管理中心主要由功能完善的PC、显示器、打印机等外围设备组成。管理中心可以对停车场进行区域划分，为长期租用车位人和车位使用权人发放票卡、确定车位、变更信息以及收缴费用；确定收费方法和计费单位；并且设置密码阻止非授权者侵入管理程序。管理中心也可作为一台服务器通过总线与下属设备连接，实时交换运行数据，对停车场营运的数据作自动统计、档案保存、对停车收费账目进行管理并打印收费报表；管理中心的CRT具有很强的图形显示功能，能把停车场平面图、泊车位的实时占用、出入口开闭状态以及通道封锁等情况在屏幕上显示出来，便于停车场的管理与调度；停车场管理系统的车牌识别与泊位调度的功能，也可以在管理中心的计算机上实现。

第三节　停车场管理系统的设计要点

系统应能根据建筑物的使用功能和安全防范管理的需要，对停车场的车辆通行道口实施出入控制、监视、行车信号指示、停车管理及车辆防盗报警等综合管理。

一、对停车场管理系统设计的要求

1）根据安全防范管理的需要，设计或选择设计如下功能

①入口处车位显示；②出入口及场内通道的行车指示；③车辆出入识别、比对、控制；④车牌和车型的自动识别；⑤自动控制出入挡车器；⑥自动计费与收费金额显示；⑦多个出入口的联网与监控管理；⑧停车场整体收费的统计与管理；⑨分层车辆统计与在位车显示；⑩意外情况发生时向外报警。

2）宜在停车场的入口区设置出票机。

3）宜在停车场的出口区设置验票机。

4）系统可独立运行，也可与安全防范系统的出入口控制系统联合设置。可在停车场内设置独立的视频安防监控系统，并与停车场管理系统联动；停车场管理系统也可与安全防范系统的视频安防监控系统联动。

5）独立运行的停车场管理系统应能与安全防范系统的安全管理系统联网，并满足安全管理系统对该系统管理的相关要求。

二、停车场管理系统设计要求

1）消防水泵、火灾自动报警、自动灭火、排烟设备、火灾应急照明、疏散指示标志等消防用电和机械停车设备以及采用升降梯作车辆疏散出口的升降梯用电应符合下列要求：

① Ⅰ类汽车库、机械停车设备以及采用升降梯作车辆疏散出口的升降梯用电应按一级负荷供电。

② Ⅱ、Ⅲ类汽车库和Ⅰ类修车库应按二级负荷供电。

2）消防用电设备的两个电源或两个回路应在最末一级配电箱处自动切换。消防用电的配电线路，必须与其他动力、照明等配电线路分开设置。

3）除机械式立体汽车库外，汽车库内应设火灾应急照明和疏散指示标志，火灾应急照明和疏散指示标志可采用蓄电池作备用电源，但其连续供电时间不应小于20min。

4）火灾应急照明灯宜设在墙上或顶棚上，其地面最低照度不应低于0.5lx。疏散指示标志宜设在疏散口的顶部或疏散通道及转角处，且距地面高度应在1m以下。通道上的指示标志，其间距不宜大于20m。

5）设有火灾自动报警系统和自动灭火系统的停车场应设置消防控制室，消防控制室可独立设置，也可与其他控制室、值班室组合设置。

6）采用气体灭火系统、开式泡沫喷淋灭火系统以及设有防火卷帘、排烟设施的汽车库、修车库应设置与火灾报警系统联动的设施。

复习思考题

1. 停车场其管理系统的主要功能是什么？
2. 根据个人观点，你觉得停车场管理系统应该分为几大组块？每一组块完成哪些工作？
3. 停车场管理系统的主要设备有哪些？
4. 停车场管理系统采用的防盗措施主要有哪些？
5. 设计基本的车辆出入库程序流程框图。

第七章　对 讲 系 统

对讲系统是智能小区安全防范系统中不可缺少的部分，从最初的单门型普通对讲系统到小区联网型可视对讲系统，发展到现在大量应用的对讲、家庭防盗报警与门禁系统相融合，以及信息发布系统的日趋成熟，对讲系统已经渗透到了智能小区安全防范系统的各个角落。

第一节　对讲系统概述

对讲系统是指在来访客人与住户之间提供双向通话或可视通话，并由住户遥控防盗门的开关及向保安管理中心进行紧急报警的一种安全防范系统。它适用于单元式公寓、高层住宅楼和居住小区等。

一、对讲系统的功能

对讲控制系统是在各单元入口安装防盗门和对讲装置，以实现访客与住户对讲/可视对讲。住户可以遥控开启防盗门，有效防止非法人员进入住宅楼内。其主要功能如下：

1）可实现住户、访客语言/图像传输。

2）通过室内分机可以遥控开启防盗门电锁。

3）门口主机可以利用密码、钥匙或感应卡等开启防盗门。

4）管理主机可以接收到小区任一联网用户的报警信息。

5）管理中心可以通过此系统向联网用户发布信息。

二、对讲系统的组成

对讲控制系统是住宅小区自动化系统的最低要求，对讲系统有普通对讲和可视对讲两种系统。目前，可视化对讲防盗门控制系统开始逐渐成为住宅小区自动化的标准要求。对讲/可视对讲控制系统一般由管理主机、单元门口主机、室内分机和电控门锁组成。

1. 普通对讲系统

在住宅楼的每个单元首层大门处设有一个电子密码锁，每个住户使用自己家的密码开锁。来访者需进入时，按动大门上室外机面板上对应房号，则被访者家室内机发出振铃声，主人摘机与来访者通话确认身份后，按动室内机上遥控大门电锁开关，打开门允许来访者进入，进入后闭门器使大门自动关闭。

此系统还具有报警和求助功能，当住户遇到突发事情，可通过对讲系统与保安人员取得联系。

2. 可视对讲系统

在普通对讲系统上安装摄像机，就能实现可视对讲。可视对讲系统安装在入口处，当有客人来访时，按压室外机按钮，室内机的电视屏幕上即会显示出来访者和室外情况。可视对讲门口主机采用红外线照明设计，使白天黑夜均清晰可见。

3. 对讲系统的线制结构

可分为多线制、总线多线制、总线制(见表 7-1 及图 7-1)。

表 7-1 三种系统的性能对比

性　能	多线制	总线多线制	总线制	性　能	多线制	总线多线制	总线制
设备价格	低	高	较高	系统扩充	难扩充	易扩充	易扩充
施工难易程度	难	较易	容易	系统故障排除	难	容易	较易
系统容量	小	大	大	日常维护	难	容易	容易
系统灵活性	小	较大	大	线材耗用	多	较多	少
系统功能	弱	强	强				

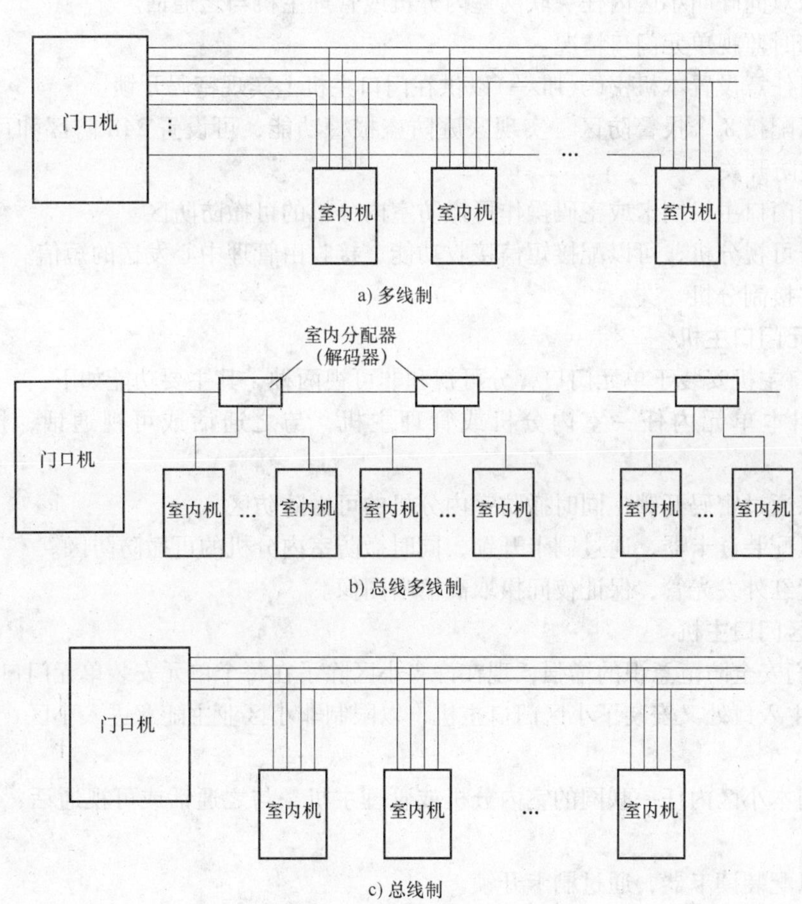

图 7-1 三种访客对讲系统结构

(1) 多线制系统　通话线、开门线、电源线共用，每户再增加一条门铃线。

(2) 总线多线制　采用数字编码技术，一般每层有一个解码器(4 用户或 8 用户)，解码器与解码器之间以总线连接，解码器与用户室内机呈星形连接，系统功能多而强。

（3）总线制　将数字编码移至用户室内机中，从而省去解码器，构成完全总线连接，故系统连接更灵活，适应性更强，但若某用户发生短路，会造成整个系统不正常。

第二节　对讲系统的主要设备

现如今，国内外生产对讲系统设备的厂家很多，无论是设备还是设备间的通信协议没有一个统一标准，但整体上实现的功能基本上一样，该系统所包含的主要设备一般有以下几种。

一、室内分机

室内分机安装于住户内，分可视和非可视两种，其主要功能如下：

1）当室内分机响铃时，摘机与来访者实现通话或可视通话，按开锁键实现开锁。

2）可以双向呼叫小区内任一联网室内分机或管理主机与之通话。

3）可随时监视单元门口情况。

4）可以任意设置本机密码(唯一)以供在门口主机上实现密码开锁。

5）可以配接8个报警防区，实现家庭防盗报警功能，可设置24h防区和可撤防防区，可配接布/撤防开关。

6）利用门口主机刷卡或密码操作可撤防室内分机的可撤防防区。

7）对于可视分机，可以配接短信接收功能，接收由管理中心发送的短信。

8）可并接副分机。

二、单元门口主机

单元门口主机安装于单元门口，分可视和非可视两种，其主要功能如下：

1）呼叫本单元内任一室内分机或管理主机，与之通话或可视通话，接收其开锁信号。

2）可以通过密码开锁，同时撤防室内分机的可撤防防区。

3）可以配装读卡器，通过刷卡开锁，同时撤防室内分机的可撤防防区。

4）内置红外发光管，保证夜间摄取高清晰图像。

三、小区门口主机

随着人们安全防范意识的增强，现在许多小区除了在每个单元安装单元门口主机外，在小区的人行主入口处又安装了小区门口主机，以限制非小区业主随意进入小区。其主要功能如下：

1）呼叫本小区内任一联网的室内分机或管理主机，与之通话或可视通话，接收其开锁信号。

2）可以配装读卡器，通过刷卡开锁。

3）内置红外发光管，保证夜间摄取高清晰图像。

四、管理主机

管理主机安装在小区物业中心，分可视和非可视两种，其主要功能如下：

1）可以双向呼叫小区内任一联网室内分机与之通话。

2）接收小区内任一联网的单元门口主机或小区门口主机的呼叫，与之通话或可视通话，遥控开锁。

3）在任何状态下均可接收各种报警信号并实时显示报警类型、时间、日期。

4）可对小区内联网的室内分机设置呼叫转移，以防用户被打扰。

5）采用 RS-232 接口与计算机联机，配合小区管理软件可实现多路报警功能，并实时接收及打印报警信息；实时显示室内分机的布/撤防状态；实现感应卡的注册和删除；实时记录和显示用户每次刷卡开锁的信息，以及可以随意将文字、图像信息群发或有针对性地单发到任一联网的室内分机上。

五、电控门锁

安装在小区各个单元门口处和小区人行主入口处，配合单元门口主机和小区门口主机使用，实现其对门的控制。

六、开关电源

开关电源供电给本系统的所有用电设备，一般安装在小区的各个单元门口处、小区人行主入口处、管理中心等处。

七、户户/编码隔离器

户户/编码隔离器起着信号放大、故障隔离的作用，防止因个别分机损坏而导致整个系统瘫痪，一般安装在单元电气管井内。

第三节　对讲系统的设计要点

对讲系统在小区中应用非常广泛，其系统组成样式并非千篇一律，按照系统的规模和设置一般分以下三种：

一、单户型

具备普通对讲或可视对讲、遥控开锁、主动监控，使家中的电话、电视可与单元型可视对讲主机组成单元系统等功能，室内机分台式和扁平挂壁式两种。

二、单元型

单元型普通对讲或可视对讲系统主机分直接按键式和数字编码式两种。这两种系统均采用总线式布线，解码方式有楼层机解码或室内机解码两种方式，室内机是一般与单户型的室内机兼容，均可实现普通对讲或可视对讲、遥控开锁等功能，并可挂接管理中心。

1. 直接按键式可视对讲系统

直接按键式可视对讲系统的门口机上有多个按键，分别对应于楼宇中的每一个住户，因此这种系统的容量不大，一般不超过 30 户。其室内机的结构与单对讲型可视对讲类似，图 7-2为 6 户型直接按键式可视对讲系统结构图。由图可见，门口机上具有多个按键，每一个按键分别对应一个住户的房门号，当来访者按下标有被访住户房门号的按键时，被访住户即可在其室内机的监视器上看到来访者的面貌，同时还可以拿起对讲机与来访者通话，若按下开锁按钮，即可打开楼宇大门口的电磁锁。由于此门口机为多户共用式，因此，住户的每一次使用时间必须限定，通常是每次使用限时 30s。

由图 7-2 可见，各室内机的视频、双向声音及遥控开锁等接线端子都以总线方式与门口机并接，但各呼叫线则单独直接与门口机相连。因此，这种结构的多住户可视对讲系统不需要编码器，但所用线缆较多。

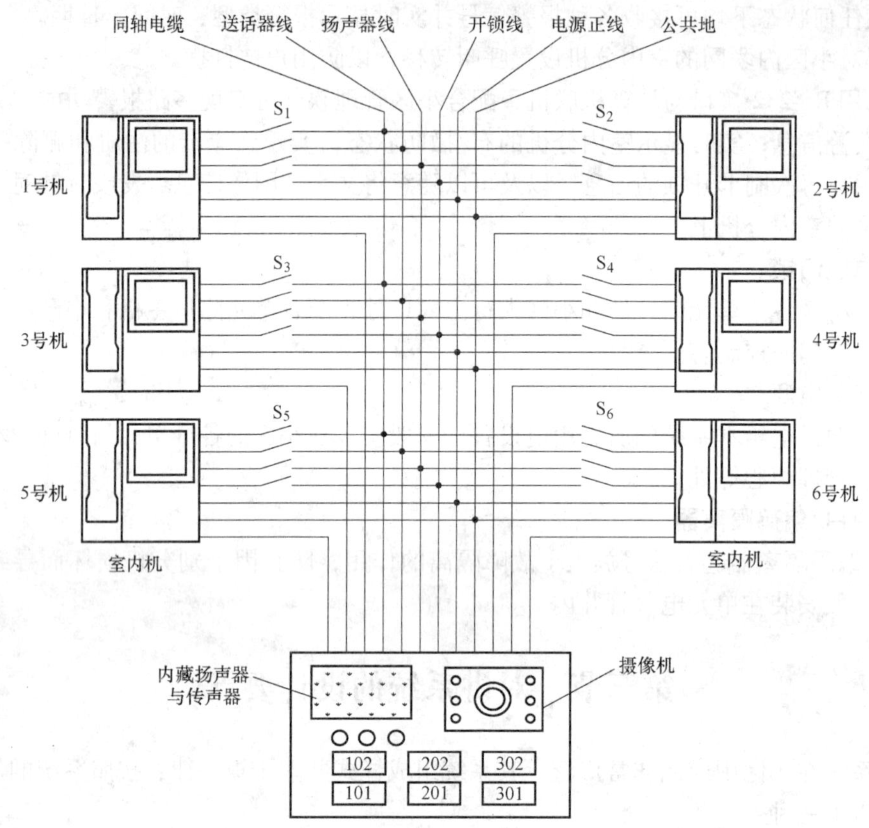

图 7-2　6 户型直接按键式可视对讲系统结构图

2. 数字编码式可视对讲系统

数字编码式可视对讲系统适用于高层住宅楼及普通住宅楼的多住户场合。由于住户多，直接将每一住户的房门号对应于门口机的一个按键显然是不适合的，因此，数字编码系统将各住户的房门号采用数字编码，即在其门口机上安装一个由 10 位数字键及“#”键与“＊”键组成拨号键盘。当来访者需访问某住户时，可以像拨电话一样拨通被访住户的房门号，门口机经对输入的 4 位房门号码译码后，确定被访住户的地址，并将该住户的室内机接入系统总线，此时，如被访住户拿起其室内机上的对讲机即可与来访者双向通话，门口摄像机摄取的图像亦同时在其室内机的监视器上显示出来。

三、小区联网型

采用区域集中化管理，功能复杂，各厂家的产品均有自己的特色。一般除具备普通对讲或可视对讲、遥控开锁等基本功能外，还能接收和传送住户的各种安防探测器报警信息和进行紧急求助，能主动呼叫小区内任一住户或群呼所有住户实行广播功能，有的还与多表抄送、IC 卡门禁系统和其他系统构成小区物业管理系统。图 7-3 为简单型小区联网可视对讲系统结构图。

三种类型是从简单到复杂、分散到整体逐步发展的。小区联网系统是现代化住宅小区管理的一种标志，是普通对讲或可视对讲系统的高级形式。

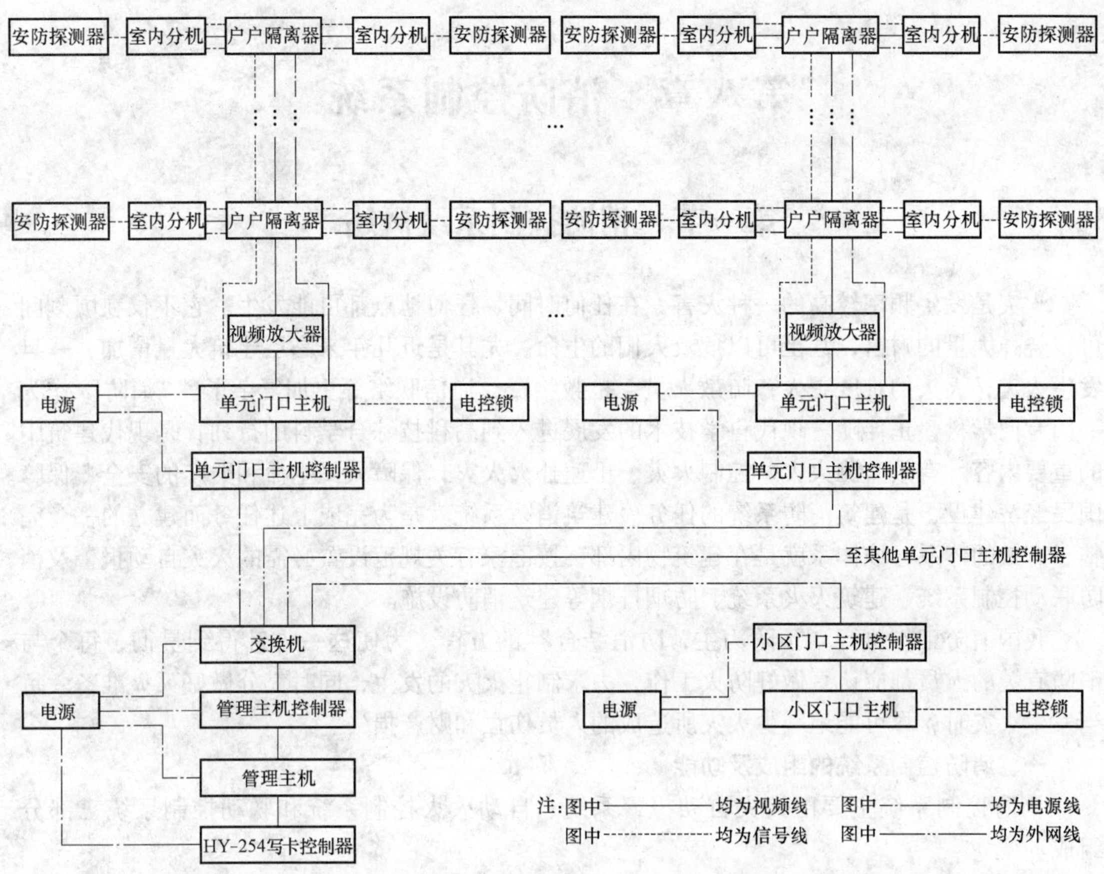

图 7-3 简单型小区联网可视对讲系统结构图

复习思考题

1. 简述对讲系统的组成。
2. 对讲系统的线制结构有哪几种?
3. 对讲系统所包含的主要设备有哪些?主要功能是什么?

第八章　消防控制系统

第一节　消防控制系统概述

火灾是发生频率较高的一种灾害，在任何时间、任何地点都可能发生。它不仅在顷刻间可以烧掉大量的财富，甚至可以危及人们的生命。尤其是近几年来高层建筑大量增加，一旦发生火灾，灭火的难度更大，疏散人员、抢救物资、通信联络等更加复杂了。“消防”作为一门专门学科，正伴随着现代科学技术的发展进入到高科技综合学科的行列，是现代建筑中的重要内容。有效监测火灾、控制火灾、迅速扑灭火灾，保障人民生命和财产的安全，保障国民经济建设，是建筑消防系统的任务。建筑消防系统就是为完成上述任务而建立的一套完整、有效的体系，该体系就是在建筑物内部，按国家有关规范设置必需的火灾自动报警及消防联动控制系统、建筑灭火系统、防烟排烟等建筑消防设施。

我国消防工作执行“预防为主，防消结合”的方针。为使这一方针得到贯彻，每个与消防有关的人员都应认真做好防火工作，力求制止火灾的发生，同时充分做好灭火准备。每当发生火灾时，尽可能地减少火灾所造成的人员伤亡和财产损失。

一、消防控制系统的组成及功能

消防控制系统主要由火灾自动报警系统、自动灭火控制系统和联动控制系统三部分组成。

1. 火灾自动报警系统

火灾自动报警系统由火灾探测器、手动报警按钮、火灾报警控制器、火灾警报器及具有其他辅助功能的装置等组成，以完成检测火情并及时报警的任务。

（1）火灾探测器　在消防报警系统中，火灾探测器是火灾自动报警系统的传感部分，它能自动发出火灾报警信号，将现场火灾信息（烟、光、温度）转换成电气信号，并将其传送到自动报警控制器，在闭环控制的自动消防系统中完成信号的检测与反馈。火灾探测器是火灾探测的主要部件，它安装在监控现场，可形象地称之为“消防哨兵”，用以监测现场火情。火灾探测器是自动触发装置。

（2）手动报警按钮　手动报警按钮的作用与火灾探测器类似，也是向火灾报警控制器报告所发生火情的设备，只不过火灾探测器是自动报警而它是由人工方式将火灾信号传送到火灾报警控制器。手动报警按钮是手动触发装置，其准确性更高。

（3）火灾报警控制器　火灾报警控制器是消防系统的重要组成部分，它的完美与先进是现代化建筑消防系统的重要标志。火灾报警控制器接收火灾探测器及手动报警按钮送来的火警信号，经过运算（逻辑运算）处理后认定火灾，输出指令信号。一方面启动火灾报警装置，如声、光报警；另一方面启动灭火及联动装置，用以驱动各种灭火设备及防排烟设备等。还能启动自动记录设备，记下火灾状况，以备事后查询。

当发生火情时，火灾报警控制器能发出声或光报警，可向探测器供电。其功能如下：

1）能接收探测信号并转换成声、光报警信号，指示着火部位和记录报警信息。

2）可通过火警发送装置启动火灾报警信号或通过自动消防灭火控制装置启动自动灭火设备和消防联动控制设备。

3）自动监视系统的正确运行状态并对故障给出声、光报警。

2. 自动灭火控制系统

自动灭火控制系统分为自动喷水灭火系统和固定式喷洒灭火系统两种，常用的是水灭火方式，例如消火栓灭火系统和自动喷水灭火系统，其作用是当接到火警信号后执行灭火任务。

3. 联动控制系统

联动控制系统包括火灾事故照明和疏散指示标志、消防专用通信系统及防排烟设施等。其作用为保证火灾时人员较好地疏散、减少伤亡。

综上所述，消防系统的主要功能是：自动捕捉火灾探测区域内火灾发生时的烟雾或热气，从而发出声光报警并控制自动灭火系统，同时联动其他设备的输出触点，控制事故照明及疏散指示标志、事故广播及通信、消防给水和防排烟设施，以实现监测、报警和灭火的自动化。消防控制系统的组成结构框图如图 8-1 所示。

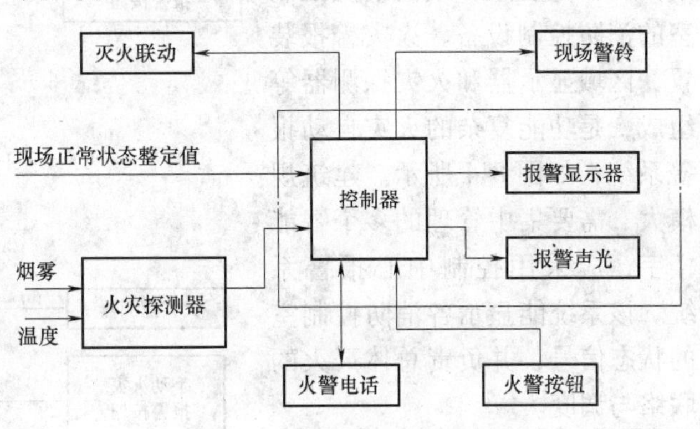

图 8-1　消防控制系统的组成结构框图

二、消防控制系统的分类

1. 按报警和消防方式分类

（1）自动报警、人工消防　中等规模的旅馆在客房等处设置火灾探测器，当火灾发生时，在本层服务台处的火灾报警控制器发出信号（即自动报警），同时在总服务台显示出某一层（或某分区）发生火灾，消防人员根据报警情况采取消防措施（即人工灭火）。

（2）自动报警、自动消防　这种系统与上述系统不同点在于：在火灾发生时自动喷洒水，进行消防。而且在消防中心的报警控制器附设有直接通往消防部门的电话。消防中心在接到火灾报警信号后，立即发出疏散通知（利用紧急广播系统），并开动消防泵和电动防火门等消防设备，从而实现自动报警、自动消防。

2. 按结构形式分类

（1）区域报警系统　区域报警系统由区域火灾报警控制器和火灾探测器等组成功能简单的火灾自动报警系统，其构成如图 8-2 所示。这种系统形式适用于建筑规模小、保护对象仅为某一区域或某一局部范围场所，系统具有独立处理火灾事故的能力，报警区域内最多不得超过两台区域报警控制器。

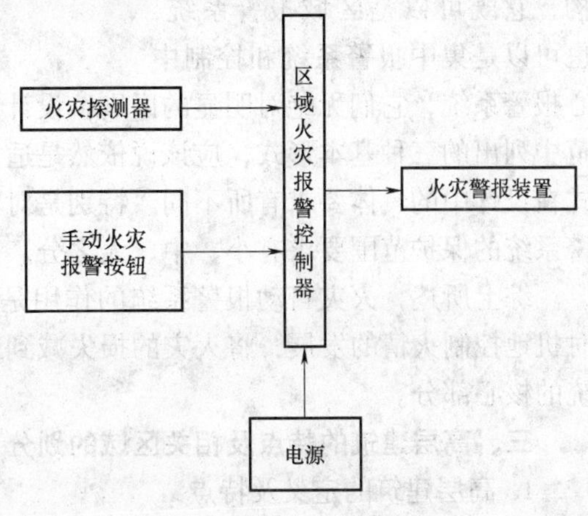

图 8-2　区域报警系统框图

（2）集中报警系统　集中报警系统由集中火灾报警控制器、区域火灾报警控制器和火灾探测器等组成，或由火灾报警控制器、区域显示器和火灾探测器等组成，是功能较复杂的火灾自动报警系统，如图 8-3 所示。集中报警系统适用于高层的宾馆、写字楼及群体建筑等。

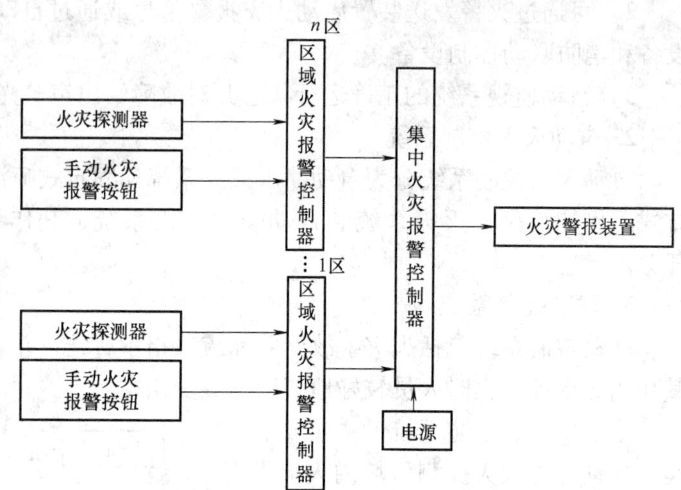

图 8-3　集中报警系统框图

（3）控制中心报警系统　控制中心报警系统由消防控制室的消防控制设备、集中火灾报警控制器、区域火灾报警控制器和火灾探测器等组成，或由消防控制室的消防控制设备、火灾警报装置、区域显示器和火灾探测器等组成，是功能复杂的火灾自动报警系统，如图 8-4 所示。建筑规模大，需要集中管理的多个智能楼宇，应采用控制中心报警系统。该系统能显示各消防控制室的状态信号，并负责总体灭火的联络与调度。

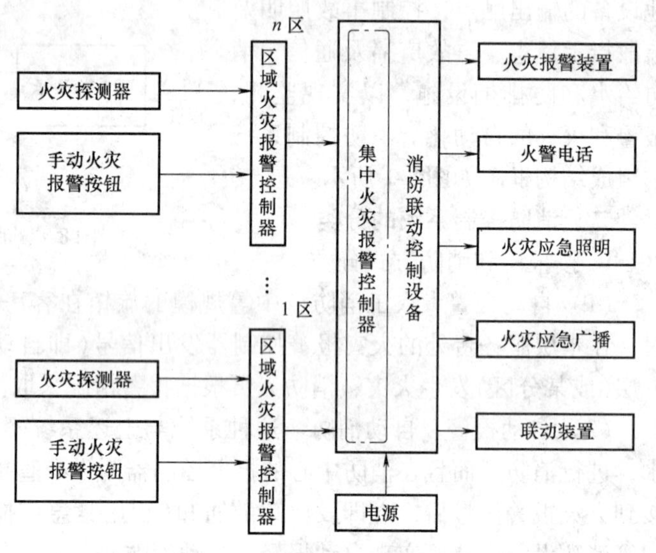

图 8-4　控制中心报警系统框图

随着电子技术迅速发展和计算机软件技术在现代消防技术中的大量应用，火灾自动报警系统的结构、形式越来越灵活多样，很难精确划分成几种固定的模式。火灾自动报警系统的发展趋向为智能化系统，这种系统可组合成任何形式的火灾自动报警网络结构，它既可以是区域报警系统，也可以是集中报警系统和控制中心报警系统，它们无绝对明显的区别，设计人员可任意组合设计成自己需要的系统形式。规范中列出的三种基本形式，应该说依然是适用的，对设计人员来说，也是必要的。这三种形式在设计中的具体要求有所不同。特别是对联动功能要求有简单、复杂和较复杂之分，对报警系统的保护范围要求有小、中、大之分。

综上所述，火灾自动报警系统的作用是：能自动（或手动）发现火情并及时报警，不失时机地控制火情的发展，将火灾的损失减到最低程度。由此可见火灾自动报警系统是消防系统的核心部分。

三、高层建筑的特点及相关区域的划分

1. 高层建筑的定义及特点

（1）高层建筑的定义　建筑物按其高度（或层数）可以分为高层建筑和低层建筑，按其

用途又可分为民用建筑和工业建筑，它们在防火要求、措施及防火设计指导思想上有所区别。由建筑分类便可确定各类建筑的保护等级，从而采取不同的保护方式。建筑分类是建筑消防系统设计的主要依据之一。

《高层民用建筑设计防火规范》(GB 50045—1995)(简称《高规》)规定：凡10层及10层以上的居住建筑(包括首层设置商业服务网点的住宅)和建筑高度超过24m的公共建筑均属于高层民用建筑。这对于新建、扩建和改建的高层建筑及裙房均适用。

建筑高度为建筑物室外地面到其檐口或屋面面层的高度，屋顶上的瞭望塔、水箱间、电梯机房、排烟机房和楼梯出口小间等不计入建筑高度和层数内，住宅建筑的地下室、半地下室的顶板面高出室外地面不超过1.5m者也不计入层数内。裙房为与高层建筑相连的建筑高度不超过24m的附属建筑。

起始高度划分的依据是由一个国家的经济条件和消防装备等情况来确定的：

1）登高消防器材　登高消防器材主要是指登高平台消防车、高空喷射消防车和云梯车。它们统称为登高消防车。国产CT22型直升云梯车，其最大工作高度为22m，从国外引进的多数在24~30m之间，所以确定24m为高层建筑的起始高度较符合实际。

2）消防车供水能力　我国解放牌消防车的最大工作高度约为24m左右。

（2）高层建筑的特点

1）建筑结构特点　高层建筑由于层数多，高度过高，风荷载大，为了抗倾覆，采用骨架承重体系；为了增加刚度均有剪力墙，梁板柱为现浇钢筋混凝土，为了方便必须设有客梯及消防电梯。

2）高层建筑的火灾危险性及特点

① 火势凶猛且蔓延快。高层建筑的楼梯间、电梯井、管道井、风道、电缆井、排气道等竖向井道，如果防火分隔不好，发生火灾时就形成“烟囱效应”。据测定，在火灾初期阶段，因空气对流，在水平方向造成的烟气扩散速度为0.3m/s，在火灾燃烧猛烈阶段，可达0.5~3m/s，烟气沿楼梯间或其他竖向管井扩散速度为3~4m/s。另外，风速对高层建筑火势蔓延也有较大影响，据测定，在建筑物10m高处风速为5m/s，而在30m高处风速就为8.7m/s，在60m高处为12.3m/s，在90m处风速可达15.0m/s。

② 疏散困难。由于层数多，垂直距离长，疏散引入地面或其他安全场所的时间也会长些，再加上人员集中，烟气由于竖井的拔气，向上蔓延快，都增加了疏散难度。

③ 扑救难度大。由于楼层过高，消防人员无法接近着火点，一般应立足自救。

高层建筑消防应“立足自防、自救，采用可靠的防火措施，做到安全适用、技术先进、经济合理”。

（3）高层建筑电气设备特点　高层建筑具有建筑面积大、高度高、功能复杂、建筑设备多、能耗大、管理要求高等特点。因而高层建筑与一般的单层或多层建筑相比，对电气设备的要求便有所不同，也就是说高层建筑的电气设备有其自身的特点，主要表现在：

1）用电设备多　如弱电设备、空调制冷设备、厨房用电设备、锅炉房用电设备、电梯用电设备、电气安全防雷设备、电气照明设备、给排水设备、洗衣房用电设备、客房用电设备、消防用电设备等。

2）用电量大，且负荷密度高　由于高层建筑的用电设备多，尤其是空调负荷大，约占总用电负荷的40%~50%，所以说，高层建筑的用电量大，负荷密度高。如高级旅馆和酒店、高层商住楼、高层办公楼、高层综合楼等高层建筑的负荷密度都在60W/m^2 以上，有的高达150W/m^2，即便是高级住宅或公寓，负荷密度也有10W/m^2，有的可达到50W/m^2。

3）供电可靠性要求高　高层建筑中大部分电力负荷为二级负荷，也有相当数量的一级负荷，所以，高层建筑对供电可靠性要求高，一般均要求有两个及两个以上的供电电源。为了满足一级负荷供电可靠性要求，在很多情况下还需设置柴油发电机组作为备用电源。

4）电气系统复杂　除电气子系统多之外，其他各子系统也相当复杂。

5）电气线路多　根据高层系统情况，不仅有高压供电线路和低压配电线路，而且还有火灾报警及消防联动控制线路、音响广播线路、通信线路等。

6）电气用房多　为确保变电所设置在负荷中心，除了把变电所设置在地下层、底层外，有时也设置在大楼的顶部或中间层。而电话站、音控室、消防中心、监控中心等都要占用一定的房间。另外，为了解决种类繁多的电气线路在竖向上的敷设，以及干线至各层的分配，必须设置电气竖井和电气小室。

7）自动化程度高　根据高层建筑的实际情况，为了降低能耗、减少设备的维修和更新费用、延长设备的使用寿命、提高管理水平，就要求对其设备进行自动化管理，对各类设备的运行、安全状况、能源使用状况及节能等实行综合自动监测、控制与管理，以实现对设备的最优化控制和最佳管理，特别是计算机与光纤技术的应用，以及人们对信息社会的要求，使得高层建筑正沿着自动化、节能化、信息化和智能化方向发展。

2. 高层建筑的分类及相关区域的划分

（1）建筑防火分类　根据《高层民用建筑设计防火规范》规定：高层建筑应根据其使用性质、火灾危险性、疏散和扑救难度等进行分类，并且应符合表8-1所示的要求。

表8-1　建筑防火分类

名　称	一　类	二　类
居住建筑	高级住宅 19层及19层以上的普通住宅	10至18层的普通住宅
公共建筑	（1）医院 （2）高级旅馆 （3）建筑高度超过50m或每层建筑面积超过1000m^2 的商业楼、展览楼、综合楼、电信楼、财贸金融楼 （4）建筑高度超过50m或每层建筑面积超过1500m^2 的商住楼 （5）中央级和省级（含计划单列市）广播电视楼 （6）网局级和省级（含计划单列市）电力调度楼 （7）省级（含计划单列市）邮政楼、防灾指挥调度楼 （8）藏书超过100万册的图书馆、书库 （9）重要的办公楼、科研楼、档案楼等 （10）建筑高度超过50m的教学楼和普通的旅馆、办公楼、科研楼、档案楼等	（1）除一类建筑以外的商业楼、展览楼、综合楼、电信楼、财贸金融楼、商住楼、图书馆、书库 （2）省级以下的邮政楼、防灾指挥调度楼、广播电视楼、电力调度楼 （3）建筑高度不超过50m的教学楼和普通的旅馆、办公楼、科研楼、档案楼等

注：1. 高级住宅是指建筑装修复杂、室内铺满地毯、家具和陈设高档、设有空调系统的住宅。

2. 高级宾馆指建筑标准高、功能复杂、火灾危险性较大和设有空气调节系统的具有星级条件的旅馆。

3. 综合楼是指由两种及两种以上用途的楼组成的公共建筑。

4. 商住楼是指底部作为商业营业厅、上面作为普通或高级住宅的高层建筑。

高层建筑的耐火等级根据高层建筑规范规定应分为一、二两级。一类高层建筑的耐火等级应为一级，二类高层建筑的耐火等级不应低于二级。裙房的耐火等级不应低于二级。高层建筑地下室的耐火等级应为一级。

（2）高层建筑保护对象的划分　根据高层建筑的使用性质、火灾危险性、疏散和扑救难度等分为特级、一级和二级。

1）特级保护对象　特级保护对象是建筑物高度超过100m的高层民用建筑，它属于严重危险级。超过100m高度的建筑不包括构架式电视塔、纪念性或标志性的构架或塔类，以及工业厂房的烟囱、高炉、冷却塔、化学反应塔、石油裂解塔等构筑物。

2）一级保护对象　一级保护对象包括《高层民用建筑设计防火规范》范围的建筑高度不超过100m的一类建筑，即一类高层建筑为一级保护对象。如：可燃物品库、空调机房、变配电室、电话机房、计算机房、自备发电机房、高级旅馆的客房和公共场所公共走道、电信广播及省级邮政楼的重要机房、高层医院火灾危险性较大的房间和物品库、重要的图书资料档案库、大中型电子计算机房、贵重的设备间。另外，多层或单层民用建筑中的国家级重点保护单位的木结构房屋，国家和省级重要的图书、档案、博物馆及资料馆等也可视为一级保护对象。裙房的耐火等级不应低于二级。高层建筑地下室的耐火等级应为一级。

3）二级保护对象　二级保护对象以《高层民用建筑设计防火规范》范围的二类建筑为主，即二类高层建筑为二级保护对象。如：百货楼或财贸金融楼的营业厅、展览楼的展览厅、重要的办公科研楼的火灾危险性较大的房间和物品库等均属此级保护。

（3）相关区域的划分

1）报警区域的划分　将火灾自动报警系统的警戒范围按防火分区或楼层划分的单元称为报警区域。一个报警区域由一个或同层几个相邻防火分区组成。

在系统设计中，报警区域的划分既可将一个防火分区划分为一个报警区域，也可将同层相邻的几个防火分区划分为一个报警区域。但这种情况下，报警区域不得跨越楼层。合理正确划分报警区域，能在火灾初期及早地发现火灾发生的部位，尽快扑灭火灾。

2）探测区域的划分　探测区域是将报警区域按探测火灾的部位划分的单元。要探测出被保护区内发生火灾的部位，需将被保护区按顺序划分成若干探测区域。

探测区域可以是一只探测器所保护的区域，也可以是几只探测器共同保护的区域。但一个探测区域在区控器上只能占有一个报警部位号。探测区域的划分应符合下列规定：

① 探测区域应按独立房（套）间划分。一个探测区域的面积不宜超过500m^2。从主要出入口能看清其内部，且面积不超过1000m^2房间，也可划为一个探测区域。

② 符合下列条件之一的二级保护对象，可将几个房间划为一个探测区域：

a. 相邻房间不超过5间，总面积不超过400m^2的房间，并在每个门口设有灯光显示装置；

b. 相邻房间不超过10间，总面积不超过1000m^2的房间，在每个房间门口均能看清其内部，并在每个门口设有灯光显示装置。

③ 下列场所应分别单独划分探测区域：

a. 敞开、封闭楼梯间；

b. 防烟楼梯间前室、消防电梯前室、消防电梯与防烟楼梯间合用前室；

c. 走道、坡道、管道井、电缆隧道；

d. 建筑物闷顶、夹层。

3）防火和防烟分区

① 防火分区。防火分区是指在建筑物内部采取规定要求的防火墙、楼板及其他防火分隔措施分隔，用以控制和防止火灾向其邻近区域蔓延的封闭空间。高层建筑内应采用防火墙、防火门、防火卷帘、宽度不小于6m的水幕带等划分防火分区，每个防火分区允许最大建筑面积应不超过表8-2的规定。

表8-2　每个防火分区的允许最大建筑面积

建筑分类	每个防火分区建筑面积/m^2	建筑分类	每个防火分区建筑面积/m^2
一类	1000	地下室	500
二类	1500		

注：1. 地下室用途广泛，可燃物较多，人流较大。从安全角度来看，地下室一般是无窗房间，其出入口（楼梯）既是人流疏散，又是热流、烟气的排放口，同时又是消防队救火的进入口。一旦形成火灾时，人员交叉混乱，不仅造成疏散扑救困难，而且威胁上部建筑的安全。因此，地下室防火分区面积为500m^2是合适的。

2. 当高层建筑与其裙房之间设有防火墙等防火分隔设施时，其裙房的防火分区允许最大建筑面积可按本表增加一倍，当设有自动喷水灭火时，防火分区允许最大建筑面积可增加一倍。

② 防烟分区。防烟分区是指以屋顶挡烟隔板、挡烟垂壁或从顶棚下突出不小于0.5m的梁为界，从地板到屋顶或吊顶之间的空间，准确地划分区域是完成好消防设计的前提。防烟分区的划分为

a. 设置排烟设施的走道、净高不超过6m的房间，应采用挡烟垂壁、隔墙或从顶棚下突出不小于0.5m的梁划分防烟分区；

b. 每个防烟分区的建筑面积不宜超过500m^2，且防烟分区不应跨越防火分区。人防工程中，每个防烟分区的面积不应大于400m^2，但是当顶棚（或顶板）高度在6m以上时，可不受此限制；

c. 有特殊用途的场所，如防烟楼梯间、避难层（间）、地下室、消防电梯等，应单独划分防烟分区；

d. 防烟分区一般不跨越楼层，但如果一层面积过小，允许一个以上楼层为一个防烟分区，但不宜超过三层；

e. 不设排烟设施的房间（包括地下室）和走道不划分防烟分区；

f. 走道和房间（包括地下室）按规定都设排烟设施时，可根据具体情况分设或合设排烟设施，并按分设或合设情况划分防烟分区；

g. 防烟分区根据建筑物种类及要求的不同，可按用途、面积、楼层来划分。

四、消防系统的发展趋势与前景

随着科学技术的飞速发展及人民生活水平的不断提高，高层建筑正向着自动化、节能化、信息化、智能化方向蓬勃发展。特别是智能建筑的兴起，已经成为衡量一个国家或地区经济发展和科技进步的一个重要标志之一。作为一门新兴的学科，消防系统随着科学技术的发展不断地向前发展，消防工程的研究领域正在不断拓展，研究成果不断增加。展望我国消防事业的发展前景，可以看出消防系统未来的发展趋势是：消防系统的设计与制造趋向标准化、法规化及实用化；消防系统的设计、使用及管理趋向于全面采用微机技术、智能技术和

网络技术。

从目前的发展趋势来看，消防系统今后需要在以下几方面进一步开展研究和发展：

1. 消防设计观念的更新

消防安全工程学的发展为消防科研提出了一批新的研究课题，如：火灾发生和发展的规律及其计算机模拟化、燃烧产物的产生与传播、火灾烟气流动特性及其计算机模拟化、防火系统与技术、火灾中的人的行为与疏散模型、建筑物的火灾危害评估与火灾风险评估，以及为消防安全提供基础数据的火灾统计与分析研究等。可以预见，这些课题的研究将对建立科学合理的消防技术标准和设计规范体系乃至带动整个消防科技领域的发展具有十分重要的意义。

2. 火灾自动探测报警技术的创新

今后的工作将主要集中在以下三个方面：其一是开发具有特殊性能的火灾自动探测报警系统和自动灭火系统，使其具有高灵敏度、高可靠性、早期报警、快速响应，并能适用于高大、洁净或干扰因素较多等特殊空间和环境；其二是积极运用相关专业领域的高新技术和理论，如人工智能和神经网络控制理论等，开发研制高性能、高质量的新产品；三是特别注重工程应用技术的研究，对已开发出来的产品在各种不同环境、条件下进行工程应用试验和测试研究，以拓展其应用范围。

3. 消防管理技术的信息化和网络化

计算机信息和网络技术在消防管理工作中的应用领域十分广阔，包括防火监督管理、通信调度指挥、灭火救援辅助决策等，信息化和网络化的管理模式与资源共享是消防管理技术的必然发展趋势。

第二节　消防控制系统的报警设备

一、火灾探测器

1. 火灾探测器基本构造

火灾探测器通常由敏感元件、相关电路、固定部件及外壳等三部分组成。

（1）敏感元件　敏感元件的作用是将火灾燃烧的特征物理量转换成电信号。因此，凡是对烟雾、温度、辐射光和气体浓度等敏感的传感元件都可使用。它是火灾探测器的核心部件。

（2）相关电路　相关电路的作用是对敏感元件转换所得的电信号进行放大并处理成火灾报警控制器所需的信号。通常由转换电路、保护电路、抗干扰电路、指示电路和接口电路等组成。火灾探测器电路框图如图 8-5 所示。

1）转换电路　转换电路作用是将敏感元件输出的电信号变换成具有一定幅值并符合火灾报警控制器要求的报警信号。它通常由匹配电路、放大电路和阈值电路（有的消防报警系统探测器的阈

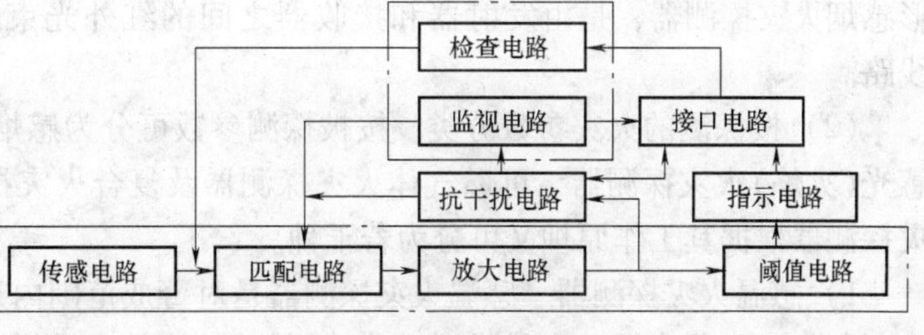

图 8-5　火灾探测器电路框图

值比较电路被取消,其功能由报警控制器取代)等部分组成。

2）保护电路　保护电路是用于监视探测器和传输线路故障的电路。检查和试验自身电路的元件、部件是否完好，监视探测器工作是否正常；检查传输线路是否正常(如探测器与火灾报警控制器之间连接导线是否连通)。它由监视电路和检查电路两部分组成。

3）抗干扰电路　由于外界环境条件，如温度、风速、强电磁场等因素，会使不同类型的探测器正常工作受到影响，或者造成假信号使探测器误报。为了提高探测器信号感知度的可靠性，防止或减少误报，探测器必须具有一定的抗干扰功能，例如采用滤波、延时、补偿和积分电路。

4）指示电路　用以指示探测器是否动作。探测器动作后，自身应给出动作信号，这种自身动作显示一般在探测器上都设置动作信号灯，称作确认灯。

5）接口电路　用以完成火灾探测器之间、火灾探测器和火灾报警控制器之间的电气连接，信号的输入和输出，保护探测器不致因安装错误而损坏等作用。

(3) 固定部件和外壳　它是探测器的机械结构。固定部件和外壳用于固定探测器。其作用是将传感元件、电路印刷板、接插件、确认灯和紧固件等部件有机地连成一体，保证一定的机械强度，达到规定的电气性能，以防止其所处环境如烟雾、气流、光源、灰尘、高频电磁波等干扰和机械力的破坏。

2. 火灾探测器分类

火灾探测器的基本功能就是对烟雾、温度、火焰和燃烧气体等火灾参量作出有效反应，即通过敏感元件将表征火灾参量的物理量转化为电信号，送到火灾报警控制器。火灾探测器种类很多，通常它可以按照其结构形式、被探测参数及使用环境等进行分类，其中以被探测参数分类最为多见，也多为通常工程设计所采用。

(1) 按结构形式分类　按结构形式分，常见的有点形火灾探测器和线形火灾探测器。点形火灾探测器是目前采用最为普遍的探测器，设置于被保护区域的某“点”。线形火灾探测器常设置于某些特定环境区域，如电缆隧道等狭长区域，它可以是管状的线管式火灾探测器，也可以是不可见的红外光束线形火灾探测器。

1）点形火灾探测器　这是一种响应空间某一点周围的火灾参数的火灾探测器。目前生产量最大，民用建筑中几乎都是使用的点形探测器，线形探测器多用于工业设备及民用建筑中一些特定场合。

2）线形火灾探测器　这是一种响应某一连续线路周围的火灾参数的火灾探测器。其连续线路可以是“硬”的(可见的)，也可以是“软”的(不可见的)。如空气管线形差温火灾探测器，是由一条细长的铜管或不锈钢构成“硬”的(可见的)连续线路。又如红外光束线形感烟火灾探测器，是由发射器和接收器之间的红外光束构成的“软”(不可见)的连续线路。

(2) 按探测的火灾参数分类　按被探测参数可分为感烟火灾探测器、感温火灾探测器、感光(火焰)火灾探测器、可燃气体火灾探测器及复合火灾探测器等几大类。每种类型的火灾探测器根据其工作原理又可分为若干种。

1）感温火灾探测器　感温火灾探测器是对警戒范围内某一点或某一线段周围的温度参数(异常高温、异常温差和异常温升速率)敏感响应的火灾探测器。

根据监测温度参数的不同，感温探测器有定温、差温和差定温三种。定温探测器用于响应环境温度达到或超过预定值的场合。差温探测器用于响应环境温度异常升温其升温速率超过预定值的场合。差定温探测器兼有差温和定温两种探测器的功能。感温探测器由于采用的敏感元件不同，如热电偶、双金属片、易熔金属、膜盒、热敏电阻和半导体等，又可派生出各种感温探测器。其分类如图 8-6 所示。

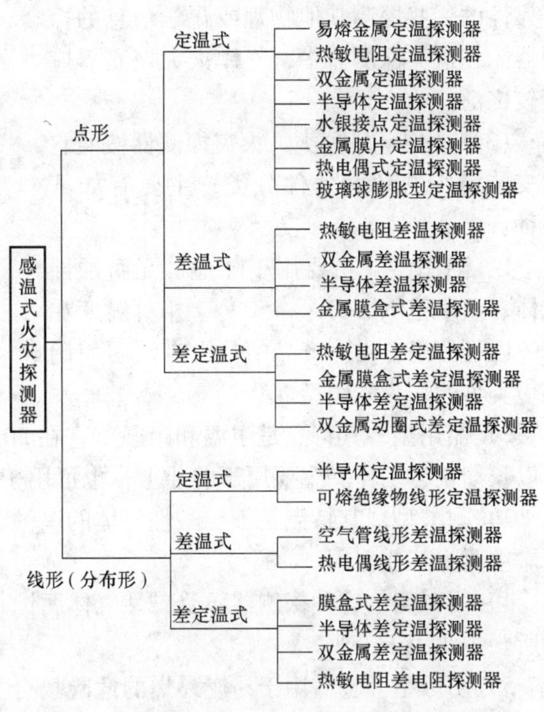

图 8-6　感温火灾探测器分类

2）感烟火灾探测器　感烟探测器是对探测区域内某一点或某一连续线路周围的烟参数敏感响应的火灾探测器。由于它能探测物质燃烧初期在周围空间所形成的烟雾粒子浓度，因此它具有非常好的早期火灾探测报警功能，应用最广泛，应用数量最大。有的国家称感烟探测器为“早期发现”探测器。

根据烟雾粒子可以直接或间接改变某些物理量的性质或强弱，感烟探测器又可分为离子型、光电型、激光型、电容型和半导体型等几种。其中光电型按其动作原理不同，又分为遮光型和散光型两种，其分类如图 8-7 所示。

3）感光火灾探测器　感光火灾探测器又称火焰探测器或光辐射探测器。它能响应火焰辐射出的红外、紫外和可见光。工程中主要用红外火焰型和紫外火焰型两种，其分类如图 8-8所示。

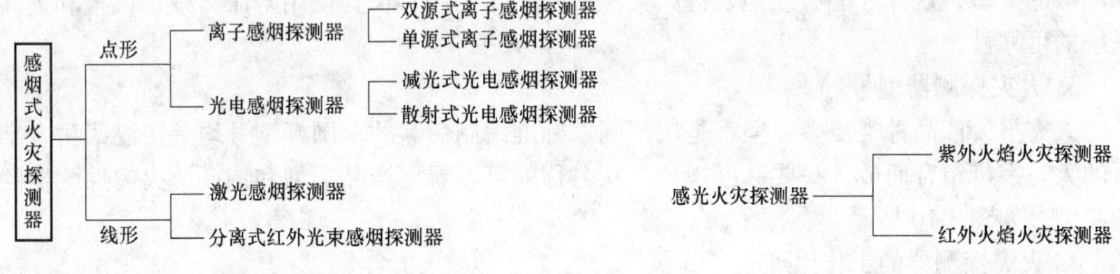

图 8-7　感烟火灾探测器分类

图 8-8　感光火灾探测器分类

4）复合式火灾探测器　这是一种能响应两种或两种以上火灾参数的火灾探测器。主要有感烟感温、感光感温、感光感烟火灾探测器，国内工程中较少采用，其分类如图 8-9 所示。

5）其他火灾探测器　它们中有探测泄露电流大小的漏电流感应火灾探测器，有探测静电电位高低的静电感应火灾探测器，有利用超声原理探测火灾的超声波火灾探测器及探测气体成分或气体浓度的气体火灾探测器等。它们是在消防报警系统中能帮助提高监测精确性和可靠性的一些探测其他物理或化学信息的探测器。在这类探测器中，气体火灾探测器应用较广泛。

（3）使用环境分类　火灾探测器按照它所安装场所的环境条件分类，主要有如下几种：

1）陆用型　主要用于陆地、无腐蚀性气体、温度范围 -10 ~ +50℃、相对湿度在85%以下的场合中。产品中凡没有注明使用环境类型的均为陆用型。

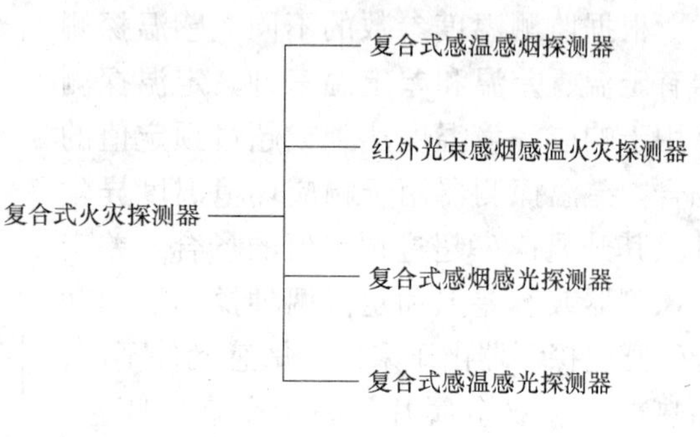

图 8-9　复合式火灾探测器分类

2）船用型　其特点是耐温和耐湿。它在50℃以上的高温和90% ~100%高湿环境中都可以长期正常工作。主要用于舰船上，也可用于其他高温、高湿场所。

3）耐酸型　其特点是不受酸性气体的腐蚀，适用于空间经常积聚有较多含酸气体的场所。主要为工业上用。

4）耐碱型　这种探测器不受碱性气体腐蚀，适用于空间经常停滞有较多含碱性气体的场所。主要用于工业。

5）防爆型　它适用于易燃易爆的危险场合。因此，对它的要求较严格，在结构上必须符合国家防爆有关规定。

（4）按其他方式分类　火灾探测器按探测到火灾信号后是否延时向火灾报警控制器送出火警信号，可分为延时型和非延时型两种。目前使用的火灾探测器大多数为延时型，其延时时间范围常在4 ~10s。火灾探测器按输出信号的形式分类，可分为两类：一类是模拟信号输出，称为模拟型探测器；另一类是以开关信号形式输出，称为开关型探测器。火灾探测器按安装方式分类，可分为露出型和埋入型。一般场所可采用外露型。在要求较高、内部装饰讲究的场合，可选用埋入型。

在工程设计中，应根据探测器的警戒区域火灾形成和发展特点及环境条件，正确地选择探测器的类型，这样才能有效地发挥火灾探测器的作用，延长其使用寿命，减少误报和提高系统的可靠性。

3. 火灾探测器型号

火灾报警产品种类虽多，但都是按照国家标准编制命名的。国标型号均是按汉语拼音字头的大写字母组合而成，只要掌握规律，从名称就可以看出产品类型和特征。火灾探测器的产品型号如图 8-10 所示。

4. 火灾探测器的工作原理

（1）离子感烟探测器　离子感烟探测器是根据烟粒子粘附电离离子，使电离电流变化这一原理设计的。离子感烟探测器有双源双室和单源双室之分，它利用放射源制成敏感元件，并由内电离室 K_R 和外电离室 K_M 及电子线路或编码线路构成，如图 8-11 所示。在串联两个电离室两端直接接入 24V 直流电源，两个电离室形成一个分压器，两个电离室电压之和为 24V。外电离室是开孔的，烟可顺利通过，内电离室是封闭的，不能进烟，但能与周围环境缓慢相通，以补偿外电离室环境的变化对其工作状态发生的影响。

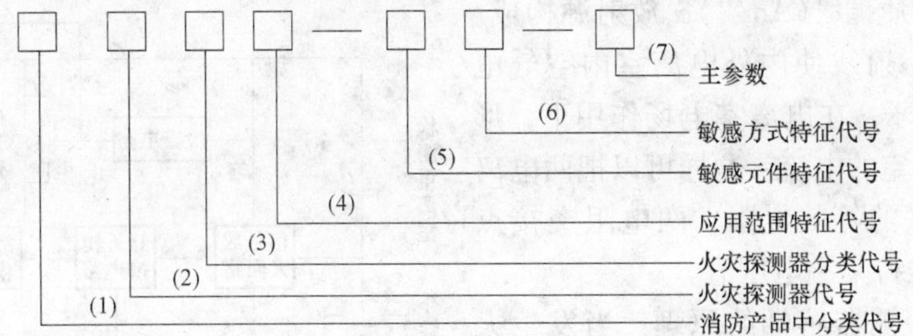

图 8-10　火灾探测器的产品型号

注：(1) J(警)——火灾报警设备；

(2) T(探)——火灾探测器代号；

(3) 火灾探测器分类代号，各种类型火灾探测器的具体表示方法：

Y(烟)——感烟火灾探测器；

W(温)——感温火灾探测器；

G(光)——感光火灾探测器；

Q(气)——可燃气体探测器；

F(复)——复合式火灾探测器。

(4) 应用范围特征代号表示方法

B(爆)——防爆型(无“B”即为非防爆型,其名称亦无须指出“非防爆型”)。

C(船)——船用型。

非防爆或非船用型可省略，无须注明。

(5)、(6) 探测器特征表示法(敏感元件、敏感方式特征代号)

LZ(离子)——离子；

MD(膜、定)——膜盒定温；

GD(光、电)——光电；

MC(膜、差)——膜盒差温；

SD(双、定)——双金属定温；

MCD(膜、差、定)——膜盒差定温；

SC(双、差)——双金属差温；

GW(光、温)——感光感温；

GY(光、烟)——感光感烟；

YW(烟、温)——感烟感温；

YW-HS(烟温—红束)——红外光束感烟感温；

BD(半、定)——半导体定温；

ZD(阻、定)——热敏电阻定温；

BC(半、差)——半导体差温；

ZC(阻、差)——热敏电阻差温；

BCD(半、差、定)——半导体差定温；

ZCD(阻、差、定)——热敏电阻差定温；

HW(红、外)——红外感光；

ZW(紫、外)——紫外感光。

(7) 主要参数：表示灵敏度等级(1,2,3 级)，对感烟感温探测器标注。

例：JTY-GD-G3 智能光电感烟探测器

JTY-HS-1401 红外光束感烟火灾探测器

JTW-ZD-2700/015 热敏电阻定温火灾探测器

JTY-LZ-651 离子感烟火灾探测器

放射源由物质镅^{241}(Am^{241})α 放射源构成。放射源产生的 α 射线使内外电离室内空气电离，形成正负离子，在电离室电场作用下，形成通过两个电离室的电流。这样可以把两电离室看成两个串联的等效电阻，两电阻交接点与“地”之间维持某一电压值。

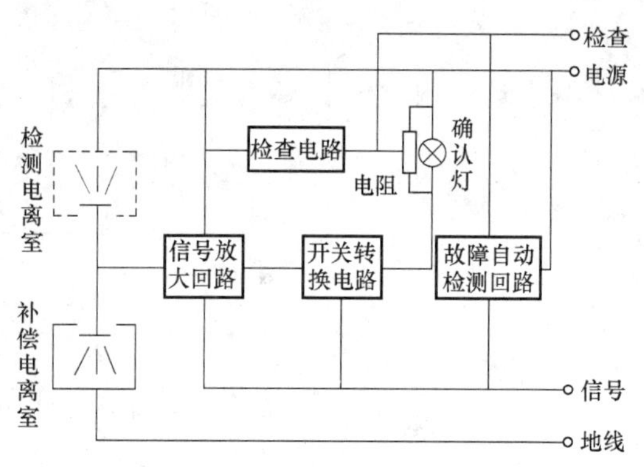

图 8-11　离子感烟探测器框图

离子感烟探测器感烟的原理：当发生火灾时，烟雾进入外电离室后，镅^{241}产生的 α 射线被阻挡，降低其电离能力，因而电离电流减小。正负离子被体积比其大得多的烟粒子吸附，外电离室等效电阻变大，而内电离室因无烟进入，电离室的等效电阻不变，因而引起两电阻交接点电压变化。当交接点电压变化到某一定值，即烟密度达到一定值时(由报警阈值确定)交接点的超阈部分经过处理后，开关电路动作，发出报警信号。

(2) 光电式感烟探测器　光电感烟探测器是利用火灾时产生的烟雾粒子对光线产生吸收遮档、散射的原理并通过光电效应而制成的一种火灾探测器。光电式感烟探测器根据其结构和原理分为散射型、遮光型和激光型三种。

1) 散射型光电式感烟探测器　无火灾时，红外光无散射作用，也无光线射在光敏二极管上，光敏二极管不导通，无信号输出，探测器不动作。当发生火灾烟雾粒子进入暗室时，由于烟粒子对光的散(乱)射作用，光敏二极管收到一定数量的散射光，接收散射光的数量与烟雾含量有关。当烟的含量到达一定程度时，光敏二极管导通，电路开始工作。由干扰电路确认是有两次(或两次以上)超过规定水平的信号时，探测器动作，向报警器发出报警信号。散射型光电感烟探测器结构图，如图 8-12 所示。

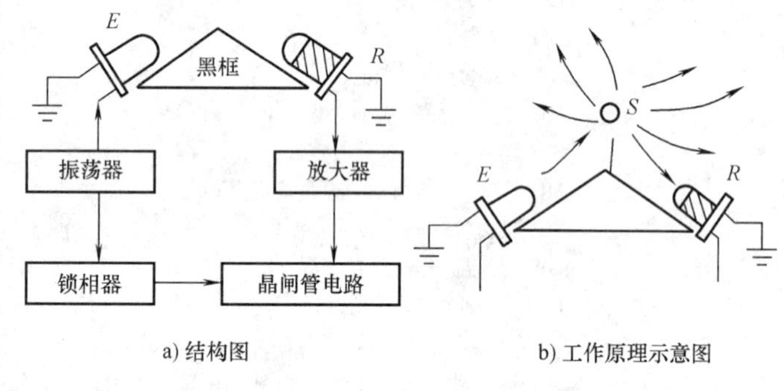

a) 结构图　　b) 工作原理示意图

图 8-12　散射型光电感烟探测器结构图

2) 遮光型(或减光型)光电式感烟探测器　遮光型(或减光型)光电式感烟探测器由一个光源(灯泡或发光二极管)和一个光敏元件(硅光电池)对应装置在小暗室(即型腔密室或称采样室)里构成，在正常(无烟)情况下，光源发出的光通过透镜聚成光束，照射到光敏元件上，并将其转换成电信号，使整个电路维持正常状态，不发生报警。发生火灾有烟雾存在时，光源发出的光线受烟粒子的散射和吸收作用，使光的传播特性改变，光敏元件接收的光强明显减弱，电路正常状态被破损，则发出声光报警。

3) 激光型感烟探测器　激光型感烟探测器应用在高灵敏度吸气式感烟火灾报警系统，点型激光感烟探测器，其灵敏度高于目前光电感烟探测器灵敏度约 50 倍。点型激光感烟探测的原理主要采用了光散射基本原理，但又与普通散射光探测器有很大区别，激光感烟探测器的光学探测室的发射激光二极管和组合透镜使光束在光电接收器的附近聚焦成一个很小亮点，然后光线进入光阱被吸收掉。当有烟雾时，烟粒子在窄激光光束中的散射光通过特殊的反光镜(作用像一个光学放大器)被聚到光接收器上，从而探测到烟雾颗粒。在点型的光电感烟探测器中，烟粒子向所有方向散射光线，仅一小部分散射到光电接收器上，灵敏度较差，而激光探测器采用光学放大器器件，将大部分散射光汇聚到光电接收器上，极大地提高了灵敏度，降低了误报率。

(3) 红外光束火灾探测器　红外光束线形感烟火灾探测器是应用烟粒子吸收或散射红外光束强度发生变化的原理而工作的一种探测器。其探测器的构造及原理如下：这种探测器是由发射器和接收器两部分组成。如 JTY-HM-GST102 型线形光束感烟火灾探测器为编码型反射式线形红外光束感烟火灾探测器。探测器将发射部分、接收部分合二为一，安装简单、方便，光路准直性好；探测器必须与反射器配套使用，但需要根据二者间安装距离的不同决定使用一块或 4 块反射器。线形光束感烟火灾探测器外形，如图 8-13 所示。

图 8-13　线形光束感烟火灾探测器外形

在正常情况下红外光束探测器的发射器发送一个不可见的、波长为 940mm 的脉冲红外光束，它经过保护空间不受阻挡地射到接收器的光敏元件上。当发生火灾时，由于受保护空间的烟雾气溶胶扩散到红外光束内，使到达接收器的红外光束衰减，接收器接收的红外光束辐射通量减弱，当辐射通量减弱到预定的感烟动作阈值(响应阈值)(例如,有的厂家设定在光束减弱超过 40% 且小于 93%)时，如果保持衰减 5s(或 10s)时间，探测器立即动作，发出火灾报警信号。其特点是：具有安装简单、方便，光路准直性好；具有自动校准功能，确保可以由单人在短时间内完成调试；具有火警、故障无源输出触点；具有自诊断功能；保护面积大，安装位置较高；具有自动补偿功能，对于一定程度上的灰尘污染、位置偏移及发射管的老化等致使接收信号减小的因素可自动进行补偿；可现场设置三个级别的灵敏度，适用于不同扬尘程度的场所；电子编码、地址码可现场设定；探测光路设计巧妙，抗干扰性能强；密封设计，具有防腐、防水性能。在相对湿度较高和强电场环境中反应速度快，适宜保护较大空间的场所，尤其适宜保护难以使用点形探测器甚至根本不可能使用点形探测器的场所，主要适合下列场所：

①古建筑、文物保护的厅堂馆所等；②变电站、发电厂等；③隧道工程；④遮挡大空间的库房、飞机库、纪念馆、档案馆、博物馆等。

不宜使用线形光束探测器的场所：有剧烈振动的场所；有日光照射或强红外光辐射源的场所；在保护空间有一定浓度的灰尘、水气粒子且粒子浓度变化较快的场所。

(4) 感烟探测器的灵敏度　感烟灵敏度(或称响应灵敏度)是探测器响应烟参数的敏感程度。感烟探测器分为高、中、低(或Ⅰ、Ⅱ、Ⅲ)级灵敏度。

一般来讲，高级灵敏度用于禁烟场所，中级灵敏度用于卧室等少烟场所，低级灵敏度用于多烟场所。高、中、低级灵敏度的探测器的感烟动作率分别为 10%、20%、30%。

(5) 感温探测器　感温探测器是响应异常温度、温升速率和温差等参数的探测器。感温式火灾探测器按其结构可分为电子式和机械式两种。按原理又分为定温、差温、差定温组合式三种。

1）定温式探测器　定温式探测器是随着环境温度的升高，达到或超过预定值时响应的探测器。

双金属定温火灾探测器是以具有不同热膨胀系数的双金属片为敏感元件的一种定温火灾探测器。常用的结构形式有圆筒状和圆盘状两种。

2）缆式线形定温探测器　缆式线形定温探测器是采用线缆式结构的线形定温探测器。

该探测器由两根弹性钢丝、热敏绝缘材料、塑料色带及塑料外护套组成，如图 8-14 所示。在正常时，两根钢丝间呈绝缘状态。该探测器主要由智能缆式线形感温探测器编码接口箱、热敏电缆及终端模块三部分构成一个报警回路，此报警回路再通过智能缆式线形感温探测器编码接口箱与报警总线相连，以便传输火灾信息到报警主机上。其系统示意图如图 8-15 所示。

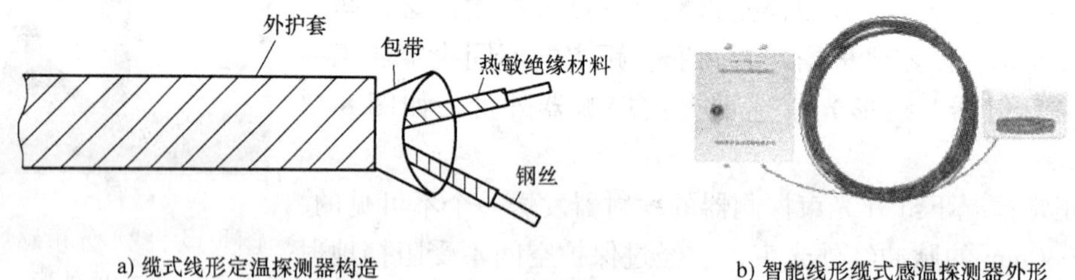

a) 缆式线形定温探测器构造　　b) 智能线形缆式感温探测器外形

图 8-14　缆式线形定温探测器构造及外形

在每一热敏电缆中有一极小的电流流动。当热敏电缆线路上任何一点的温度（可以是“电缆”周围空气或它所接触物品的表面温度）上升达到额定动作温度时，其绝缘材料熔化，两根钢丝互相接触，此时报警回路电流骤然增大，报警控制器发出声、光报警的同时，数码管显示火灾报警的回路号和火警的距离（即热敏电缆动作部分的米数）。报警后，经过人工处理热敏电缆可重复使用。当热敏电缆或传输线任何一处断线时，报警控制器可自动发出故障信号。缆式线形定温探测器的动作温度如表 8-3 所示。

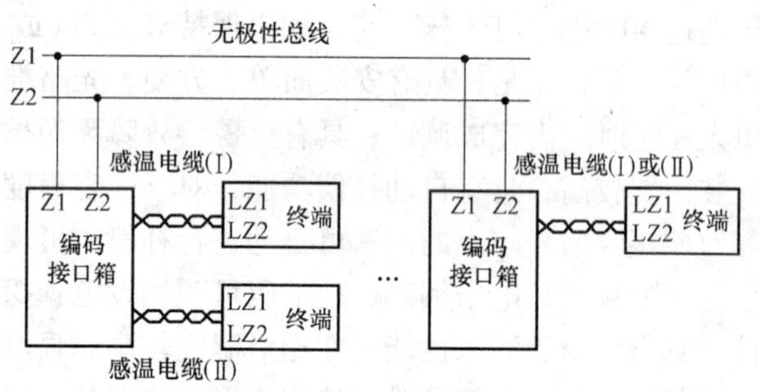

图 8-15　智能缆式线形感温探测器系统示意图

表 8-3　缆式线形定温探测器的动作温度

安装地点允许的温度范围/℃	额定动作温度/℃	备　注
-30 ~ 40	68 ± 10	应用于室内、可架空及靠近安装使用
-30 ~ 55	85 ± 10	应用于室内、可架空及靠近安装使用
-40 ~ 75	105 ± 10	适用于室内、外
-40 ~ 100	138 ± 10	适用于室内、外

缆式线形定温探测器的适用场所：

a. 控制室、计算机室的闷顶内、地板下及重要设施隐蔽处等；

b. 配电装置包括电阻排、电机控制中心、变压器、变电所、开关设备等；

c. 灰尘收集器、高架仓库、市政设施、冷却塔等；

d. 卷烟厂、造纸厂、纸浆厂及其他工业易燃的原料垛等；

e. 各种皮带输送装置、生产流水线和滑道的易燃部位等；

f. 电缆桥架、电缆夹层、电缆隧道、电缆竖井等；

g. 其他环境恶劣不适合点形探测器安装的危险场所。

3）差温探测器　差温探测器是当火灾发生时，室内温度升高速率达到预定值时响应的探测器。按其工作原理可分为机械式、电子式和空气管线形几种。

① 点形差温火灾探测器。当火灾发生时，室内局部温度将以超过常温数倍的异常速率升高。差温火灾探测器就是利用对这种异常速率产生感应而研制的一种火灾探测器。当环境温度以不大于1℃/min的温升速率缓慢上升时，差温火灾探测器将不发出火灾报警信号，较为适用于产生火灾时温度快速变化的场所。点形差温火灾探测器主要有膜盒差温、双金属片差温、热敏电阻差温火灾探测器等几种类型示意图。常见的是膜盒差温火灾探测器，它由感温外壳、波纹片、漏气孔及电接点等几部分构成，其结构示意图如图8-16所示。这种探测器具有灵敏度高、可靠性好、不受气候变化影响的特点，因而应用较广泛。

② 空气管线形差温探测器。它是一种感受温升速率的火灾探测器，由敏感元件空气管为Φ3mm×0.5mm纯铜管(安装于要保护的场所)、传感元件膜盒和电路部分(安装在保护现场或装在保护现场之外)组成，如图8-17所示。

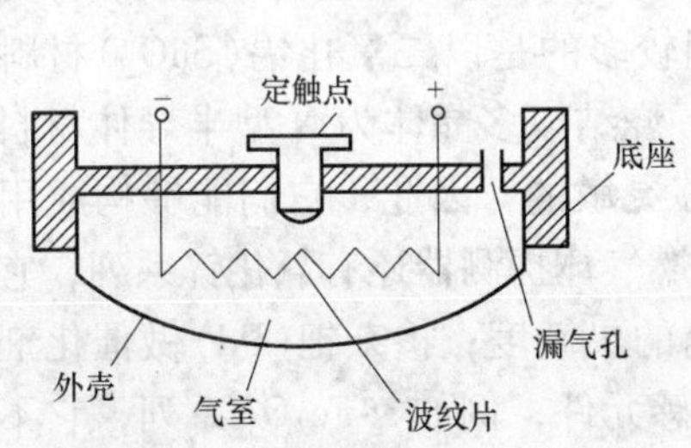

图8-16　膜盒差温火灾探测器结构示意图

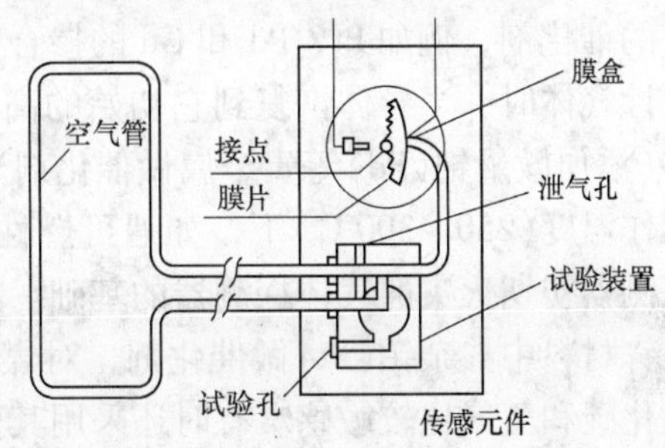

图8-17　空气管线形差温探测器

其工作原理是：当正常时，气温正常，受热膨胀的气体能从传感元件泄气孔排出，不推动膜盒片，动、静接点不闭合；当发生火灾时，火灾区温度快速升高，使空气管感受到温度变化，管内的空气受热膨胀，泄气孔无法立即排出，膜盒内压力增加推动膜片，使之产生位移，动、静接点闭合，接通电路，输出报警信号。

空气管式线形差温度探测器的灵敏度分为三级，如表8-4所示。由于灵敏度不同，其使用场所也不同，表8-5所示给出了不同灵敏度空气管式线形差温探测器的使用场合。

表8-4　空气管式线形差温度探测器灵敏度

灵敏度	动作温升速率/℃·min^{-1}	不动作温升速率
1	7.5	1℃/min持续上升10min
2	15	2℃/min持续上升10min
3	30	3℃/min持续上升10min

注：以第2种规格为例，当空气管总长度的1/3感受到以15℃/min速率上升的温度时，1min之内会给出报警信号。而空气管总长度的2/3感受到以2℃/min速率上升的温度时，10min之内不应发出报警信号。

表 8-5　三种不同灵敏度空气管式线形差温探测器的使用场合

种　类	最大空气管长度/m	使用场合
1	<80	书库、仓库、电缆隧道、地沟等温度变化率较小的场所
2	<80	暖房设备等温度变化较大的场所
3	<80	消防设备中要与消防泵自动灭火装置联动的场所

以上所描述的差温和定温感温探测器中除缆式线形定温探测器因其特殊的用途还在使用外，其他均已被下面介绍的差定温组合式探测器所取代。

4）差定温组合式探测器　这种探测器是将温差式、定温式两种感温探测元件组合在一起，同时兼有两种功能。其中某一种功能失效，另一种功能仍能起作用，因而大大提高了可靠性，分为机械式和电子式两种。

（6）气体火灾探测器（又称可燃气体探测器）　对探测区域内某一点周围的特殊气体参数敏感响应的探测器称为气体火灾探测器（又称可燃气体探测器）。其探测的主要气体种类有天然气、液化气、酒精、一氧化碳等。可燃气体探测器主要分为半导体型和催化型两种。

半导体型可燃气体探测器的气敏元件是金属氧化物半导体元件，当氧化物暴露在温度200～300℃的还原性气体中时，大多数氧化物的电阻将明显降低。由于半导体表面接触的气体的氧化作用，被离子吸收的氧从半导体表面移出，自由形成的电子有益于电传导。再加上特殊的催化剂，例如Pt、Pd和Gd的掺合物可加速表面反应。这一效应是可逆的，即当除掉还原性气体时，半导体恢复到它初始的高阻值。应用较多的是以二氧化锡（SnO_2）材料适量掺杂（添加微量钯（Pd）等贵金属做催化剂），在高温下烧结成多晶体为N型半导体材料，在其工作温度（250～300℃）下，如遇可燃性气体是足够灵敏的，因此，它们能够构成用来研制探测器初期火灾的气体探测器的基础。其他类型的燃气体探测器还有氧化锌系列，它是在氧化锌材料中掺杂铂（Pt）做催化剂，对煤气具有较高的灵敏度；掺杂钯（Pd）做催化剂，对一氧化碳和氢气比较敏感。有时还采用其他材料做敏感元件，例如γ-Fe_2O_3系列，它不使用催化剂也能获得足够的灵敏度，并因不使用催化剂而大大延长其使用寿命。

催化型可燃气体探测器的催化元件是一个很小的多孔的陶瓷小珠（直径约为1mm），例如氧化铝和一个Pt加热线圈结到一起，如图8-18所示，把小球浸渍一种催化剂（Pt、Th、Pd等）以加速某些气体的氧化作用。该催化的活性小珠所在电路是桥式连接，其参考桥臂由一类似结构的惰性小珠构成。两个小珠相邻地放于探测器壳体中，Pt线圈加热到500℃左右的温度。可氧化的气体在催化的活性小珠热表面上氧化，但在惰性小珠上不氧化。因此，活性小珠的温度稍高于惰性小珠的温度。两个小珠的温差可由Pt加热线圈电阻的相应变化测出。对于低气体浓度来说，电路输出信号与气体浓度C成正比，即

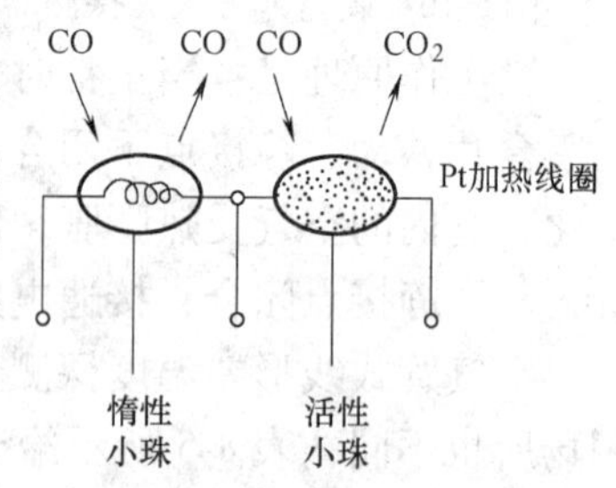

图 8-18　催化燃烧气体敏感元件示意

$$S = AC$$

式中，S为电路输出信号；A为系数（A与燃烧热成正比）；C为气体浓度。

催化燃烧气体敏感元件制成的探测器仅对可氧化的气体敏感。它主要用于监测易爆气体

（其浓度在爆炸下限的1/100~1/10）。探测器的灵敏度可勉强探出典型火灾初期阶段的气体浓度，而且探测器的功耗较大，在大多数情况下，由于在1年左右时间内将有较大的漂移，所以它需要重新进行电气调零。

气体火灾探测器适用用于探测溶剂仓库、压气机站、炼油厂、输油输气管道等场所，用于预防潜在的爆炸或毒气危害的工业场所及民用建筑（煤气管道、液化气罐等），起防爆、防火、监测环境污染的作用。

（7）火焰火灾探测器　点形火焰探测器是一种能对物质燃烧火焰的光谱特性、光照强度和火焰的闪烁频率敏感响应的火灾探测器。响应波长低于400nm辐射能通量的探测器称紫外火焰探测器，响应波长高于700nm辐射能通量的探测器称作红外火焰探测器。火焰探测器的分类及特点如表8-6所示。

表8-6　火焰探测器的分类及特点

序号	分类名称	特　点
1	单通道红外火焰探测器	优点：对大多数含碳氢化合物的火灾响应较好；对弧焊不敏感；透过烟雾及其他许多污染的能力强；日光盲；对一般的电力照明、人工光源和电弧不响应；其他形式辐射的影响很小 缺点：透镜上结冰可造成探测器失灵，对受调制的黑体热源敏感。由于只能对具有闪烁特征的火灾响应，因而使得探测器对高压气体火焰的探测较为困难
2	双通道红外火焰探测器	优点：对大多含碳氢化合物的火灾响应较好；对电弧焊不敏感；能够透过烟雾和其他许多污染；日光盲；对一般的电力照明、人工光源和电弧不响应；其他形式辐射影响很小；对稳定的或经调制的黑体辐射不敏感，误报率较低 缺点：灵敏度低
3	紫外火焰探测器	优点：对绝大多数燃烧物质能够响应，但响应的快慢有不同，最快响应可达12ms，可用于抑爆等特殊场合。不要求考虑火焰闪烁效应。在高达125℃的高温场合下，可采用特种形式的紫外探测器。对固定的或移动的黑体热源反应不灵敏，对日光辐射和绝大多数人工照明辐射不响应，可带自检机构，某些类型探测器可进行现场调整，调整探测器的灵敏度和响应时间，具有较大的灵活性 缺点：易产生误报
4	紫外/红外火焰探测器	优点：对大多含碳氢化合物的火灾响应较好。对电弧焊不敏感。比单通道红外火焰探测器响应稍快，单比紫外火焰探测器稍慢。对一般的电力照明、大多数人工光源和电弧不响应。其他形式辐射的影响很小。日光盲。对黑体辐射不敏感。即使背景正在进行电弧焊，但经过简单的表决单元也能响应一个真实的火灾。同样，即使存在高的背景红外辐射源，也不能降低其响应真实火灾的灵敏度。带简单表决单元的紫外/红外探测器的火焰灵敏度可现场调整，以适合特殊安装场合的应用 缺点：火焰灵敏度可能受紫外和红外吸收物质沉积的影响

（8）复合火灾探测器　复合火灾探测器是一种可以响应两种或两种以上火灾参数的探测器，是两种或两种以上火灾探测器性能的优化组合，集成在每个探测器内的微处理机芯片，对相互关联的每个探测器的测值进行计算，从而降低了误报率。通常有感烟感温型、感温感光型、感烟感光型、红外光束感烟感光型、感烟感温感光型复合探测器。其中以烟温复合探测器使用最为频繁，其工作原理为无论是温度信号还是烟气信号，只要有一种火灾信号

达到相应的阈值时探测器即可报警。其接线方式同光电感烟探测器。

（9）智能型火灾探测器　智能型火灾探测器：它为了防止误报，预设了一些针对常规及个别区域和用途的火情判定计算规则，探测器本身带有微处理信息功能，可以处理由环境所收到的信息，并针对这些信息进行计算处理、统计评估。结合火势很弱——弱——适中——强——很强的不同程度，再根据预设的有关规则，把这些不同程度的信息转化为适当的报警动作指标。如“烟不多，但温度快速上升——发出警报”，又如“烟不多，且温度没有上升——发出预警报”等。

例如 JTF—GOM—GST601 感烟型智能探测器能自动检测和跟踪由灰尘积累而引起的工作状态的漂移，当这种漂移超出给定范围时，自动发出故障信号，同时这种探测器跟踪环境变化，自动调节探测器的工作参数，因此可大大降低由灰尘积累和环境变化所造成的误报和漏报。

智能型火灾探测器都有一些共同的特点，比如为了防止误报，预设了一些针对常规及个别区域和用途的火情判定计算规则，探测器本身带有微处理信息功能，可以处理由环境所收到的信息，并针对这些信息进行计算处理、统计评估，能自动检测和跟踪由灰尘积累而引起的工作状态的漂移，当这种漂移超出给定范围时，自动发出清洗信号，同时这种探测器跟踪环境变化，自动调节探测器的工作参数，因此可大大降低由灰尘积累和环境变化所造成的误报和漏报。同时还具备自动存储最近时期的火警记录的功能。随着科技水平的不断提高，这类智能型探测器将成为主流。

5. 探测器的选择及数量确定

按火灾自动报警系统中，火灾探测器的选择是否合理，关系到系统能否正常运行，因此探测器的种类及数量的确定十分重要，另外，探测器选好后其合理布置是保证探测质量的关键环节，为此应在符合国家规范的前提下选择和布置探测器。

火灾探测器的选用及布置应按照《火灾自动报警系统设计规范》(GB 50116—1998)和《火灾自动报警系统施工及验收规范》(GB 50166—2007)的有关要求来进行。火灾探测器的选用涉及到的因素很多，主要有火灾的类型、火灾形成的规律、建筑物的特点以及环境条件等，下面进行具体分析。

（1）探测器种类的选择　应根据探测区域内的环境条件、火灾特点、房间高度、安装场所的气流状况等，选用其所适宜类型的探测器或几种探测器的组合。

1）根据火灾特点、环境条件及安装场所确定探测器的类型　火灾受可燃物质的类别、着火的性质、可燃物质的分布、着火场所的条件、新鲜空气的供给程度以及环境温度等因素的影响。一般把火灾的发生与发展分为 4 个阶段：

前期：火灾尚未形成，只出现一定量的烟，基本上未造成物质损失。

早期：火灾开始形成，烟量大增，温度上升，已开始出现火，造成较小的损失。

中期：火灾已经形成，温度很高，燃烧加速，造成了较大的物质损失。

晚期：火灾已经扩散。

根据以上对火灾特点的分析，对探测器选择如下：

① 对火灾初期有阴燃阶段，产生大量的烟和少量的热，很少或没有火焰辐射的场所，应选用感烟探测器。

不适于选用感烟探测器的场所：正常情况下有烟的场所，经常有粉尘及水蒸气等固体。

液体微粒出现的场所，火灾发展迅速、产生烟极少爆炸性场合。

离子感烟与光电感烟探测器的适用场合基本相同，但应注意它们各有不同的特点。离子感烟探测器对人眼看不到的微小颗粒同样敏感，例如人能嗅到的油漆味、烤焦味等都能引起探测器动作，甚至一些分子量大的气体分子，也会使探测器发生动作，在风速过大的场合（例如大于6m/s）将引起探测器不稳定，且其敏感元件的寿命较光电感烟探测器的短。

② 对火灾发展迅速，产生大量的热、烟和火焰辐射的场所，可选用感温探测器、感烟探测器、火焰探测器或其组合。

③ 对火灾发展迅速，有强烈的火焰辐射和少量烟、热产生的场所，应选用火焰探测器。但不宜在火焰出现前有浓度扩散的场所及探测器的镜头易被污染、遮挡以及电焊、X射线等影响的场所中使用。

④ 对火灾形成特征不可预料的场所，可进行模拟试验，根据试验结果选择探测器。

⑤ 在通风条件较好的车库内可采用感烟探测器，一般的车库内可采用感温探测器。

⑥ 火灾形成特征不可预料，可进行模拟试验，根据试验结果选择探测器。

⑦ 对使用、生产或聚集可燃气体或可燃液体蒸气的场所，应选择可燃气体探测器。

各种探测器都可配合使用，如感烟与感温探测器的组合，宜用于大中型机房、洁净厂房以及防火卷帘设施的部位等处。对于蔓延迅速、有大量的烟和热产生、有火焰辐射的火灾，如油品燃烧，宜选用三种探测器的配合。

总之，感烟探测器具有稳定性好、误报率低、寿命长、结构紧凑、保护面积大等优点，已得到广泛应用。其他类型的探测器，只在某些特殊场合作为补充才用到。为选用方便，归纳为表8-7所列。

表8-7　点形探测器的适用场所或情形一览表（举例）

序号	探测器类型 场所或情形	感烟		感温				火焰		说明
		离子	光电	定温	差温	差定温	缆式	红外	紫外	
1	饭店、宾馆、教学楼、办公楼的厅堂、卧室、办公室等	○	○							厅堂、办公室、会议室、值班室、娱乐室、接待室等，灵敏度档次为中、低，可延时；卧室、病房、休息厅、衣帽室、展览室等，灵敏度档次为高
2	电子计算机房、通信机房、电影电视放映室等	○	○							这些场所灵敏度要高或高、中档次联合使用
3	楼梯、走道、电梯、机房等	○	○							灵敏度档次为高、中
4	书库、档案库	○	○							灵敏度档次为高
5	有电器火灾危险	○	○							早期热解产物，气溶胶微粒小，可用离子型；气溶胶微粒大，可用光电型
6	气温速度大于5m/s	×	○							

（续）

序号	探测器类型 场所或情形	感烟		感温				火焰		说明
		离子	光电	定温	差温	差定温	缆式	红外	紫外	
7	相对湿度经常高于95%以上	×				○				根据不同要求也可选用定温或差温
8	有大量粉尘、水雾滞留	×	×	○	○	○				根据具体要求选用
9	有可能发生无烟火灾	×	×	○	○	○				
10	在正常情况下有烟和蒸汽滞留	×	×	○	○	○				
11	有可能产生蒸气和油雾		×							
12	厨房、锅炉房、发电机房、茶炉房、烘干车间等			○		○				在正常高温环境下，感温探测器的额定动作温度值可定得高些，或选用高温感温探测器
13	吸烟室、小会议室等				○	○				若选用感烟探测器则应选低灵敏度档次
14	汽车库				○	○				
15	其他不宜安装感烟探测器的厅堂和公共场所	×	×	○	○	○				
16	可能产生阴燃火或者发生火灾不及早报警将造成重大损失的场所	○	○	×	×	×				
17	温度在0℃以下			×						
18	正常情况下，温度变化较大的场所				×					
19	可能产生腐蚀性气体	×								
20	产生醇类、醚类、酮类等有机物质	×								
21	可能产生黑烟		×							
22	存在高频电磁干扰		×							
23	银行、百货店、商场、仓库	○	○							
24	火灾时有强烈的火焰辐射							○	○	含有易燃材料的房间、飞机库、油库、海上石油钻井和开采平台；炼油裂化厂
25	需要对火焰作出快速反映							○	○	镁和金属粉末的生产、大型仓库、码头

（续）

序号	探测器类型 场所或情形	感烟		感温				火焰		说明
		离子	光电	定温	差温	差定温	缆式	红外	紫外	
26	无阴燃阶段的火灾							○	○	
27	博物馆、美术馆、图书馆	○	○					○	○	
28	电站、变压器间、配电室	○	○					○	○	
29	可能发生无焰火灾							×	×	
30	在火焰出现前有浓烟扩散							×	×	
31	探测器的镜头易被污染							×	×	
32	探测器的“视线”易被遮挡							×	×	
33	探测器易受阳光或其他光源直接或间接照射							×	×	
34	在正常情况下有明火作业以及X射线、弧光等影响							×	×	
35	电缆隧道、电缆竖井、电缆夹层								○	发电厂、发电站、化工厂、钢铁厂
36	原料堆垛								○	纸浆厂、造纸厂、卷烟厂及工业易燃堆垛
37	仓库堆垛								○	粮食、棉花仓库及易燃仓库堆垛
38	配电装置、开关设备、变压器、电控中心							○		
39	地铁、名胜古迹、市政设施						○			
40	耐碱、防潮、耐低温等恶劣环境						○			
41	皮带运输机生产流水线和滑道的易燃部位						○			
42	控制室、计算机室的闷顶内、地板下及重要设备隐蔽处等						○			

（续）

序号	探测器类型 场所或情形	感烟		感温				火焰		说明
		离子	光电	定温	差温	差定温	缆式	红外	紫外	
43	其他恶劣不适合点形感烟探测器安装场所						○			

注：1. 符号说明：在表中“○”适合的探测器，应优先选用：“×”不适合的探测器，不应选用；空白，无符号表示，须谨慎使用。

2. 在散发可燃气体和可燃气的场所宜选用可燃气体探测器，实现早期报警。

3. 对可靠性要求高，需要有自动联动装置或安装自动灭火系统时，采用感烟、感温、火焰探测器(同类型或不同类型)的组合。这些场所通常都是重要性很高，火灾危险性很大的。

4. 在实际使用时，如果在所列项目中找不到时，可以参照类似场所，如果没有把握或很难判定是否合适时，最好做燃烧模拟试验最终确定。

5. 下列场所可不设火灾探测器

①厕所、浴室等；②不能有效探测火灾者；③不便维修、使用(重点部位除外)的场所。

6. 在工程实际中，在危险性大又很重要的场所即需设置自动灭火系统或设有联动装置的场所，均应采用感烟、感温、火焰探测器的组合。

（1）线形探测器的适用场所

① 下列场所宜选用缆式线形定温探测器

a. 计算机室、控制室的闷顶内、地板下及重要设施隐蔽处等；b. 开关设备、发电厂、变电站及配电装置等；c. 各种皮带运输装置；d. 电缆夹层、电缆竖井、电缆隧道等；e. 其他环境恶劣不适合点形探测器安装的危险场所。

② 下列场所宜选用空气管线形差温探测器

a. 不易安装点型探测器的夹层、闷顶；b. 公路隧道工程；c. 古建筑；d. 可能产生油类火灾且环境恶劣的场所；e. 大型室内停车场。

③ 下列场所宜选用红外光束感烟探测器

a. 隧道工程；b. 古建筑、文物保护的厅堂馆所等；c. 档案馆、博物馆、飞机库、无遮挡大空间的库房等；d. 发电厂、变电站等。

（2）可燃气体探测器的选择：下列场所宜选用可燃气体探测器

①煤气表房、煤气站以及大量存放液化石油气罐的场所；②使用管道煤气或燃气的房屋；③其他散发或积聚可燃气体和可燃液体蒸气的场所；④有可能产生大量一氧化碳气体的场所，宜选用一氧化碳气体探测器。

2）根据房间高度选择探测器　建筑物的室内高度的不同，对火灾探测器的选择有不同的要求。对火灾探测器使用高度加以限制，是为了使火灾探测器在整个探测器所要保护面积的范围内均具有必需的灵敏度，以确保其有效性。一般，房间高度超过 12m，则感烟探测器不适用；房间高度超过 8m，则感温探测器不适用。房间高度也与感温探测器的灵敏度有关，灵敏度高的探测器适于较高的房间。在房间高度超过感烟探测器使用高度的情况下，只能采用感光探测器或图像火灾探测系统。感光探测器的使用高度由其光学灵敏度范围确定，但高度增加，要求感光探测器灵敏度提高。应该指出，房间顶棚的形状(尖顶形、拱顶形)和大空间顶板的不平整性等，对房间高度确定均有影响。工程施工时，应视具体情况并考虑探测器的保护面积和保护半径等因素后再确定。

由于各种探测器特点各异，其适于房间高度也不一致，为了使选择的探测器能更有效地达到保护目的，表 8-8 列举了几种常用探测器对房间高度的要求，仅供读者学习及设计参考。

表 8-8 根据房间高度选探测器

房间高度 h	感烟探测器	感温探测器			火焰探测器
		一级	二级	三级	适合
$12m < h \leqslant 20m$	不适合	不适合	不适合	不适合	适合
$8m < h \leqslant 12m$	适合	不适合	不适合	不适合	适合
$6m < h \leqslant 8m$	适合	适合	不适合	不适合	适合
$4m < h \leqslant 6m$	适合	适合	适合	不适合	适合
$h \leqslant 4m$	适合	适合	适合	适合	适合

当同一房间内高度不同时，且较高部分的顶棚面积小于整个房间顶棚面积的10%，只要这一顶棚部分的面积不大于一只探测器的保护面积，则该较高的顶棚部分同整个顶棚面积一样看待。否则，较高的顶棚部分应如同分隔开的房间处理。

在按房间高度选用探测器时，应注意这仅仅是按房间高度对探测器选用的大致划分，具体选用时尚需结合火灾的危险度和探测器本身的灵敏度档次来进行。如判断不准时，需做模拟试验后最后确定。

对于较大的库房及货场，宜采用线形激光感烟探测器，而采用其他点形探测器则效率不高。在粉尘较多、烟雾较大的场所，感烟式探测器易出现误报警，感光式探测器的镜头易受污染而导致探测器漏报。因此，在这种场合只能采用感温式探测器。火灾探测器使用的环境条件，如环境温度、气流速度、振动、空气湿度、光干扰等均可能够对探测器的工作有效性(灵敏度等)产生影响。一般需要考虑如下因素：

① 温度。感烟与感光探测器的使用温度低于50℃，定温探测器在10～35℃；在0℃以下时，探测器安全工作的条件是其本身不允许结冰，并且多采用感烟式或感光探测器。

② 速度。风速较大或气流速度大于5m/s的场所不宜采用感烟探测器，使用感光探测器则无任何影响。

③ 振动。环境中有限的正常振动，对于点形火灾探测器一般影响较小，对分离式光电感烟探测器则影响较大，要求定期调校。

④ 湿度。环境空气湿度小于95%RH时，一般不影响火灾探测器的工作；当有雾化烟雾或凝露存在时，将对感烟和感光探测器的灵敏度有影响。

⑤ 其他。环境中存在烟、灰及类似的气溶胶时，将直接影响感烟探测器的使用；对感温和感光探测器，如果能够避免潮湿、灰尘的影响，则使用可不受限制。环境中的光干扰对感烟和感温探测器的使用均不产生影响，但对感光探测器则直接或间接影响其工作的可靠性。

选用火灾探测器时，若不充分考虑环境因素的影响，则在其使用过程中会产生误报。误报除与环境有关外，还与火灾探测器故障或设计中的缺欠、维护不周、老化和污染等因素有关，应认真对待。探测器的误报警将导致灭火设备自动启动，从而带来不良影响，甚至导致严重的后果，这对火灾探测器的准确性及可靠性提出了更高的要求，一般都采用同类型或不同类型的两个探测器组合使用来实现双信号报警。很多时候还要加上一个延时报警判断之后，才能产生联动控制信号，同类型探测器组合使用时，应该一个具有高一些的灵敏度，另一个灵敏度则低一些。

在符合表 8-7 和表 8-8 的情况下便确定了探测器。如同时有两种以上探测器符合，应选保护面积大的探测器。

（2）探测器数量的确定　在实际工程中房间功能及探测区域大小不一，房间高度、棚顶坡度也各异，那么怎样确定探测器的数量呢？规范规定：每个探测区域内至少设置一只火灾探测器。一个探测区域内所设置探测器的数量应按下式计算：

$$N \geqslant \frac{S}{kA}$$

式中，N 为一个探测区域内所设置的探测器的数量，单位为“只”，N 应取整数(即小数进位取整数)；S 为一个探测区域的地面面积，单位为 m^2；A——探测器的保护面积，单位为 m^2，指一只探测器能有效探测的地面面积。由于建筑物房间的地面通常为矩形，因此，所谓“有效”探测器的地面面积实际上是指探测器能探测到的矩形地面面积。探测器的保护半径 R，单位为 m 是指一只探测器能有效探测的单向最大水平距离；k——安全修正系数。特级保护对象 k 取 0.7~0.8，一级保护对象 k 取值为 0.8~0.9，二级保护对象 k 取 0.9~1.0。

选取时应根据设计者的实际经验，并考虑发生火灾对人和财产的损失程度、火灾危险性大小、疏散及扑救火灾的难易程度及对社会的影响大小等多种因素。

对于一个探测器而言，其保护面积和保护半径的大小与其探测器的类型、探测区域的面积、房间高度及屋顶坡度都有一定的联系。表 8-9 说明了两种常用的探测器保护面积、保护半径与其他参量的相互关系。

表 8-9　感烟、感温探测器的保护面积和保护半径

火灾探测器的种类	地面面积 S/m^2	房间高度	探测器的保护面积 A 和保护半径 R					
			房顶坡度 θ					
			$\theta \leqslant 15°$		$15° < \theta \leqslant 30°$		$\theta > 30°$	
			A/m^2	R/m	A/m^2	R/m	A/m^2	R/m
感烟探测器	≤80	$h \leqslant 12m$	80	6.7	80	7.2	80	8.0
	>80	$6m < h \leqslant 12m$	80	6.7	100	8.0	120	9.9
		$h \leqslant 6m$	60	5.8	80	7.2	100	9.0
感温探测器	≤30	$h \leqslant 8m$	30	4.4	30	4.9	30	5.5
	>30	$h \leqslant 8m$	20	3.6	30	4.9	40	6.3

另外，通风换气对感烟探测器的面积有影响，在通风换气房间，烟的自然蔓延方式受到破坏。换气越频，燃烧产物(烟气体)的浓度越低，部分烟被空气带走，导致探测器接受烟量的减少，或者说探测器感烟灵敏度相对降低。常用的补偿方法有两种：一种是压缩每只探测器的保护面积；另一种是增大探测器的灵敏度，但要注意误报。

例 1　某高层教学楼的其中一个被划为一个探测区域的阶梯教室，其地面面积为 30m×40m，房顶坡度为 13°，房间高度为 8m，属于二级保护对象，试求：(1)应选用何种类型的探测器？(2)探测器的数量为多少只？

解：(1) 根据使用场所从表 8-7 和表 8-8 可知，选感烟探测器。

(2) 由于是二级保护对象，故 k 取 1，地面面积 $S = 30m \times 40m = 1200m^2 > 80m^2$，房间

高度 $h=8\text{m}$，即 $6\text{m}<h\leqslant 12\text{m}$，房顶坡度 θ 为 13°，即 $\theta\leqslant 15°$，于是根据 S、h、θ 查表 8-9 得，保护面积 $A=80\text{m}^2$，保护半径 $R=6.7\text{m}$，故

$$N=\frac{1200}{1\times 80}=15\ \text{只}$$

由上例可知，对探测器类型的确定必须全面考虑，确定了类型，数量也就被确定了。下面介绍在数量确定之后如何布置及安装，以及在有梁等特殊情况下探测区域如何划分的问题。

6. 探测器的布置

探测器布置及安装得合理与否，直接影响保护效果。一般火灾探测器应安装在屋内顶棚表面或顶棚内部(没有顶棚的场合,安装在室内吊顶板表面上)。考虑到维护管理的方便，其安装面的高度不宜超过 20m。

根据影响探测器设置的因素，《火灾自动报警系统设计规范》(GB 50116—1998)对于火灾探测器的选用和设置均做出了较详细的规定，工程设计时必须严格遵循。值得指出的是尽管如此，探测器的布置仍是一个值得重视的问题，不少工程设计过于偏重于美观、对称，而忽视了环境对探测器所需的信号收集浓度造成的影响，事实上即使像房间的轻质隔断、大型家具、书架、档案架、柜式设备等也会对烟雾、热气流造成影响，而成为影响探测器布置的不可忽视的因素。

在布置探测器时，首先考虑安装间距如何确定，再考虑梁的影响及特殊场所探测器安装要求，下面分别叙述。

(1) 安装间距的确定

相关规范：探测器周围 0.5m 内，不应有遮挡物(以确保探测效果)。探测器至墙壁、梁边的水平距离，不应小于 0.5m，如图 8-19 所示。

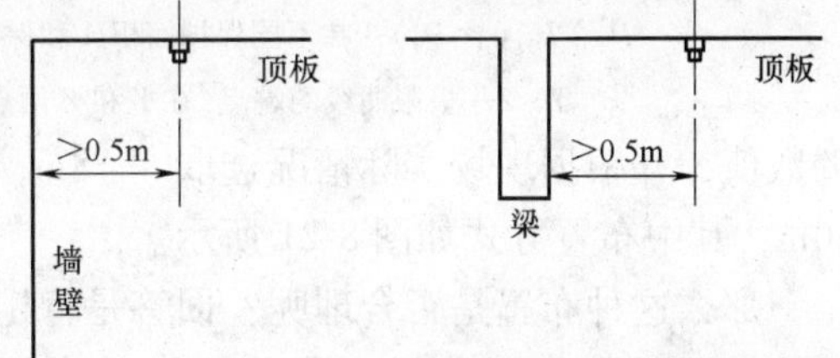

图 8-19 探测器在顶棚上安装时与墙或梁的距离

安装间距：两只相邻探测器中心之间的水平距离。分别用以 a 和 b 表示。安装间距 a、b 的确定方法为

1) 计算法　根据从表 8-9 中查得保护面积 A 和保护半径 R，计算直径 $D=2R$，根据所算 D 值大小对应保护面积 A 在图 8-22 曲线粗实线上即由 D 值所包围部分上取一点，此点所对应的数即为安装间距 a、b 值。注意，实际应不大于查得的 a、b 值。具体布置后，再检验探测器到最远点水平距离是否超过了探测器的保护半径，如超过时，应重新布置或增加探测器的数量。

图 8-20 曲线中的安装间距是以二维坐标的极限曲线的形式给出的，即给出感温探测器的 3 种保护面积(20m^2、30m^2 和 40m^2)及其 5 种保护半径(3.6m、4.4m、4.9m、5.5m 和 6.3m)所适宜的安装间距极限曲线 $D_1\sim D_5$，给出感烟探测器的 4 种保护面积(60m^2、80m^2、100m^2 和 120m^2)及其 5 种保护半径(5.8m、6.7m、7.2m、8.0m 和 9.9m)所适宜的安装间距极限曲线 $D_6\sim D_{11}$(含 D_9)。

例 2　对例 1 中确定的 15 只感烟探测器的布置如下：

由已查得的 $A=80\text{m}^2$ 和 $R=6.7\text{m}$，计算得：$D=2R=2\times 6.7\text{m}=13.4\text{m}$

根据 $D=13.4\text{m}$，由图 8-22 曲线中 D_7 上查得的 Y、Z 线段上选取探测器安装间距 a、b

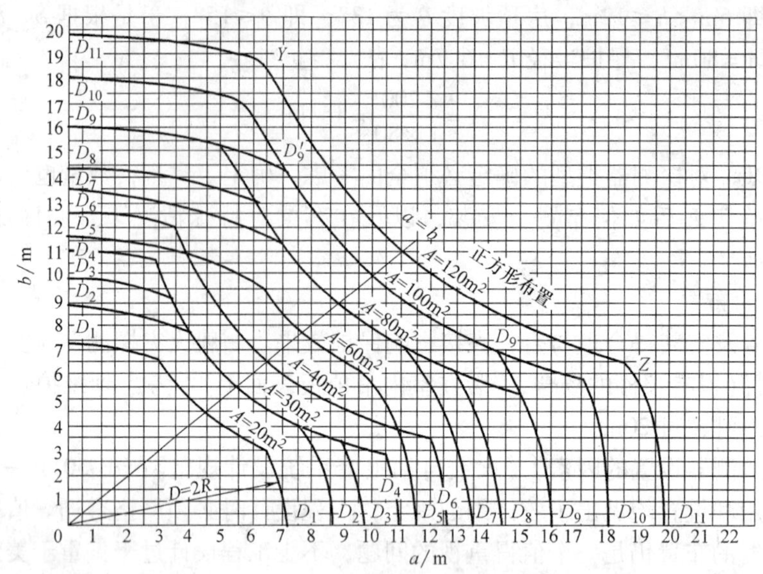

图 8-20　探测器安装间距的极限曲线

A—探测器的保护面积(m^2)　*a*、*b*—探测器的安装间距(m)

D_1 ~ D_{11}(含 D_9)—在不同保护面积 *A* 和保护半径 *R* 下确定探测器安装间距 *a*、*b* 的极限曲线

Y、*Z*—极限曲线的端点(在 *Y* 和 *Z* 两点间的曲线范围内,保护面积可得到充分利用)

的数值，并根据现场实际情况选取 $a=8\text{m}$，$b=10\text{m}$，其中布置方式如图 8-21 所示。

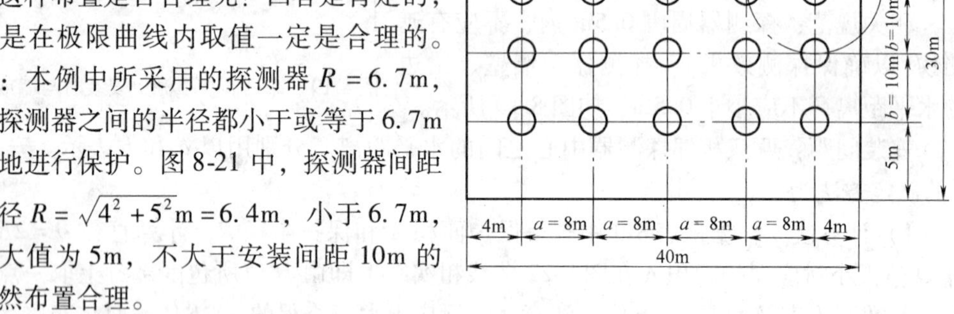

图 8-21　探测器的布置示例

那么这种布置是否合理呢？回答是肯定的，因为只要是在极限曲线内取值一定是合理的。验证如下：本例中所采用的探测器 $R=6.7\text{m}$，只要每个探测器之间的半径都小于或等于 6.7m 即可有效地进行保护。图 8-21 中，探测器间距最远的半径 $R=\sqrt{4^2+5^2}\text{m}=6.4\text{m}$，小于 6.7m，距墙的最大值为 5m，不大于安装间距 10m 的一半，显然布置合理。

2）经验法　一般点型探测器的布置为均匀布置法，根据工程实际总结计算法如下：

$$\text{横向间距 } a=\frac{\text{该房间(该探测区域)的长度}}{\text{横向安装间距个数}+1}=\frac{\text{该房间的长度}}{\text{横向探测器个数}}$$

$$\text{纵向间距 } b=\frac{\text{该房间(该探测区)的宽度}}{\text{纵向安装间距个数}+1}=\frac{\text{该房间的宽度}}{\text{纵向探测器个数}}$$

因为距墙的最大距离为安装间距的一半，两侧墙为 1 个安装间距。由此可见，这种方法不需要查表就可非常方便地求出 *a*、*b* 值。

例 3　某锅炉房地面长为 20m，宽为 10m，房间高度为 3.5m，房顶坡度为 12°，属于二级保护对象。(1)选探测器类型；(2)确定探测器数量；(3)进行探测器的布置。

解：(1) 由表 8-7 查得应选用感温探测器。

（2）$N \geqslant \frac{S}{kA} = \frac{20 \times 10}{1 \times 20} = 10$（只）

由表 8-9 查得 $A = 20\text{m}^2$，$R = 3.6\text{m}$。

（3）布置：采用经验法布置：

横向间距 $a = \frac{20}{5}\text{m} = 4\text{m}$，$a_1 = 2\text{m}$，纵向间距 $b = \frac{10}{2} = 5\text{m}$，$b_1 = 2.5\text{m}$

布置如图 8-22 所示，可见满足要求，布置合理。

综上可知，采用正方形和矩形布置优点是：可将保护区的各点完全保护起来，保护区内不存在得不到保护的“死角”，且布置均匀美观。

（2）梁对探测器的影响　在顶棚有梁时，由于烟的蔓延受到梁的阻碍，探测器的保护面积会受梁的影响。如果梁间区域的面积较小，梁对热气流（或烟气流）形成障碍，并吸收一部分热量，因而探测器的保护面积必然下降。梁对探测器的影响如图 8-22 及表 8-10 所示。查表可以决定一只探测器能够保护的梁间区域的个数，减少了计算工作量，按图 8-23 规定房间高度在 5m 以下，感烟探测器在梁高小于 200mm 时，无须考虑其梁的影响；房间高度在 5m 以上，梁高大于 200mm 时，探测器的保护面积受房高的影响，可按房间高度与梁高的线性关系考虑。

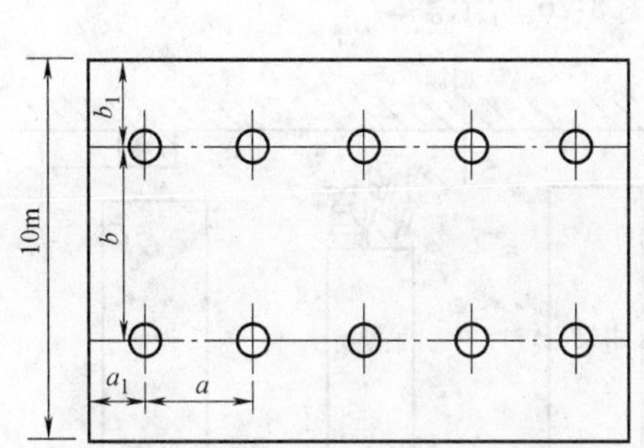

图 8-22　探测器的布置示例

图 8-23　不同高度的房间梁对探测器设置的影响

表 8-10　按梁间区域面积确定一只探测器能够保护的梁间区域的个数

探测器的保护面积 A/m^2		梁隔断的梁间区域面积 Q/m^2	一只探测器保护的梁间区域的个数	探测器的保护面积 A/m^2		梁隔断的梁间区域面积 Q/m^2	一只探测器保护的梁间区域的个数
感温探测器	20	$Q > 12$	1	感烟探测器	60	$Q > 36$	1
		$8 < Q \leqslant 12$	2			$24 < Q \leqslant 36$	2
		$6 < Q \leqslant 8$	3			$18 < Q \leqslant 24$	3
		$4 < Q \leqslant 6$	4			$12 < Q \leqslant 18$	4
		$Q \leqslant 4$	5			$Q \leqslant 12$	5
	30	$Q > 18$	1		80	$Q > 48$	1
		$12 < Q \leqslant 18$	2			$32 < Q \leqslant 48$	2
		$9 < Q \leqslant 12$	3			$24 < Q \leqslant 32$	3
		$6 < Q \leqslant 9$	4			$16 < Q \leqslant 24$	4
		$Q \leqslant 6$	5			$Q \leqslant 10$	5

由图 8-23 可查得三级感温探测器房间高度极限值为 4m，梁高限度 200mm，二级感温探测器房间高度极限值为 6m，梁高限度为 225mm，一级感温探测器房间极限值为 8m，梁高限度为 275mm；感烟探测器房间高度极限值为 12m，梁高限度为 375mm，在线性曲线左边部分均无须考虑梁的影响。

可见当梁突出顶棚的高度在 200 ~ 600mm 时，应按图 8-23 和表 8-10 确定梁的影响和一只探测器能够保护的梁间区域的数目。

当梁突出顶棚的高度超过 600mm 时，被梁阻断的部分需单独划为一个探测区域，即每个梁间区域应至少设置一只探测器。

当梁间净距小于 1m 时，可视为平顶棚。

如果探测区域内有过梁，定温型感温探测器安装在梁上时，其探测器下端到安装面必须在 0. 3m 以内，感烟型探测器安装在梁上时，其探测器下端到安装面必须在 0. 6m 以内，如图 8-24 所示。

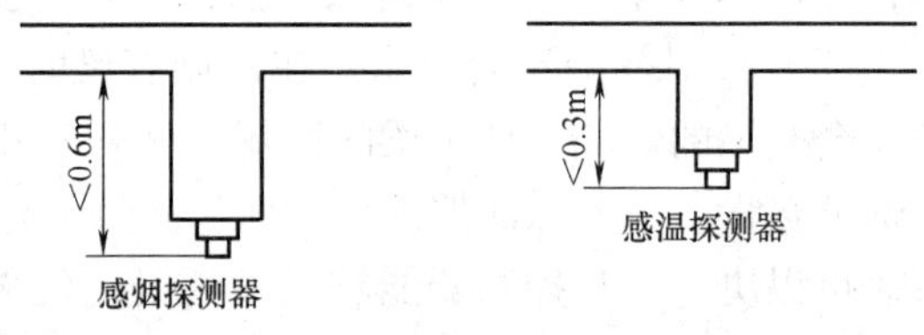

图 8-24　探测器在梁下端安装时至顶棚的尺寸

（3）探测器在一些特殊场合安装时注意事项

1）在宽度小于 3m 的内走道的顶棚设置探测器时应居中布置，感温探测器的安装间距不应超过 10m，感烟探测器安装间距不应超过 15m，探测器至端墙的距离，不应大于安装间距的一半，在内走道的交叉和汇合区域上，必须安装 1 只探测器，如图 8-25 所示。

2）房间被书架、贮藏架或设备等阻断分隔，其顶部至顶棚或梁的距离小于房间净高 5% 时，则每个被隔开的部分至少安装一只探测器，如图 8-26 所示。

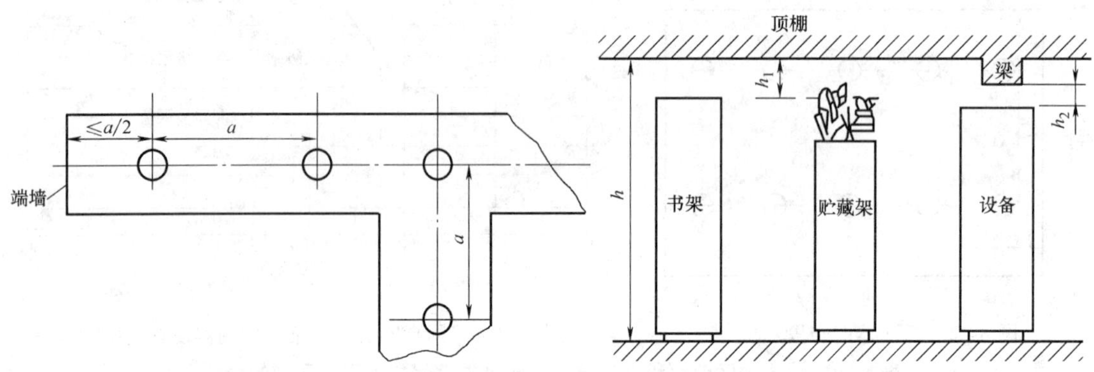

图 8-25　探测器布置在内走道的顶棚上

图 8-26　房间有书架、设备分时、探测器设置 $h_1 \leqslant 5\% h$ 或 $h_2 \leqslant 5\% h$

3）在空调机房内，探测器应安装在离送风口 1. 5m 以上的地方，离多孔送风顶棚孔口的距离不应小于 0. 5m，如图 8-27 所示。

4）楼梯或斜坡道至少垂直距离每 15m（Ⅲ级灵敏度的火灾探测器为 10m）应安装一只探测器。

5）探测器宜水平安装，如需倾斜安装时，角度不应大于 45°。当屋顶坡度大于 45°时，应加木台或类似方法安装探测器，如图 8-28 所示。

6）在电梯井、升降机井设置探测器时，其位置宜在井道上方的机房顶棚上，如图 8-29

所示。这种设置既有利于井道中火灾的探测，又便于日常检验维修。因为通常在电梯井、升降机井的提升井绳索的井道盖上有一定的开口，烟会顺着井绳冲到机房内部，为尽早探测火灾，规定用感烟探测器保护，且在顶棚上安装。

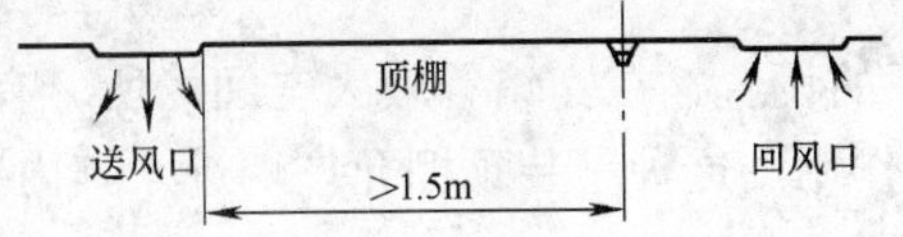

图 8-27　探测器装于有空调房间时的位置示意

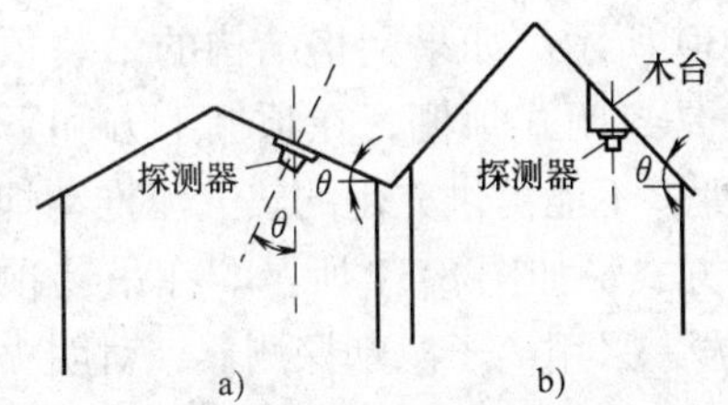

图 8-28　探测器安装角度

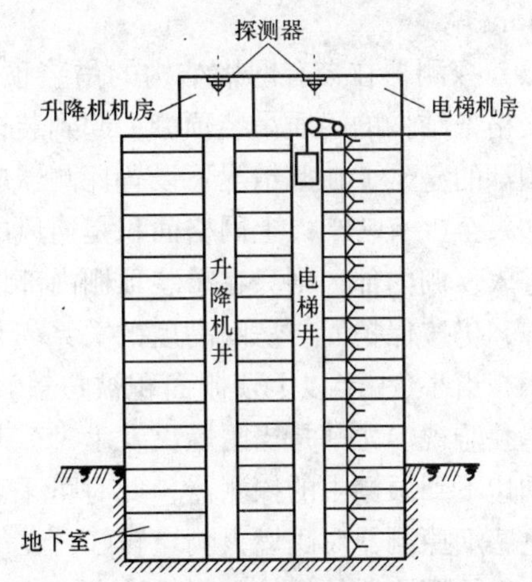

图 8-29　探测器在井道上方机房顶棚上的设置

7）当房屋顶部有热屏障时，感烟探测器下表面距顶棚的距离应符合表 8-11 所列。

表 8-11　感烟探测器下表面距顶棚（或屋顶）的距离

探测器的安装高度 h	感烟探测器下表面距顶棚（或屋顶）的距离 d/mm					
	$\theta \leqslant 15°$		$15° < \theta \leqslant 30°$		$\theta > 30°$	
	最小	最大	最小	最大	最小	最大
$h \leqslant 6$m	30	200	200	300	300	500
6m < $h \leqslant 8$m	70	250	250	400	400	600
8m < $h \leqslant 10$m	100	300	300	500	500	700
10m < $h \leqslant 12$m	150	350	350	600	600	800

8）顶棚较低（小于 2.2m）、面积较小（不大于 $10m^2$）的房间，安装感烟探测器时，宜设置在入口附近。

9）在楼梯间、走廊等处安装感烟探测器时，宜安装在不直接受外部风吹入的位置处。安装光电感烟探测器时，应避开日光或强光直射的位置。

10）在浴室、厨房、开水房等房间连接的走廊安装探测器时，应避开其入口边缘 1.5m。

11）安装在顶棚上的探测器边缘与下列设施的边缘水平间距宜保持在：

与不突出的扬声器，不小于 0.1m；

与照明灯具，不小于 0.2m；

与自动喷水灭火喷头，不小于 0.3m；

与多孔送风顶棚孔口，不小于 0.5m；

与高温光源灯具（如碘钨灯、容量大于 100W 的白炽灯等），不小于 0.5m；

与电风扇，不小于 1.5m；

与防火卷帘、防火门，一般在 1～2m 的适当位置。

12）对于煤气探测器，在墙上安装时，应距煤气灶4m以上，距地面0.3m；在顶棚上安装时，应距煤气灶8m以上；当屋内有排气口时，允许装在排气口附近，但应距煤气灶8m以上，当梁高大于0.8m时，应装在煤气灶一侧；在梁上安装时，与顶棚的距离小于0.3m。

13）探测器在带有网格结构的吊装顶棚场所下的设置，在宾馆等较大空间场所，有带网格或格条结构的轻质吊装顶棚，起到装饰或屏蔽作用。这种吊装顶棚允许烟进入其内部，并影响烟的蔓延，在此情况下设置探测器应谨慎处理。

如果至少有一半以上网格面积是通风的，可把烟的进入看成是开放式的。如果烟可以充分地进入顶棚内部，则只在吊装顶棚内部设置感烟探测器，探测器的保护面积除考虑火灾危险性外，仍按保护面与房间高度的关系考虑，如图8-30所示。如果网格结构的吊装顶棚开孔面积相当小(一半以上顶棚面积被覆盖)，则可看成是封闭式顶棚，在顶棚上方和下方空间须单独监视。尤其是当阴燃火发生时，产生热量极少，不能提供充足的热气流推动烟的蔓延，烟达不到顶棚中的探测器，此时可采取二级探测方式，如图8-31所示。在吊装顶棚下方光电感烟探测器对阴燃火响应较好，在吊装顶棚上方，采用离子感烟探测器，对明火响应较好，每只探测器的保护面积仍按火灾危险度及地板和顶棚之间的距离确定。

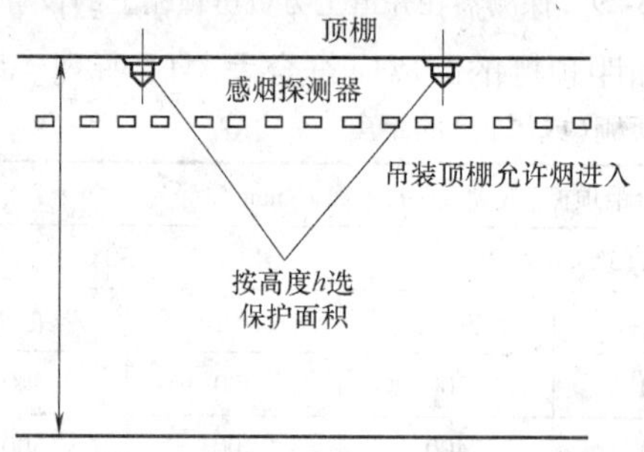

图8-30 探测器在吊装顶棚中定位

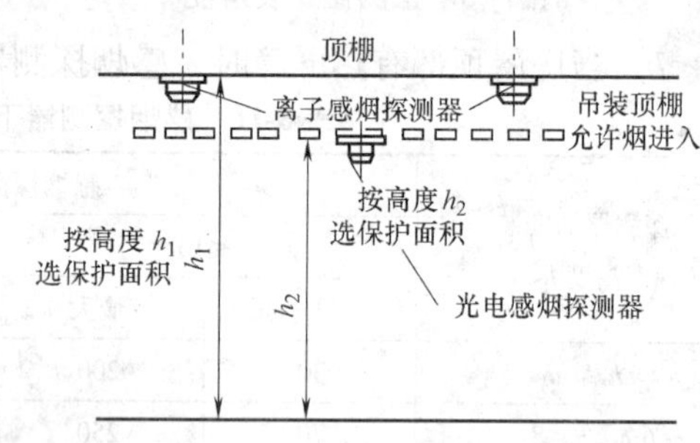

图8-31 吊装顶棚探测阴燃火的改进方法

14）下列场所可不设置探测器：

厕所、浴室及其类似场所；

不能有效探测火灾的场所；

不便维修、使用(重点部位除外)的场所。

7. 探测器的线制

线制是指探测器和控制器间的导线数量。更确切地说，线制是火灾自动报警系统运行机制的体现。由于消防设备快速发展，探测器的接线形式变化也很快，即从多线向少线到总线发展，给施工、调试和维护带来了极大的方便。我国采用的线制有四线制、三线制、两线制及四总线制、二总线制等几种。对于不同厂家生产的不同型号的探测器其线制各异，从探测器到区域报警器的线数也有很大差别。按线制分，火灾自动报警系统有多线制和总线制之分。多线制目前基本不用，但已运行的工程大部分为多线制系统，因此以下分别叙述。

(1) 多线制系统

1）四线制　即$n+4$线制，n为探测器数，4指公用线为电源线(+24V)、地线(G)、信号线(S)、自诊断线(T)，另外每个探测器设一根选通线(ST)。仅当某选线处于有效电平时，在信号线上传送的信息才是该探测部位的状态信号，如图8-32所示。这种方式的优点是探测器的电路比较简单，供电和取信息相当直观，缺点是线多，配管直径大，穿线复杂，线路故障也多，故已不用。

2）两线制　也称 $n+1$ 线制，即一条公用地线，另一条则承担供电，选通信息与自检的功能，这种线制比四线制简化得多，但仍为多线制系统。

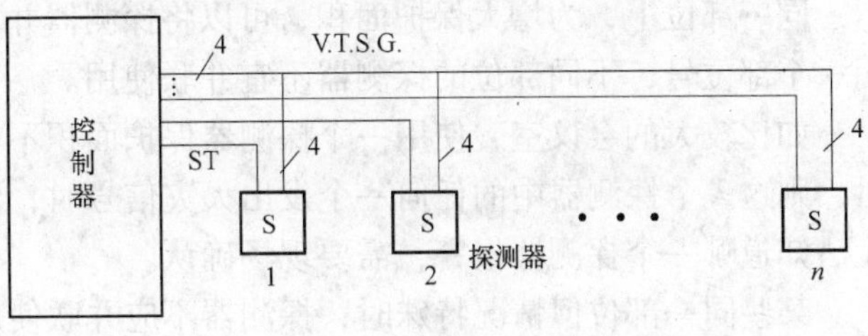

图 8-32　四线制接线方式

探测器采用两线制时，可完成电源供电故障检查、火灾报警、断线报警(包括接触不良,探测器被取走)等功能。

火灾探测器与区域报警器的最少接线是 $n+n/10$，其中 n 为占用部位号的线数，即探测器信号线的数量，$n/10$(小数进位取整数)为正电源线数(采用红线导线)，也就是每 10 个部位合用一根正电源线。

另外也可以用另一种算法，即 $n+1$，其中 n 为探测器数目(准确地说是房号数)，如探测器数 $n=50$，则总线为 51 根。

前一种计算方法是 $50+50/10=55$ 根，这是已进行了巡检分组的根数，与后一种分组后是一致的。

每个探测器各占一个部位时底座的接线方法：

例如有 10 只探测器，占 10 个部位，无论采用那种计算方法其接线及线数均相同，如图 8-33所示。

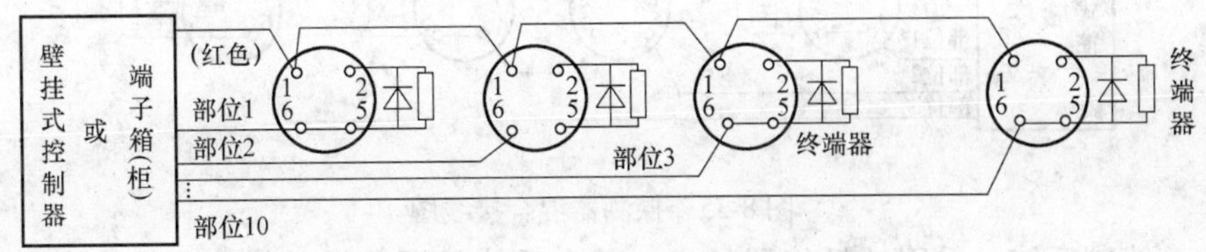

图 8-33　探测器各占一个部位时底座的接线方法

在施工中应注意：

为保证区域控制器的自检功能，布线时每根连接底座 L_1 的正电源红色导线不能超过 10 个部位数的底座(并联底座时作为一个处理)。

每台区域报警器允许引出的正电源线数为 $n/10$(小数进位取整数)，n 为区域控制器的部位数。当管道较多时，要特别注意这一情况，以每 10 个部位分成一组，有时某些管道要多放一根正电源线，以便分组。

探测器底座安装好并确定接线无误后，将终端器接上，然后用小塑料袋罩紧，防止损坏和污染，待装上探测器时才除去塑料罩。

终端器为一个半导体硅二极管(2CK 或 2CZ 型)和一个电阻并联，安装时注意二极管负极接 +24V 端子或底座 2 端子，其终端电阻值大小不一，一般取 5～36kΩ 之间。凡是没有接探测器的区域控制器的空位，应在其相应接线端子上接上终端器，如设计时有特殊要求可与厂家联系解决。

同一部位上，为增大保护面积，可以将探测器并联使用，这些并联在一起的探测器仅占用一个部位号，不同部位的探测器不宜并联使用。

如比较大的会议室，使用一个探测器保护面积不够，假如使用3个探测器并联才能满足时，则这3个探测器中的任何一个发出火灾信号时，区域报警器的相应部位信号灯燃亮，但无法知道哪一个探测器报警，需要现场确认。

某些同一部位但情况特殊时，探测器不应并联使用。如大仓库，由于货物堆放较高，当探测器发生火灾信号后，到现场确认困难。所以从使用方便、准确角度看，应尽量不使用并联探测器为好。

探测器并联时，其底座配线是串联式配线连接，这样可以保证取走任何一只探测器时，火灾报警控制器均能报出故障。

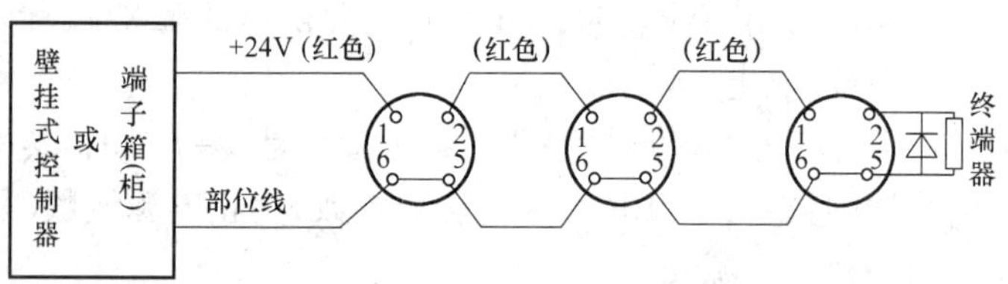

图8-34　探测器并联时的接线图

探测器并联时，其底座应依次接线，如图8-34所示，不应有分支线路，这样才能保证终端器接在最后一只底座的2与5两端子之间，以保证火灾报警控制器的自检功能。

探测器的混联：在实际工程仅用并联和仅单个连接的情况很少，大多是混联，如图8-35所示。

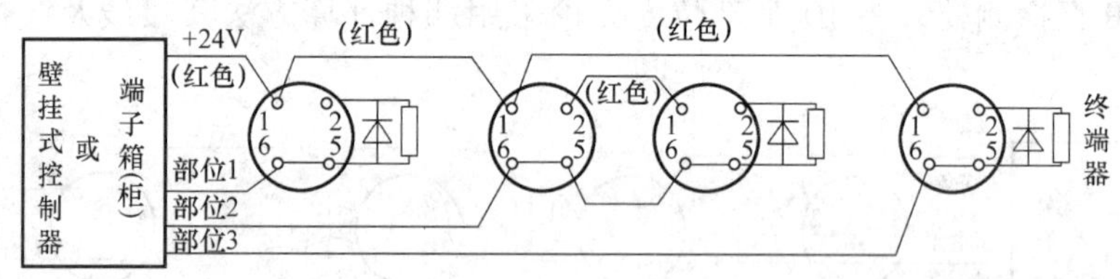

图8-35　探测器混合接线图

(2) 总线制系统　采用地址编码技术，整个系统只用几根总线，建筑物内布线极其简单，给设计、施工及维护带来了极大的方便，因此被广泛采用。

1) 四总线制　4条总线为：P线给出探测器的电源、编码、选址信号；T线给出自检信号以判断探测部位传输线是否有故障；控制器从S线上获得探测部位的信息；G为公共地线。P、T、S、G均为并联方式连接，S线上的信号对探测部位而言是分时的，如图8-36所示。由图可见，从探测器到区域报警器只用4根全总线。

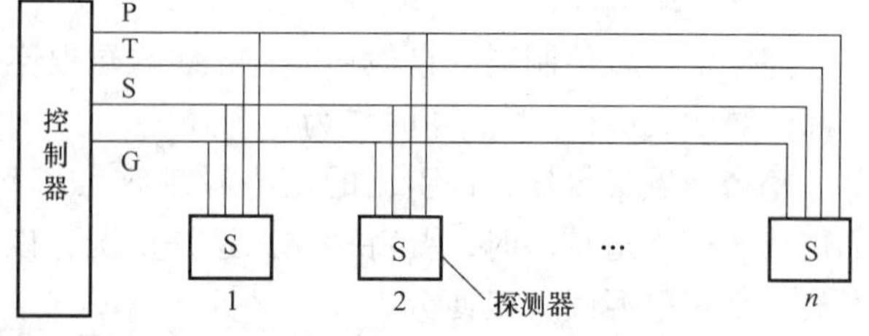

图8-36　四总线制连接方式

2) 二总线制　它是一种最简单的接线方法，用线量更少，但技术的复杂性和难度也提高了。二总线中的G线为公共地线，P线则完成供电、选址、自检、获取信息等功能。目前，二总线制应用最多，新型智能火灾报警系统也建立在二总线的运行机制上。二总线系统有树枝形和环形、链接式及混合型几种方式，同时又有有极性和无极性之分，相比之下无极性二总线技术最先进。

树枝形接线：图 8-37 为树枝形接线方式，这种方式应用广泛，这种接线如果发生断线，可以报出断线故障点，但断点之后的探测器不能工作。

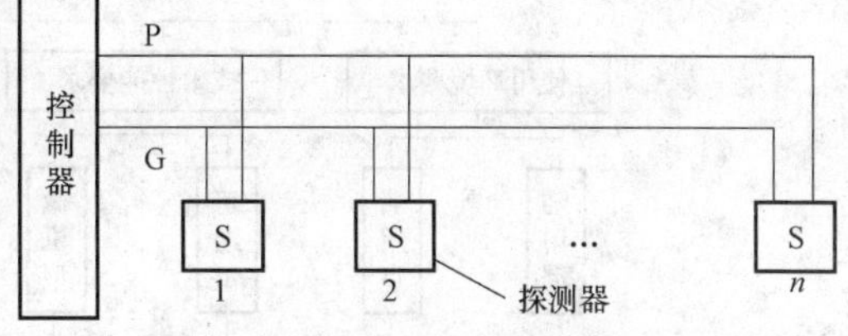

图 8-37　二总线制树枝形接线

环形接线：图 8-38 为环形接线方式。这种系统要求输出的两根总线再返回控制器另两个输出端子，构成环形。这种接线方式如中间发生断线不影响系统正常工作。

链式接线：如图 8-39 所示，这种系统的 P 线对各探测器是串联的，对探测器而言，变成了三根线，而对控制器还是两根线。

在实际工程设计中，应根据情况选用适当的线制。

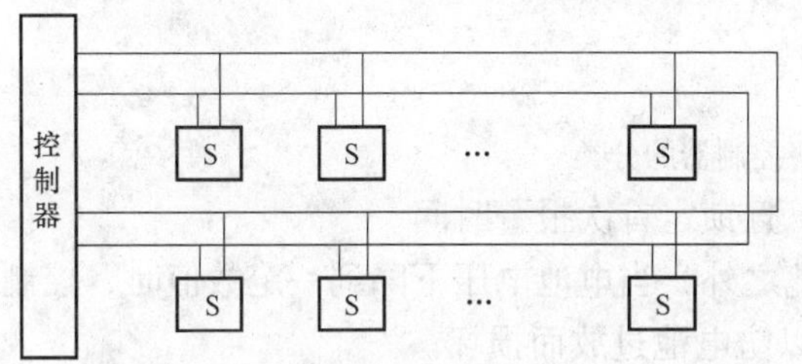

图 8-38　二总线制环形接线

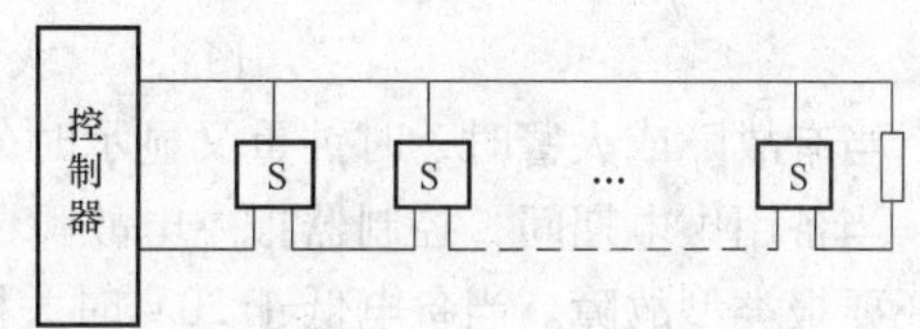

图 8-39　二总线制链式连接方式

二、火灾报警控制器

火灾报警控制器是火灾自动报警系统的重要组成部分。在火灾自动报警系统中，火灾探测器是系统的“感觉器官”，随时监视周围环境的情况。而火灾报警控制器则是系统的心脏，是消防系统的指挥中心。根据国家标准 GB 4718—1996 的定义，火灾报警控制器可向探测器供电，并具有下列功能：能接收探测信号并转换成声、光报警信号，指示着火部位和记录报警信息；可通过火警发送装置启动火灾报警信号或通过自动消防灭火控制装置启动自动灭火设备和消防联动控制设备；自动地监视系统的正确运行和对特定故障给出声光报警。

1. 火灾报警控制器的分类、功能及型号

（1）火灾报警控制器的分类　火灾报警控制器种类繁多，从不同角度有不同分类，火灾报警控制器按用途分为区域报警控制器、集中报警控制器和通用报警控制器；火灾报警控制器按系统布线制式分为总线制和多线制两种类型。具体分类如图 8-40 所示。

（2）火灾报警控制器的基本功能

1）主备电源　火灾报警控制器的电源应有主电源和备用电源。主电源为 220V 交流市电，备用电源一般选用可充放电反复使用的各种蓄电池。在控制器中备有浮充备用电池，在控制器投入使用时，应将电源盒上方的主、备电开关全打开，当主电网有电时，控制器自动利用主电网供电，同时对电池充电，当主电网断电时，控制器会自动切换改用电池供电，以保证系统的正常运行。在主电供电时，面板主电指示灯亮，时钟正常显示时分值。备电供电时，备电指示灯亮，时钟只有秒点闪烁，无时分显示，这是节省用电，其内部仍在正常走

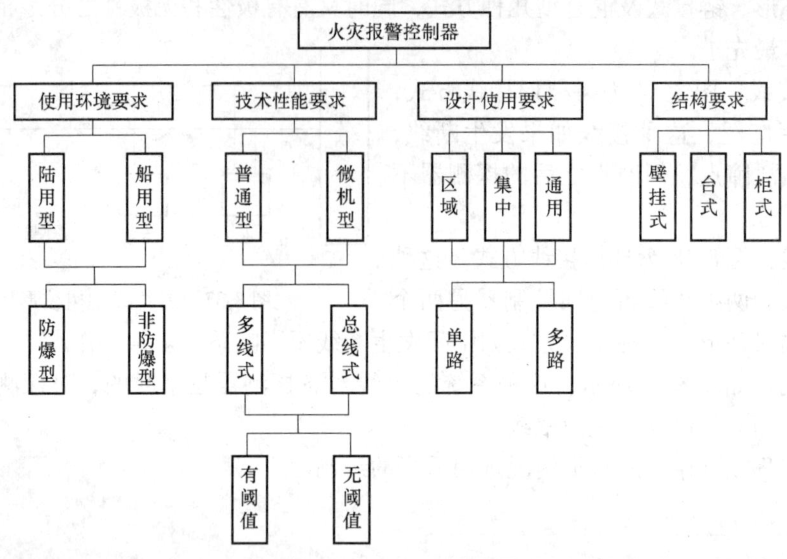

图 8-40　火灾报警控制器的分类

时，当有故障或火警时，时钟重又显示时分值，且锁定首次报警时间。

当备用供电期间，控制器报主电故障，除此之外，当电池电压下降到一定数值时，控制器还要报类型故障。当备电低于 20V 时关机，以防电池过放而损坏。

2）火灾报警　当接收到探测器、手动报警按钮、消火栓报警按钮及编码模块所配接的设备发来的火警信号时，均可在报警器中报警，火灾指示灯亮并发出火灾调音响，同时显示首次报警地址号及总数。

3）故障报警　系统在正常运行时，主控单元能对现场所有的设备(如探测器、手动报警按钮、消火栓报警按钮等)、控制器内部的关键电路及电源进行监视，一旦有异常立即报警。报警时，故障灯亮并发出长音故障音响，同时显示报警地址号及类型号。

4）时钟锁定，记录着火时间　系统中时钟走时是通过软件编程实现的，有年、月、日、时、分。当有火警或故障时，时钟显示锁定，但内部能正常走时，火警或故障一旦恢复，时钟将显示实际时间。

5）火警优先　在系统存在故障的情况下出现火警，则报警器能由报故障自动转变为报火警，而当火警被清除后又自动恢复报原有故障。当系统存在某些故障而又未被修复时，会影响火警优先功能，如下列情况下：电源故障；当本部位探测器损坏时本部位出现火警；总线部位故障(如信号线对地短路、总线开路与短路等)均会影响火警优先。当火灾报警时，数码管显示首次火警地址，通过键盘操作可以调显其他的火警地址。

6）自动巡检　报警系统长期处于监控状态，为提高报警的可靠性，控制器设置了检查键，供用户定期或不定期进行电模拟火警检查。处于检查状态时，凡是运行正常的部位均能向控制器发回火警信号，只要控制器能收到现场发回来的信号并有反应而报警，则说明系统处于正常的运行状态。控制器可以对现场设备信号电压、总线电压、内部电源电压进行测试。通过测量电压值，判断现场部件、总线、电源等的正常与否。

7）自动打印　当有火警、部位故障或有联动时，打印机将自动打印记录火警、故障或联动的地址号，此地址号与显示地址号一致，并打印出故障、火警、联动的月、日、时、分。当对系统进行手动检查时，如果控制正常，则打印机自动打印正常(OK)。

8）输出

① 控制器中有 V 端子、VG 端子间输出 DC24V、2A。向本控制器所监视的某些现场部件和控制接口提供 24V 电源。

② 控制器有端子 L_1、L_2，可用双绞线将多台控制器连通组成多区域集中报警系统，系统中有一台作集中报警控制器，其他作区域报警控制器。

③ 控制器有 GTRC 端子，用来同 CRT 联机，其输出信号是标准 RS-232 信号。

9）联机控制　可分“自动”联动和“手动”启动两种方式，但都是总线联动控制方式。在联动方式时，先按 E 键与自动键，“自动”灯亮，使系统处于自动联动状态。当现场主动型设备(包括探测器)发生动作时，满足既定逻辑关系的被动型设备将自动被联动。联动逻辑因工程而异，出厂时已存储于控制器中。手动启动在“手动允许”时才能实施，手动启动操作应按操作顺序进行。无论是自动联动还是手动启动，应该动作的设备编号均应在控制板上显示，同时启动灯亮。已经发生动作的设备的编号也在此显示，同时回答灯亮。启动与回答能交替显示。对于阈值设定功能，报警阈值(即提前设定的报警动作值)对于不同类型的探测器其大小不一，目前报警阈值是在控制器的软件中设定。这样控制器不仅具有智能化、高可靠性的火灾报警，而且可以按各探测部位所在应用场所的实际情况不同，灵活方便地设定其报警阈值，以便更加可靠地报警。

(3) 火灾报警控制器的型号　火灾报警控制器的型号是按照《中华人民共和国专业标准》(ZBC 81002—1984)编制的，其型号意义如下：

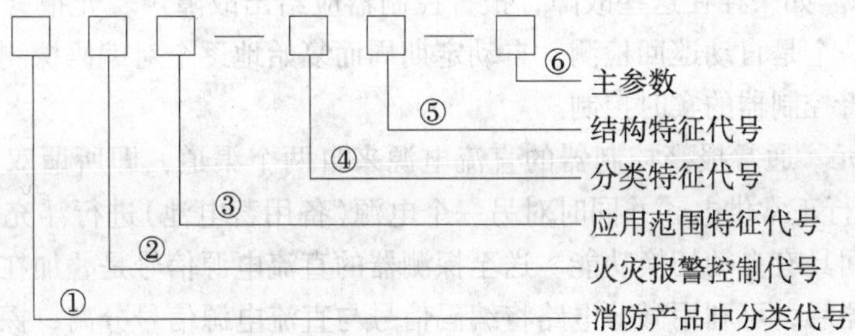

① J(警)——消防产品中分类代号(火灾报警设备)。

② B(报)——火灾报警控制代号。

③ 应用范围特征代号；B(爆)——防爆型；C——(船用型)。非防爆型和非船用型可以省略，无需指明。

④ 分类特征代号：D(单)——单路；Q(区)——区域；J(集)——集中；T(通)——通用，既可作集中报警，又可作区域报警。

⑤ 结构特征代号：G(柜)——柜式；T(台)——台式；B(壁)——壁挂式。

⑥ 主参数：一般表示报警器的路数。

2. 火灾报警控制器的工作原理

火灾报警控制器工作原理框图如图 8-41 所示。由图 8-41 可知，无论是区域报警控制器还是集中报警控制器，实际上均是一个以 CPU 为核心的微机控制系统，从消防报警系统角度出发，它主要包括输入单元、输出单元、监控单元及电源单元。

(1) 输入单元　它接收人工或自动火灾探测器送来的信号，送至 CPU 加以判别、确认，并识别相应的编码地址。

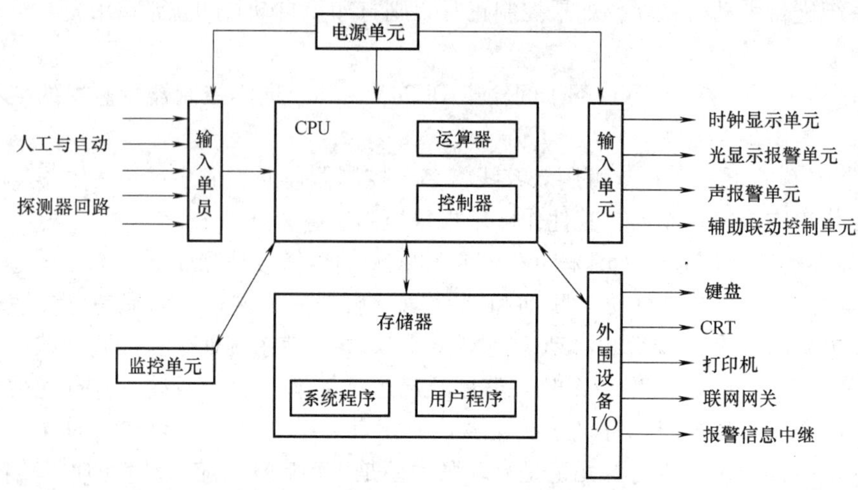

图 8-41 火灾报警控制器工作原理框图

（2）输出单元 确认火灾信号后，输出单元一方面输出声（扬声器、蜂鸣器）、光（显示）报警信号，另一方面向有关联动灭火或减灾子系统输出主令控制信号，这些信号可以是电信号，也可以是继电器触点信号。

（3）监控单元 监控单元的作用主要有两个：一个是检查报警控制器与探测器，以及区域报警控制器与集中报警控制器之间线路的状态是否存在断路（包括探测器丢失或接触不良）、短路等故障。如果存在这些故障，报警控制器应给出故障声、光报警，以确保系统工作安全可靠。另一个是自动巡回检测，自动定期周而复始地逐个对编码探测器发出的信号进行检测，实现报警控制器的实时控制。

（4）电源单元 通常报警控制器的直流电源来自两个渠道，即所谓双电源。采用交流220V市电整流进行正常供电，并同时对另一个电源（备用蓄电池）进行浮充充电，在工作电源和备用电源之间具有自动切换功能。送至探测器的直流电源信号是叠加在探测器编码信号上的，到达探测器后，可利用微分电路将编码信号与直流电源信号分离，探测器的回答信号也用此叠加方法送达火灾报警控制器。

图 8-41 还显示出，通过 I/O 接口，火灾报警控制器具有了图形显示功能、联网及信息中继能力，可以实现与建筑物内部其他子系统之间的系统集成，可以通过键盘输入用户程序。系统程序通常由产品制造商直接写入只读存储器中，使用者无法更改。

早期的火灾报警系统是“固定阈”系统。判断是否发生火灾仅仅是由火灾参数的当前值确定的，也就是说系统有一个固定的阈值，火灾参数超过这个阈值即火警，小于阈值即正常，不管这个阈值是在探测器内设置还是在控制器内设置，其效果是相同的。这种系统也称传统型系统。新型的智能火灾报警系统是“可变阈”系统。火灾时，控制器接收到探测器发来的火警信号后，液晶显示火灾部位、电子钟停在首次火灾发生的时刻，同时控制器发出声光报警信号，打印机打印出火灾发生的时间和部位。当探测器编码电路故障，例如短路、线路断路、探头脱落等，控制器发出故障声光报警，显示故障部位并打印。

三、火灾自动报警系统的配套设备

1. 手动火灾报警按钮

编码手动报警按钮分成两种：一种为不带电话插孔；另一种为带电话插孔。手动报警按钮设置在公共场所如走廊、楼梯口及人员密集的场所。当人工确认为火灾发生时，按下按钮上的有机玻璃片，可向控制器发出火灾报警信号，控制器接收到报警信号后，显示出报警按钮的编号或位置，并发出报警音响。手动报警按钮应在火灾报警控制器上显示部位号，并以不同显示方式或不同的编码区段与其他触发装置信号区别开。手动报警按钮和前面介绍的各类编码探测器一样，可直接接到控制器总线上。J-SAP-M-JBF-101F-N 手动报警按钮外形示意图如图 8-42 所示。

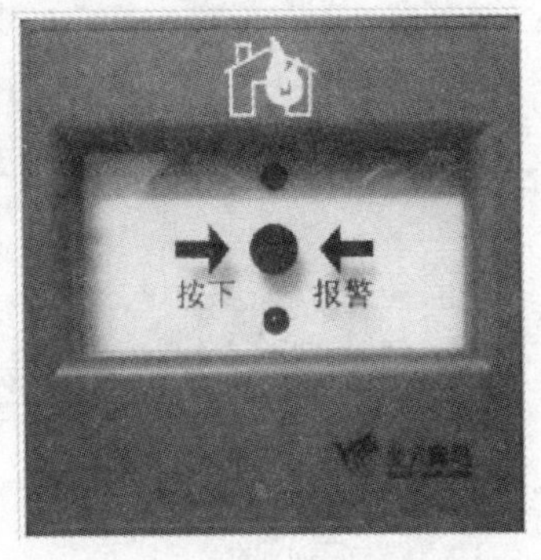

图 8-42　J-SAP-M-JBF-101F-N 手动报警按钮外形示意图

（1）J-SAP-M-JBF-101F-N 的特点

内置微处理器；采用 SMT 表面贴装工艺；手动推进弹簧按钮后，内部开关动作，报警信号送到控制器，内置复位按钮，手动复位；有一组无源触点输出；二总线，无极性。功耗低，最远传输距离 1500m。导线截面积为 1.0 ~ 1.5mm^2，对导线无特殊要求。施工简便、费用低廉；插拔式结构，可像安装探测器一样先将底座安装在墙上，布线后工程调试前再将手报部件插入底座。易于施工、维护。

（2）设计要求　每个防火分区应至少设置一只手动火灾报警按钮。从一个防火分区内任何位置到最邻近的一只手动火灾报警按钮的距离不应大于 30m。手动报警按钮宜设置在公共活动场所的出入口处，设置在明显的和便于操作的部位。当安装在墙上时，其底边距地高度宜为 1.3 ~ 1.5m，且应有明显标志。安装时应牢固，不应倾斜，外接导线应留不小于 10mm 的余量。

手动火灾报警按钮采用两根 RVS 双绞线与控制器相连，导线截面积大于等于 1.0mm^2。

2. 总线隔离器（又称短路隔离器）

当总线发生故障（短路）时，将发生故障的总线部分与整个系统隔离开来，以保证系统的其他部分能正常工作，同时便于确定发出故障的部位。当故障部分的总线修复后，总线隔离器自行恢复工作，将被隔离出去的部分重新纳入系统。总线隔离器一般安装在总线的分支处。与信号二总线连接，无需其他布线，选用截面积大于等于 1.0mm^2 的 RVS 双绞线。

3. 消火栓报警按钮

消火栓报警按钮可直接接入控制器总线上，占用一个地址编码。消火栓报警按钮安装在消火栓内或近旁，表面装有一有机玻璃片，当使用消火栓报警按钮灭火时，敲碎玻璃，此时按钮的红色指示灯亮，发出火灾信号，同时按钮内继电器吸合，控制消防泵起动，并接受消防泵状态反馈信号。按钮的火警灯和消防泵运行反馈灯点亮，报警控制器发出火警声光信号并显示报警地址。

消火栓报警按钮与控制器的信号二总线及 DC 24V 电源二总线连接，可完成对消防泵的起动及监视功能，此方式可独立于控制器。消火栓按钮直接起泵方式应用接线示意图如图 8-43所示。需要说明的是手动报警按钮与消火栓报警按钮有如下区别：

1）手动报警按钮是人工报警装置；消火栓报警按钮既是人工报警装置，又是起动消防

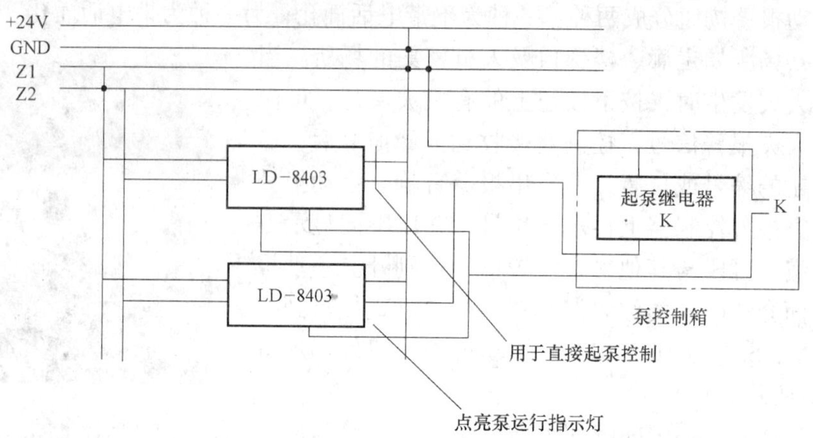

图 8-43　消火栓按钮直接起泵方式应用接线示意图

泵的触发装置，虽然两种信号都接到消防控制室，但两者的作用不同。

2）手动报警按钮按防火分区设置，一般设在出入口附近；而消火栓报警按钮按消火栓的位置设置，一般放在消火栓箱内。

4. 输入模块

输入模块(又称监视模块)的作用是接收现场装置的报警信号，实现信号向火灾报警控制器的传输。它用于现场主动型消防设备，如：水流指示器、压力开关、70℃或280℃防火阀、行程开关、湿式报警阀等。模块可采用电子编码器完成编码设置。这是开关量信号输入模块，可以接收任何无源接点动作的信号，如水流指示器水流通过信号，压力开关压力上限、下限信号等。它的工作原理是当现场设备动作，其开关量信号转换为控制器可接收的编码信号，模块通过探测总线把信号传送到控制器，模块上的发光二极管常亮以显示报警状态，再由控制器给出相应的信号去联动其他有关设备。其布线要求为，信号二总线采用阻燃RVS型双绞线，截面积大于等于1.0mm^2。

5. 单输入/输出模块

此模块用于将现场各种一次动作并有动作信号输出的的被动型设备(如:电动脱扣阀、排烟口、送风口、防火门、电梯迫降、切非消防用电、空调、电防火阀等)接入到控制总线上。本模块采用电子编码器进行十进制电子编码，模块内有一对常开、常闭触点，容量为DC24V、5A。模块具有直流24V电压输出，用于与继电器触点接成有源输出，满足现场的不同需求。另外模块还设有开关信号输入端，用来和现场设备的开关触点连接以便对现场设备是否动作进行确认。应当注意的是，不应将模块触点直接接入交流控制回路，以防强交流干扰信号损坏模块或控制设备。其布线要求为信号二总线采用阻燃RVS型双绞线，截面积大于等于1.0mm^2；两根电源线采用阻燃BV线，截面积大于等于1.5mm^2。

6. 双输入/双输出模块

此模块用于完成对二步降防火卷帘门、水泵、排烟风机等双动作设备的控制，主要用于防火卷帘门的位置控制。该模块也可作为两个独立的单输入/输出模块使用。其布线要求为信号二总线采用阻燃RVS型双绞线，截面积大于等于1.0mm^2；两根电源线采用阻燃BV线，截面积大于等于1.5mm^2。

7. 编码中继器

在消防系统中为了降低造价，偶尔会使用一些非编码设备，如非编码感烟探测器、非编码感温探测器，但是因为这些设备本身不带地址，无法直接与信号总线相连，为此需要加入编码中继器，以便使非编码设备能正常地接入信号总线中。编码中继器实质是一种编码模块，只占用一个编码点，用于连接非编码探测器等现场设备，当接入编码中继器的输出回路的任何一只现场设备报警后，编码中继器都会将报警信息传输给报警控制器，控制器产生报警信号并显示出编码中继器的地址编号。其布线要求：两根信号线采用 RVS 型阻燃双绞线，无极性，截面积大于等于 $1.0mm^2$；电源线采用两根阻燃 BV 线，截面积大于等于 $1.5mm^2$。与非编码探测器采用有极性二线制连接。

8. 火灾显示盘

火灾显示盘是安装在楼层或独立防火分区内的火灾报警显示装置。它通过总线与火灾报警控制器相连，处理并显示控制器传送过来的数据。当建筑物内发生火灾后，消防控制中心的火灾报警控制器产生报警，同时把报警信号传输到着火区域的火灾显示盘上，火灾显示盘上将产生报警的探测器编号及相关信息显示出来，同时发出声、光报警信号，以通知着火区域的人员。当用一台报警控制器同时监视数个楼层或防火分区时，可在每个楼层或防火分区设置火灾显示盘以取代区域报警控制器。

9. 声光讯响器

声光讯响器的作用是：当现场发生火灾并被确认后，安装在现场的声光讯响器可由消防控制中心的火灾报警控制器起动，发出强烈的声光信号，以达到提醒人员注意的目的。声光讯响器一般分为非编码型与编码型两种。编码型可直接接入报警控制器的信号二总线（需由电源系统提供两根 DC24V 电源线），非编码型可直接接由有源 24V 常开触点进行控制，例如用手动报警按钮的输出触点控制等。讯响器安装在现场，采用壁挂式安装，一般情况下安装在距顶棚 0.2m 处。其布线要求：为两根信号线采用阻燃 RVS 型双绞线，截面积大于等于 $1.0mm^2$；电源线 +24V，DGND 采用阻燃 BV 线，截面积大于等于 $1.5mm^2$。

10. CRT 彩色显示系统

在大型的消防系统的控制中必须采用微机显示系统即 CRT 系统，它包括系统的接口板、计算机、彩色监视器、打印机，是一种高智能化的显示系统。该系统采用现代化手段、现代化工具及现代化的科学技术代替以往庞大的模拟显示屏，其先进性对造型复杂的智能建筑群体更显突出。CRT 报警显示系统是把所有与消防系统有关的建筑物的平面图形及报警区域和报警点存入计算机内，在火灾时，CRT 显示屏上能自动用声光显示部位，例如用黄色（预警）和红色（火警）不断闪动，同时用不同的音响来反映各种探测器、报警按钮、消火栓、水喷淋、送风口、排烟口等具体位置。用汉字和图形来进一步说明发生火灾的部位、时间及报警类型，打印机自动打印，以便记忆着火时间，进行事故分析和存档，给消防值班人员更直观更方便地提供火情和消防信息。

第三节　消防控制系统的灭火装置

建筑物尤其是高层建筑一旦发生火灾，扑救是十分困难的。为将火灾损失降到最低限度，必须采取最有效的灭火措施。实践已经证明，依靠室内完善的消防设施，先进的消防技术，实现早期灭火及正规灭火，将是现代楼厦的主要灭火形式。

灭火形式有两种：一种是人工灭火，动用消防车、云梯车、消火栓、灭火弹、灭火器等器械进行灭火。其优点是直观、灵活及工程造价低等。缺点是消防车、云梯车等所能达到的高度十分有限，灭火人员接近火灾现场困难，灭火缓慢、危险性大；另一种是自动灭火，其优点是可在火灾中心实施有效灭火，人身安全，灭火速度快，灭火效率高。缺点是费用高。

高层建筑或建筑群体着火后，主要做好两方面的工作：一是有组织有步骤的紧急疏散；二是进行有效灭火。为将火灾损失降到最低限度，必须采取最有效的灭火方法。自动灭火系统的基本功能是能在火灾发生后，自动地进行喷水灭火以及能在喷水灭火的同时发出警报。

一、室内消火栓灭火系统

室内消火栓灭火系统是建筑物中最常用的灭火方式。《高层民用建筑设计防火规范》GB 50045—1995 规定：高层建筑必须设置室内、外消火栓灭火装置。

1. 室内消火栓灭火系统构成

由高位水箱（蓄水池）、消防水泵（加压泵）、管网、室内消火栓设备、室外露天消火栓和水泵接合器等组成。如图 8-44 所示，高位水箱与管网构成水灭火的供水系统。无火灾时，高位水箱应充满足够的消防用水，一般规定贮水量应能提供火灾初期消防水泵投入前 10min 的消防用水。10min 后的灭火用水要由消防水泵从低位蓄水池或市区供水管网将水注入室内消防管网。高层建筑的消防水箱应设置在屋顶，宜与其他生产、生活用水的水箱合用，让水箱中的水经常处于流动状态，以防止消防用水长期储存而使水质变坏发臭。高度超过 50m 的高层建筑内的消防水箱最好采用两个，用联络管在水箱底部将它们连接起来，并在联络管上安设阀门，此阀门应处于常开状态。

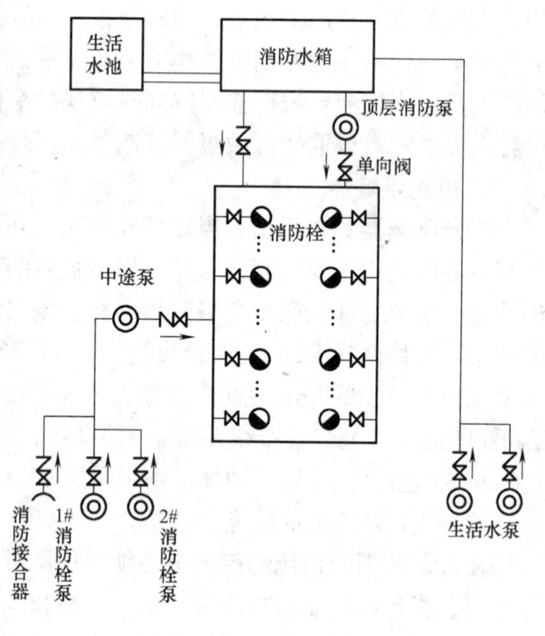

图 8-44　室内消火栓灭火系统示意图

为确保由高位水箱和管网构成的灭火供水系统可靠供水，还须对供水系统施加必要的安全保护措施。例如在室内消防给水管网上设置一定数量的阀门，阀门应经常处于开启状态，并有明显的启闭标志。屋顶消火栓的设置，对扑灭楼内和邻近大楼火灾都有良好的效果，同时它又是定期检查室内消火栓供水系统的供水能力的有效措施。

水泵接合器是消防车往室内管网供水的接口，为确保消防车从室外消火栓、消防水池或天然水源取水后安全可靠地送入室内管网，在水泵接合器与室内管网的连接管上，应设置阀门、单向阀门及安全阀门，尤其是安全阀门可防止消防车送水压力过高而损坏室内供水管网。在一些高层建筑中，为弥补消防水泵供水时扬程不足，或降低单台消防水泵的容量，以达到降低自备应急发电机组的额定容量，往往在消火栓灭火系统中增设中途接力泵。

室内消火栓设备由水枪、水带、消火栓（消防用水出水阀）、管道等组成，如图 8-45 所示。

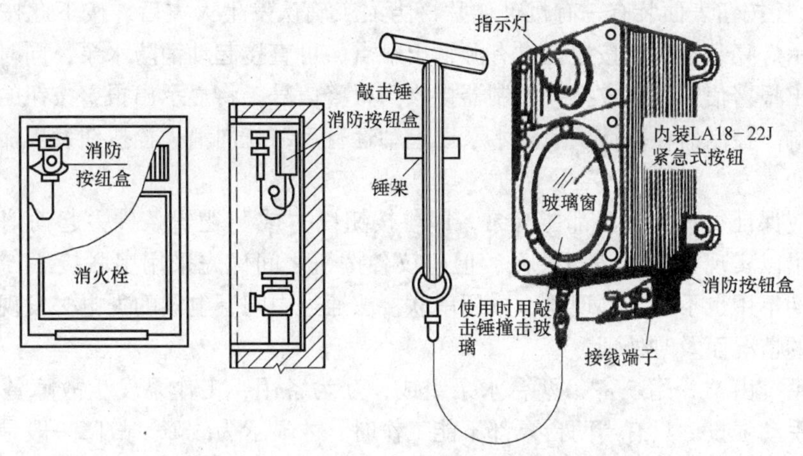

图 8-45　消火栓内消防水泵起动按钮示意图

为了使各消火栓中喷水枪具有相当的水压，满足喷水枪喷水灭火需要的充实水柱长度，需要对消防水管加压，因而需要采用加压设备。常用的加压设备有两种：消防水泵和气压给水装置。采用消防水泵时，在每个消火栓内设置消防按钮，灭火时用小锤击碎按钮上的玻璃小窗，按钮不受压而复位，从而通过控制电路起动消防水泵，水压增高后，灭火水管有水，用水枪喷水灭火。采用气压给水装置时，由于采用了气压水罐，并以气水分离器来保证供水压力，所以水泵功率较小，可采用电接点压力表，通过测量供水压力来控制水泵的起动。

2. 消防水泵的起、停控制

1）由消防控制中心发出主令控制信号控制消防水泵的起停。设置在火灾现场的探测器将测得的火灾信号送至设置在消防控制中心的火灾报警控制器，然后再由报警控制器发出联动控制信号，起、停消防水泵。

2）由消火栓报警按钮控制消防水泵的起停。消火栓箱内设有按钮盒，如前所述，火灾时用消防专用小锤击碎消火栓箱上的玻璃罩，按钮盒中按钮自动弹出，接通消防水泵起动线路。或用手按下设置在消火栓箱旁边的消防按钮，同样可以接通消防水泵起动线路。

3）由水流报警启动器控制消防水泵的起停。现代消防系统中，常在高位水箱消防出水管上安装水流报警启动器。火灾时，当高位水箱向管网供水时，水流冲击水流报警起动器，一方面发出火灾报警，同时又快速发出控制信号，起动消防水泵。

以上三种方法实现了消防水泵的远距离控制，同时也能实现将消防水泵的起、停状态信号返送至消防控制中心，以便消防人员及时掌握消防水泵的运转情况。

4）消防水泵的就地控制。为确保消防水泵的可靠起动，在消火栓灭火系统中，消防水泵的就地控制作为远距离控制的辅助手段是十分必要的。这种控制方法简单易行、安全可靠、直观，尤其是作为现代消防系统远距离高度自动化控制方式的最后保护措施，将更加显得重要。

3. 对消火栓灭火系统的设计要求

1）消火栓按钮必须设置在消火栓箱旁，有的将消火栓按钮和警铃设计成内藏式。消火栓按钮为红色塑料小方盒，一般隔 25m 一个。消火栓按钮在发生火灾时可用于起动消火栓水泵，保证消防用水。

2）消火栓按钮表面装有一有机玻璃片，当人工确认发生火灾后，按下此按钮，此时按钮的红色指示灯亮，消火栓按钮提供有源输出触点，可直接起动消防水泵，同时向火灾报报警控制器发出报警信号，火灾报警控制器接收到报警信号，将显示出报警按钮的编码号，并发出报警声响。控制器在确认了消防水泵已起动运行后，就向消火栓按钮发出命信号点亮运行指示灯。

工程中应保证每一个按钮都能起泵，即各按钮以“或”逻辑条件去起动消防水泵。串并联接法都可以实现“或”逻辑关系。但建议各按钮之间优先采用串联接法，原因是消火栓按钮有长期不用也不检查的现象，采用串联接法通过中间继电器的失电去发现因按钮接触不好或故障的情况而及时处理。

消火栓系统由“一用一备”两台水泵组成，互为备用，工作泵发生故障备用泵自动投入。也可以手动强投。只有当两台泵都不能工作时，才显示为故障。故障一般是指水泵电动机断电、过载及短路。工作状态显示，由起动接触器的辅助触点回馈到消防控制室，对于消火栓内设置有指示灯的还要回馈给指示灯，表示泵已起动。故障显示，通常由断路器或热继电器的触点回馈到消防控制室。消防按钮起动后，消火栓泵应自动起动投入运行，同时应在建筑物内部发出声光报警，通告住户。在控制室的信号盘上也应有声光显示，并应能表明火灾地点和消防泵的运行状态。

3）为防止消防泵误起动使管网水压过高而导致管网爆裂，需加设管网压力监视保护，当水压达到一定压力时，压力继电器动作，使消火栓停止运行。

4）泵房应设有检修用开关和起动、停止按钮，检修时，将检修开关接通，切断消火栓泵的控制回路以确保维修安全，并设有有关信号灯。

5）水泵由消火栓箱内按钮及消防中心（或计算机 DDC 系统）集中控制。设有工作状选择开关 SAC，可使水泵处在手动、自动或备用状态。当水源水池无水时，水泵能自动停止运转，并设有水泵故障指示灯。

6）水池的液位控制器，可采用浮球式液位计或干簧式液位计。

火灾时，消防控制电路接收消防水泵起动指令并发出消防水泵起动的主令控制信号，消防水泵起动，向室内管网供消防用水，压力传感器用以监视管网水压，并将监视水压信号送至消防控制电路，形成反馈控制。所以从控制角度看，室内消火栓灭火系统的消防水泵控制实际上是闭环控制。消火栓灭火系统原理图如图 8-46 所示。

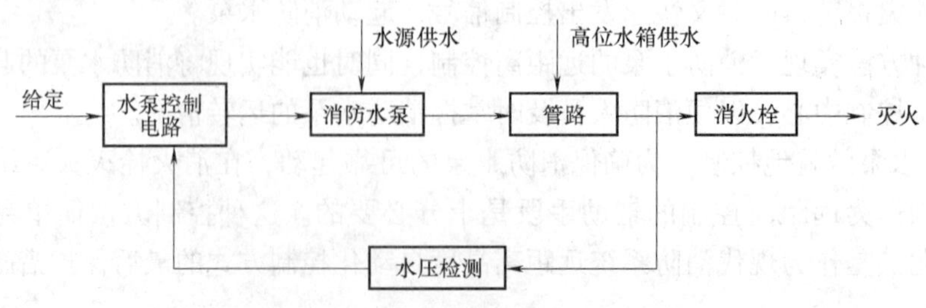

图 8-46　消火栓灭火系统原理图

二、湿式自动喷水灭火系统

我国《高层民用建筑设计防火规范》规定，在高层建筑或建筑群体中，除了设置重要的消火栓灭火装置以外，还要求设置自动喷水灭火装置。自动喷水灭火装置具有安全可靠、灭火效率高，结构简单，使用、维护方便，成本低且使用期长等特点。在灭火初期，灭火效果尤为显著。自动喷水灭火装置根据使用环境和技术要求，该装置分为湿式、干式、雨淋式、预作用式、喷雾式及水幕式等。这里主要介绍湿式自动喷水灭火装置。

1. 湿式自动喷水灭火系统的组成

湿式自动喷水灭火装置具有自动监测、报警和喷水功能。这种装置由于其供水管路和喷头内始终充满着有压水，故称为湿式自动喷水灭火系统。它分秒不离开值勤岗位，并随时监视火灾，不怕浓烟烈火，是最安全可靠的灭火装置，适用于室内温度不低于4℃（低于4℃受冻）和不高于70℃（高于70℃失控，误动作造成水灾）的场所。湿式自动喷水灭火系统在充满水的管道系统上安装有自动喷水闭式喷头，当喷头受到来自火灾释放的热量驱动打开后，立即开始喷水灭火。

湿式自动喷水灭火系统采用湿式报警阀，报警阀的前后管道内均充满压力水。该系统包括闭式喷头、水流指示器、湿式报警阀、控制阀和供水管网以及消防水泵结合器等。湿式自动喷水灭火系统的组成如图 8-47 所示，其主要部件表如 8-12 所列。

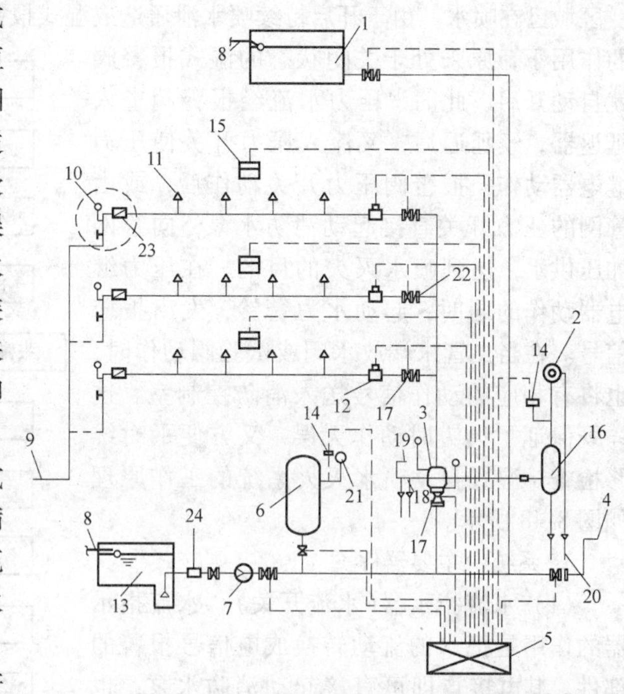

图 8-47 湿式自动喷水灭火装置示意图

表 8-12 湿式自动喷水灭火装置主要部件表

编号	名称	用途	编号	名称	用途
1	高位水箱	贮存初期火灾用水	13	水池	贮存 1h 火灾用水
2	水力警铃	发出音响报警信号	14	压力开关	自动报警或自动控制
3	湿式报警阀	系统控制阀，输出报警水流	15	感烟探测器	感知火灾，自动报警
4	消防水泵接合器	消防车供水口	16	延迟器	克服水压液动引起的误报警
5	控制箱	接收电信号并发出指令	17	消防安全指示阀	显示阀门起闭状态
6	压力罐	自动起闭消防水泵	18	放水阀	试警铃阀
7	消防水泵	专用消防增压泵	19	放水阀	检修系统时，放空用
8	进水管	水源管	20	排水漏斗（或管）	排走系统的出水
9	排水管	末端试水装置排水	21	压力表	指示系统压力
10	末端试水装置	试验系统功能	22	节流孔板	减压
11	闭式喷头	感知火灾，出水灭火	23	水表	计量末端试验装置出水量
12	水流指示器	输出电信号，指示火灾区域	24	过滤器	过滤水中杂质

2. 湿式自动喷水灭火系统的工作原理

当发生火灾时，随着火灾部位温度的升高，火焰或高温气体使闭式喷头的热敏元件达到预定的动作温度范围时，自动喷洒系统喷头上的玻璃球爆裂(或易熔合金喷头上的易熔金属片熔化脱落)，喷头开启，喷水灭火。此时，管网中的水由静止变为流动，水流推动水流指示器的浆片，使其电触点闭合，接通电路，输出电信号至消防中心，在报警控制器上指示某一区域已在喷水。由于开启持续喷水泄压造成湿式报警阀上部水压低于下部水压，在压力差的作用下，原来处于关闭状态的湿式报警阀就自动开启。此时，压力水流经报警阀进入延迟器，经延迟后，又流入压力开关使压力继电器动作，报警阀压力开关动作后，或由管网的压力开关直接起动消防水泵，向管网加压供水，达到喷水灭火的目的。在压力继电器动作的同时，起动水力警铃，发出报警信号。在当支管末端放水阀或试验阀动作时，也将有相应的动作信号送入消防控制室。这样既保证了火灾时动作无误，又方便平时维修检查。湿式自动喷水灭火系统的工作原理如图8-48所示。

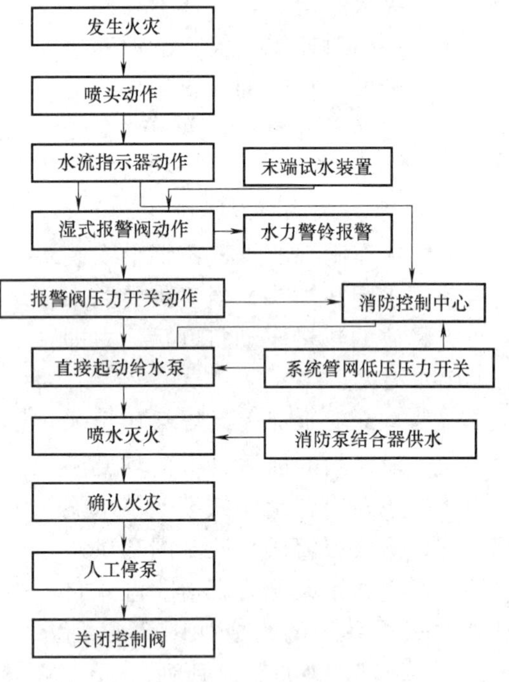

图8-48 湿式自动喷水灭火系统的工作原理

3. 系统中主要器件

(1) 水流指示器(水流开关) 水流指示器的作用是把水的流动转换成电信号报警的部件。其电接点即可直接起动消防水泵，也可接通电警铃报警。

在多层或大型建筑的自动喷水系统中，在每一层或每一分区的干管或支管的始端必须安装一个水流指示器。当发生火灾时，喷头喷水，水流指示器将水流信号转换成电信号传送到消防控制室，即发送报警信号，但不能作起泵信号。这是因为，水流指示器主要用以显示喷水管中有无水流通过，它的动作有几种可能，主要有自动喷水灭火系统管网中有水流动压力突变，或是受水压影响，或是在管网末端放水试验和管网检修等，显然这些不都是发生火灾情况，因此不能用来起动消防水泵。水流指示器用在系统中，需经输入模块与报警总线连接，如图8-49所示。

(2) 压力开关 《自动喷水系统设计规范》(GB 50084—2001)第11.0.1条规定，压力开关直接起泵。压力开关(压力继电器)装在延迟器后，当湿式报警阀阀瓣开启后，延迟器充满水后才能动作。其触点动作，发出电信号至报警控制箱，从而起动消防泵。个别喷头动作，由于水流较小，压力开关也不会动作，避免误起动。它作为起泵指令的唯一发出者，可靠性高。压力开关用在系统中，需经输入模块与报警总线连接，如图8-50所示。

(3) 闭式喷头 闭式喷头可以分为易熔合金式、双金属片式和玻璃球式三种。应用最多的是玻璃球式喷头，如图8-51所示。喷头布置在房间顶棚下边，与支管相连。在正常情况下，喷头处于封闭状态。火灾时，开启喷水由感温部件(充液玻璃球)控制，当装有热敏液体的玻璃球达到动作温度(57℃、68℃、79℃、93℃、141℃、182℃)时，球内液体膨胀，使内

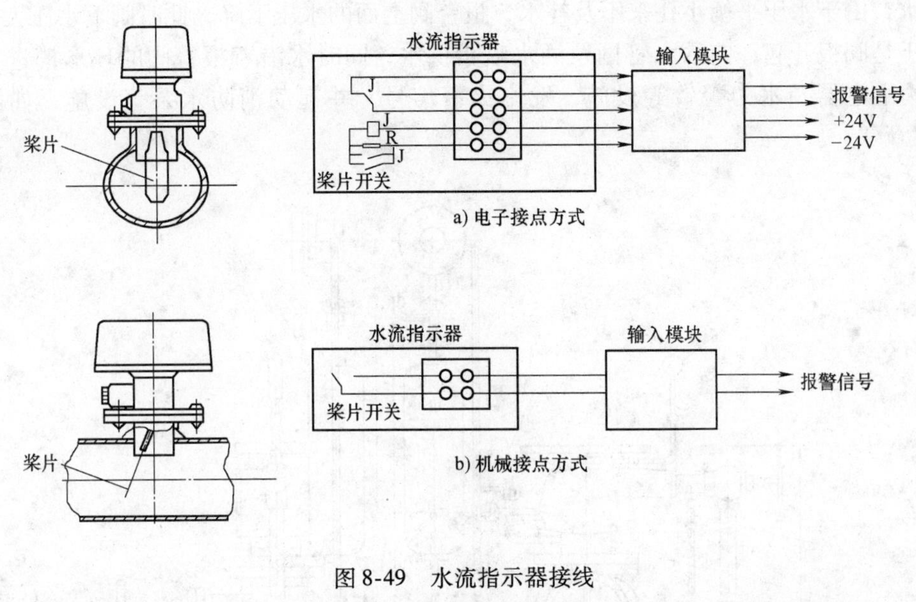

图 8-49　水流指示器接线

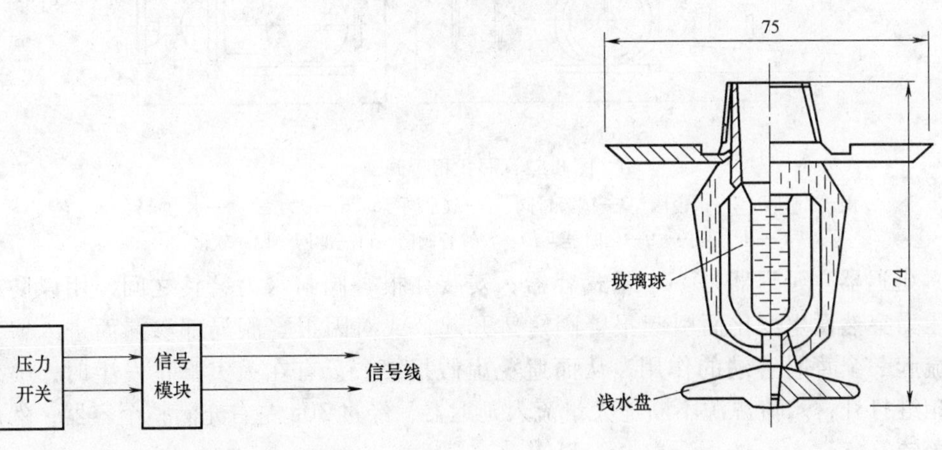

图 8-50　压力开关接线图

图 8-51　玻璃球式喷头

压力增大，玻璃球炸裂，密封垫脱开，喷出压力水，喷水后，由于压力降低，压力开关动作，将水压信号变为电信号向喷淋泵控制装置发出起动喷淋泵信号，保证喷头有水喷出。同时，流动的消防水使主管道分支处的水流指示器电接点动作，接通延时电路(20～30s)，通过继电器触点，发出声光信号给控制室，以识别火灾区域。所以，喷头具有探测火情、起动水流指示器、扑灭早期火灾的重要作用。

(4) 湿式报警阀　湿式报警阀是湿式喷水灭火系统中的重要部件，安装在总供水干管上，是一种直立式单向阀，连接供水设备和配水管网。报警阀打开，接通水源和配水管；同时部分水流通过阀座上的环形槽，经信号管道送至水力警铃，发出音响报警信号。它必须十分灵敏，当管网中即使有一个喷头喷水，破坏了阀门上下的静止平衡压力，就必须立即开起。任何延迟都会耽误报警的发生。湿式报警阀的作用是平时阀芯前后水压相等，水通过导向杆中的水压平衡小孔保持阀板前后水压平衡，由于阀芯的自重和阀芯前后所受水的总压力不同，阀芯处于关闭状态(阀芯上面的总压力大于阀芯下面的总压力)。发生火灾时，闭式喷头喷水，由于水压平衡小孔来不及补水，报警阀上面的水压下降，此时阀下水压大于阀上水压，于是阀板开起，向洒水管网及洒水喷头供水，同时水沿着报警阀的环形槽进入延迟器、压力继电器及水力警铃等设施，发出火警信号，并起动消防水泵等设施，如图 8-52 所示。

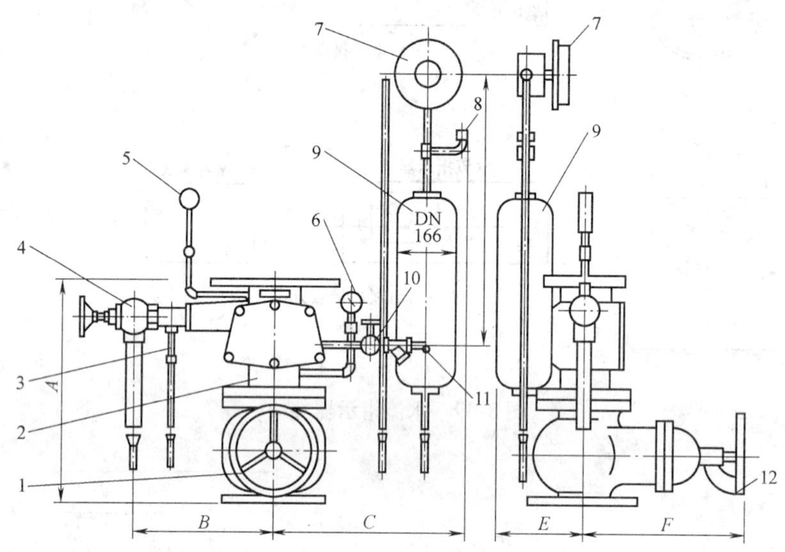

图 8-52　湿式报警阀

1—控制阀　2—报警阀　3—试警铃阀　4—放水阀　5、6—压力表　7—水力警铃　8—压力开关　9—延时器　10—警铃管阀门　11—滤网　12—软锁

（5）延迟器　延迟器是一个罐式容器，安装在报警阀与水力警铃之间，用以防止由于水源压力突然发生变化而引起报警阀短暂开起，或对因报警阀局部渗漏而进入警铃管道的水流起一个暂时容纳的作用，从而避免虚假报警。只有在火灾真正发生时，喷头和报警阀相继打开，水流源源不断地大量流入延迟器，经过 30s 左右充满整个容器，然后冲入水力警铃。

（6）压力罐　压力罐要与稳压泵结合，用来稳定管网内水的压力。通过装设在压力罐上的电接点压力表的上、下限接点，使稳压泵自动在高压力时停止和低压力时起动，以确保水的压力在设计规定的范围内，保证消防用水正常供应。

4. 设计要求

1）设置在系统中的水流指示器虽然也能反映水流信号，但一般不宜用作起停消防水泵。

2）消防水泵的起停应采用能准确反应管网水压变化的压力开关，让其直接作用于喷淋泵起停回路，而无需与火灾报警控制器联动控制。尽管如此，在消防控制室内仍要设置喷淋泵的起停控制按钮。

3）系统中的水流指示器、压力开关将水流转换成火灾报警信号，控制报警控制箱发出声、光报警并显示灭火地址。

4）水泵接合器的设置是考虑到系统自备水源有限时，可以利用消防车水泵或机动消防泵取别处水源向系统加压供水。

三、干式自动喷水灭火系统

该系统主要由闭式洒水喷头、充气设备、干式报警阀、管网、报警装置及供水设备等组成，如图 8-53 所示。平时报警阀后管网充以有压气体，水源至报警阀管段内充以有压水。空气压缩机把压缩空气通过单向阀压入干式阀至整个管网之中，把水阻止在管网以外(即干式阀以下)。适用于室内温度低于 4℃或年采暖期超过 240 天的不采暖房间，或高于 70m 的建筑物、构筑物内。它是除湿式系统以外使用历史最长的一种闭式自动喷水灭火系统。

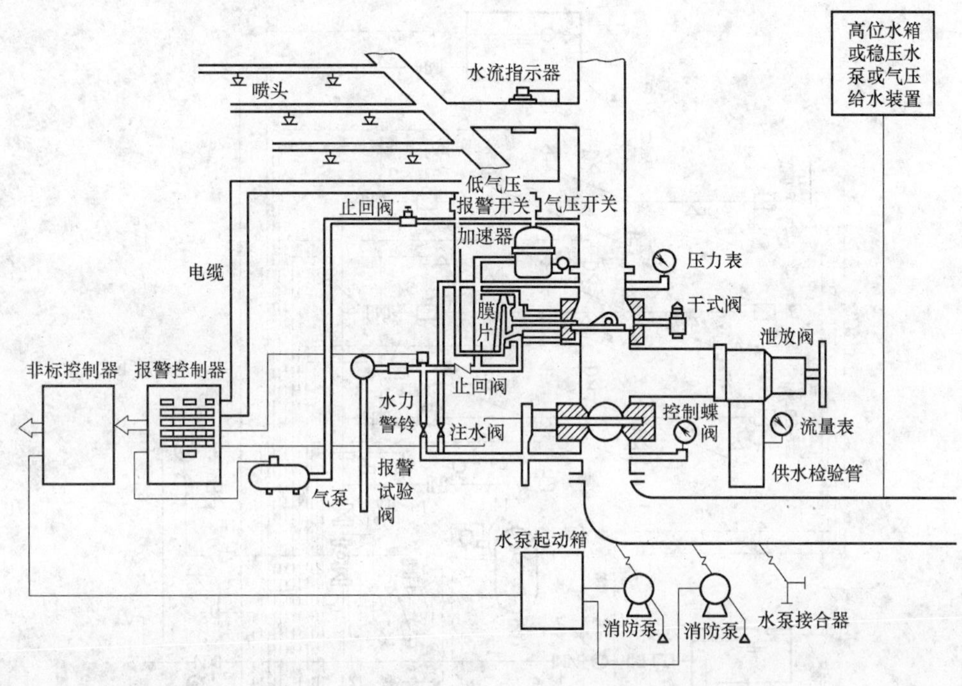

图 8-53　干式喷洒水灭火系统组成示意图

系统工作原理是当发生火灾时，闭式喷头周围的温度升高，在达到其动作温度时，闭式喷头的玻璃球爆裂，喷水口开放。但首先喷射出来的是空气，随着管网压力下降，水即顶开干式阀门流入管网，并由闭式喷头喷水灭火，其动作程序如图 8-54 所示。

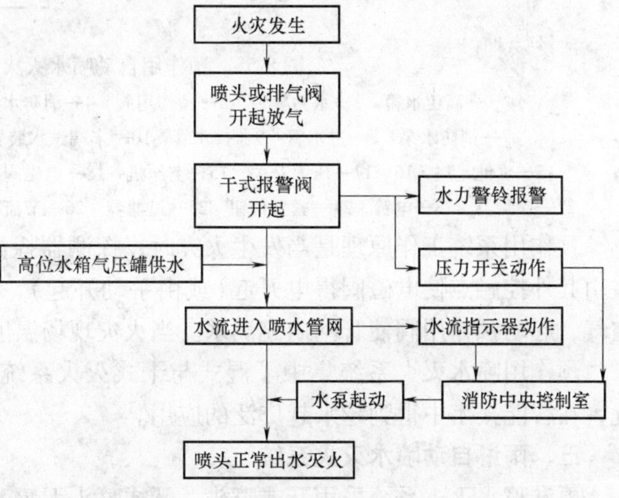

图 8-54　干式喷洒水灭火系统动作程序

四、预作用自动喷水灭火系统

该系统中采用了一套火灾自动报警装置，即系统中使用了感烟火灾探测器，使火灾报警更为及时。当发生火灾时，火灾自动报警系统首先报警，并通过外联触点打开排气阀，迅速排出管网内预先充好的压缩空气，使消防水进入管网。当火灾现场的温度升高到闭式喷头动作温度时，喷头打开，系统开始喷水灭火。因此，通过系统喷水灭火之前的预作用，不但使系统有更及时的火灾报警，同时也克服了干式喷水灭火在喷头打开后，必须先放走管网内压缩空气才能喷水灭火而耽误的灭火时间，也避免了湿式灭火系统存在消防水渗漏而污染室内装修的弊病。

预作用喷水灭火系统由火灾探测系统、闭式喷头、预作用阀及充以有压或无压气体的管网组成。喷头打开之前，管道内气体排出，并充以消防水，如图 8-55 所示。

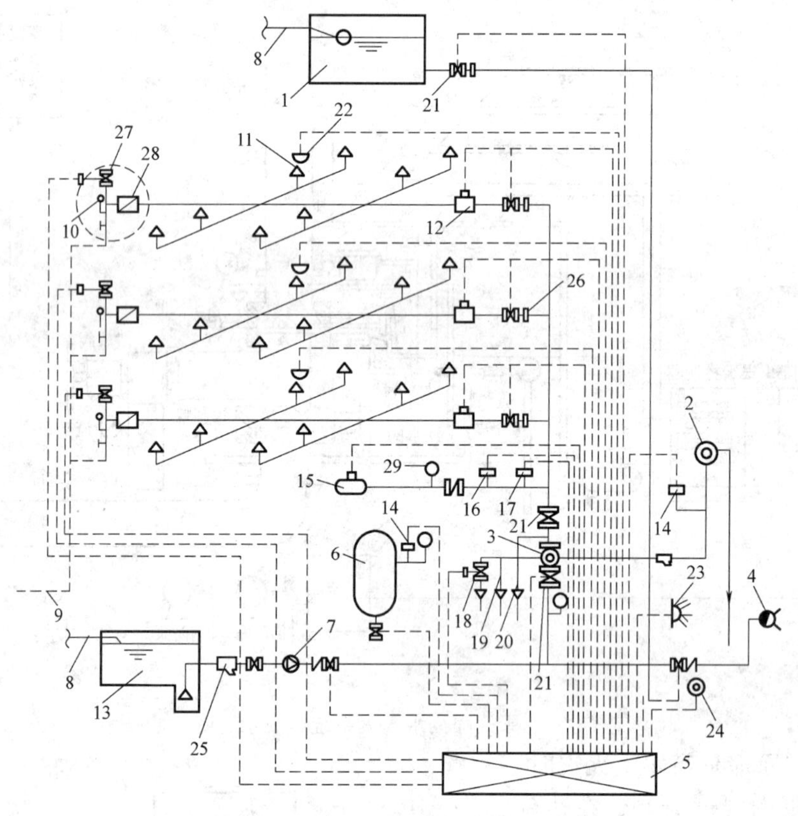

图 8-55　预作用自动喷水灭火系统示意图

1—高位水箱　2—水力警铃　3—预作用阀　4—消防水泵接合器　5—控制箱　6—压力罐　7—消防水泵　8—进水管　9—排水管　10—末端试水装置　11—闭式喷头　12—水流指示器　13—水池　14、16、17—压力开关　15—空压机　18—电磁阀　19、20—截止阀　21—消防安全指示阀　22—探测器　23—电铃　24—紧急按钮　25—过滤器　26—节流孔板　27—排气阀　28—水表　29—压力表

预作用系统工作原理是当发生火灾时，探测器探测后，通过报警控制器发出火警信号，并由其外控触点使电磁阀得电开起（或由手动开起），预先开起排气阀，排出管网内的压缩空气，起动预作用阀使管网内充满水。当火灾现场温度使闭式喷头动作时，即刻喷淋灭火。

预作用喷水灭火系统集中了湿式与干式灭火系统的优点，同时可以做到及时报警，因此，在智能楼宇中得到越来越广泛的应用。

五、雨淋自动喷水灭火系统

雨淋喷水灭火系统采用开式喷头，开式喷头无感温释放元件，按结构有双壁下垂型、单壁下垂型、双壁直立型和单壁直立型等4种。当雨淋阀动作后，保护区上所有开式喷头一起自动喷水，形似下雨降水，大面积均匀灭火，效果十分显著。但这种系统对电气控制要求较高，不允许有误动作或不动作现象。此系统适用于需要大面积喷水灭火并需要快速制止火灾蔓延的危险场所，如剧院舞台、大型演播厅等，如图8-56所示。

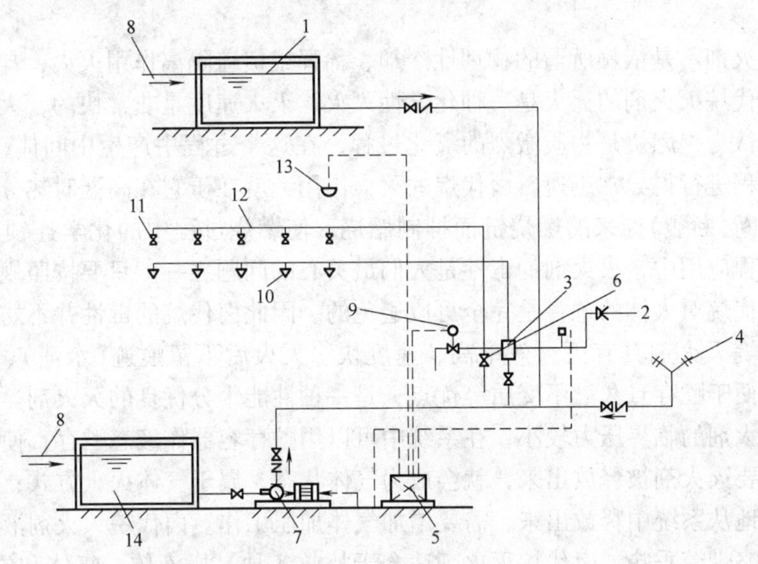

图8-56　雨淋喷水灭火系统示意图

1—高位水箱　2—水力警铃　3—雨淋阀　4—水泵接合器　5—电控箱　6—手动阀　7—消防水泵　8—进水管　9—电磁阀　10—开式喷头　11—闭式喷头　12—传动管　13—探测器　14—水池

该系统在结构上与湿式喷水灭火系统类似，只是该系统采用了雨淋阀而不是湿式报警阀。如前所述，在湿式喷水灭火系统中，湿式报警阀在喷头喷水后便自动打开，而雨淋阀则是由火灾探测器起动、打开，使喷淋泵向灭火管网供水。因此，雨淋阀的控制要求自动化程度较高，且安全、准确、可靠。

当发生火灾时，被保护现场的火灾探测器动作，起动电磁阀，从而打开雨淋阀，由高位水箱供水，经开式喷头喷水灭火。当供水管网水压不足，经压力开关检测并起动消防喷淋泵，补充消防用水，以保证管网水流的流量及压力。为充分保证灭火系统用水，通常在开通雨淋阀的同时，就应当尽快起动消防水泵。

雨淋喷水灭火系统中设置的火灾探测器，除能起动雨淋阀外，还能将火灾信号及时输送至报警控制柜(箱)，发出声、光报警，并显示灭火地址。雨淋喷水灭火系统还能及早地实现火灾报警，灭火时，压力开关、水力警铃也能实现火灾报警。

六、气体灭火系统

气体灭火系统适用于不能用水喷洒且保护对象又较重要的场所。在大楼中，采用气体灭火的地方主要有：柴油发电机房、高压配电室、低压配电室、中央控制室、电子计算机房、变压器室、电话机房、档案资料室、陈列室、书库、可燃气体及易燃液体仓库等。

固定式气体自动灭火系统按使用的气体分类有卤代烷灭火系统、二氧化碳灭火系统等。

1. 卤代烷灭火系统

卤代烷是以卤素原子取代烷烃分子中的部分氢原子或全部氢原子而得到的一类有机化合

物的总称。一些低级烷烃的卤代物具有不同程度的灭火能力。人们常将这些具有灭火能力的低级卤代烷统称为卤代烷灭火剂。常用的两种卤代烷灭火剂为1211、1301。

从20世纪40年代开始，世界各国相继采用1211、1301、2402等卤代烷作为气体灭火剂，其中以1301卤代烷应用最为广泛，如法国的电子计算机房，采用1301卤代烷灭火剂的占95%。

卤代烷灭火剂不是依赖所谓的物理性冷却、稀释或覆盖隔离作用灭火，却有异常的优良灭火功能。卤代烷灭火剂的灭火是一种化学性灭火，灭火速度是非常快的，大约是二氧化碳的6倍。一般认为，燃烧是物质激烈的氧化过程，在这个过程中产生中间体，构成燃烧链，才使得这一过程进行得异常迅速，卤代烷的灭火作用，就在于它在高温时热分解后产生另一种中间体去中断(断裂)原来的燃烧链而抑制燃烧，使燃烧过程中的化学连锁反应中断而扑灭火灾。在工程应用中，灭火剂的毒性是人们最关心的问题之一。只要按照规范设计，严格安全措施，卤代烷对人体的危害是完全可以避免的。因此卤代烷的毒性并不妨碍它的实际使用价值。卤代烷灭火剂具有灭火效率高、速度快、灭火后不留痕迹(水渍)、电绝缘性好、腐蚀性极小、便于贮存且久贮不变质等优点，是一种性能十分优良的灭火剂。

卤代烷灭火剂的临界压力较小，在系统中可以用贮存容器作液态贮存，使用方便；沸点低，常温下只要灭火剂被释放出来，就会成为气体状态，属于气体灭火方式；饱和蒸气压力低，不能快速地从系统中释放出来，需要增加气体加压工作。卤代烷灭火剂液化后成为无色透明，汽化后略带芳香味。卤代烷灭火剂适合于扑救各种易燃液体、气体和电气设备火灾，而不适用扑救活泼金属、金属氢化物及能在惰性介质中由自身供氧燃烧的物质的火灾。固体纤维物质火灾需要采用含量较高的卤代烷灭火剂。固定管网形式卤代烷灭火系统的构成与二氧化碳灭火系统基本一样，也分为单元独立型和组合分配型。可以认为，单元独立型是组合分配型中最简单的情况，但组合分配型又不是单元独立型的简单组合。卤代烷灭火系统也可以针对某一具体部位作局部应用方式灭火，还可以将无管网灭火装置以悬挂方式就地灭火。卤代烷灭火剂在常温下的饱和蒸气压力较低，且随温度下降而急剧下降，需要加压使用，这样就可以保证灭火剂在很短时间内(不超过10s)从贮存容器中排出，经管道、喷嘴快速排出，迅速灭火。贮压系统的增压气体规定用氮气，而不能用空气或二氧化碳。临时加压系统只有在系统动作时，增压气体才与卤代烷短时接触，允许用二氧化碳作增压气体。

全淹没是卤代烷灭火系统最主要和应用最成功的形式，其系统的组成灵活，适用范围很广，它可以由管网式灭火系统或无管网灭火装置实现，对大小房间都应用。由于卤代烷灭火剂从喷嘴释放出来后呈气态，因此，可以对封闭的保护区采用全淹没方式灭火。全淹没灭火要求灭火剂与空气均匀混合，充满(淹没)整个保护区的空间，这个混合气体不但要求达到规定的灭火浓度，还要让这个灭火浓度维持一段时间，以这种方式来扑灭保护区内任意部位发生的火灾。图8-57为组合分配型卤代烷自动灭火系统构成图。该系统由监控系统、灭火剂和释放装置、管道及喷嘴等组成，用一套贮存装置对两个保护区进行全淹没方式灭火。每个保护区对应一个管网、一个选择阀、一个起动气瓶、若干个钢瓶，贮瓶通过软管与集流管相连。图8-58为卤代烷自动灭火系统工作流程图。

当某分区发生火灾时，感烟(温)探测器均报警，则控制柜上两种探测器报警灯亮，由电铃发出变调“警报”音响，并向灭火现场发出声、光警报。同时，电子钟停走记下着火时间。灭火指令须经过延时电路延时20～30s发出，以保证值班人员有时间确认是否发生火

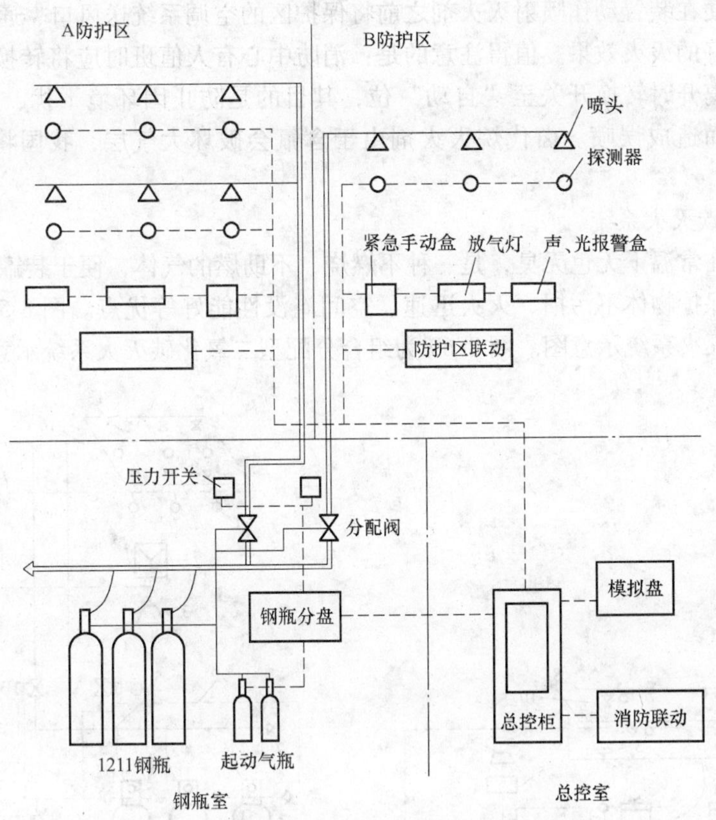

图 8-57　组合分配型卤代烷自动灭火系统构成图

灾。转换开关至“自动”上，值班人员确认是火情后，执行电路自动起动气瓶的电磁瓶头阀，释放充压氮气，将选择阀和止回阀打开，使钢瓶释放1211药剂至汇集管，并通过选择阀将1211灭火剂释放到火灾区域。1211药剂沿管路由喷嘴喷射到火灾区途经压力开关，使压力开关触点闭合，即把回馈信号送至控制柜，通过控制器显示卤代烷放出的信号，同时告知人们切勿入内。此外，系统还具有音响报警功能，发出火灾警报。指示气体已经喷出实现了自动灭火。在接到火情20～30s内，如无火情或火势小，可用手提式灭火器扑灭时，应立即按现场手动“停止”按钮，以停止喷灭火剂。如值班人员发现有火情，而控制柜并没发出灭火指令，则应立即按“手动”起动按钮，使控制柜对火灾区发火警，人员可撤离，经20～30s后施放灭火剂灭火。气体自动灭火系统常设有

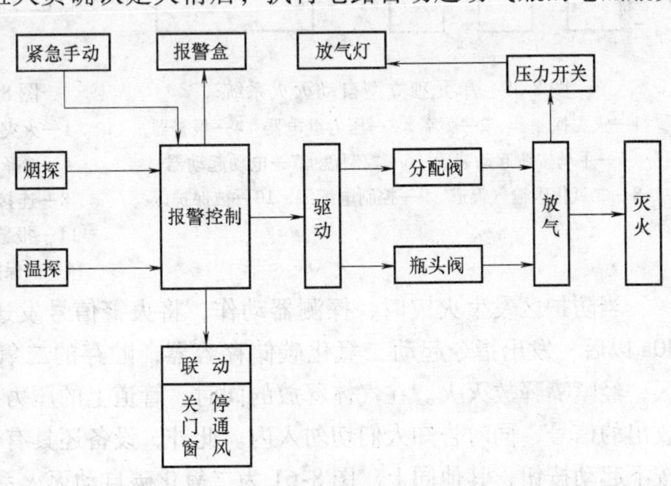

图 8-58　卤代烷有管网自动灭火系统工作流程图

联动装置。以便在装置动作喷射灭火剂之前将保护区的空调系统送风口、通风百叶窗等自动封堵，达到良好的灭火效果。值得注意的是：消防中心有人值班时应将转换开关至“手动”位，值班人员离开时转换开关至“自动”位，其目的是防止因环境干扰、报警控制元件损坏产生的误报而造成误喷。卤代烷灭火剂由于含氟会破坏大气层，我国将在 2010 年退出使用。

2. 二氧化碳灭火系统

二氧化碳在常温下无色无臭，是一种不燃烧、不助燃的气体，便于装罐和储存，应用较广。它具有对保护物体不污损、灭火迅速、空间淹没性能好等优点。图 8-59 为单元独立型二氧化碳自动灭火系统示意图。图 8-60 为组合分配型二氧化碳灭火系统示意图。

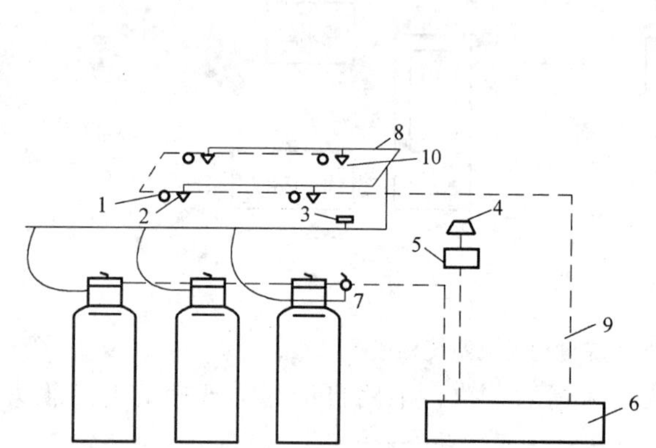

图 8-59　单元独立型自动灭火系统

1—火灾探测器　2—喷嘴　3—压力继电器　4—报警器　5—手动按钮起动装置　6—控制盘　7—电动起动器　8—二氧化碳输气管道　9—控制电缆线　10—被保护区

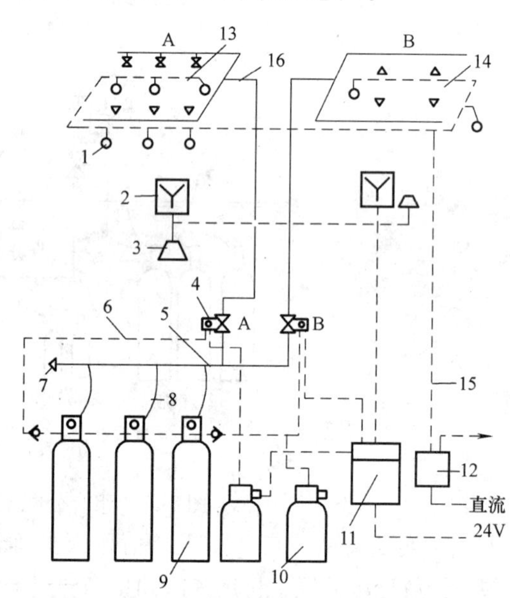

图 8-60　组合分配型二氧化碳灭火系统

1—火灾探测器　2—手动按钮起动装置　3—报警器　4—选择阀　5—总管　6—操作管控制盘　7—安全阀　8—连接管　9—贮存容器　10—起动用气体容器　11—报警控制装置　12—控制盘　13—被保护区 1　14—被保护区 2　15—控制电缆线　16—二氧化碳支管

当防护区发生火灾时，探测器动作，将火警信号发送到消防中心发出报警信号，延时 30s 以后，发出指令起动二氧化碳储存容器，贮存的二氧化碳灭火剂通过管道输送到防护区，经喷嘴释放灭火。在气体释放的同时，管道上的压力继电器动作，通过控制器显示气体放出的信号，同时告知人们切勿入内。此外，设备还具有音响报警功能。如果手动控制，可按下起动按钮，其他同上。图 8-61 为二氧化碳自动灭火系统工作原理框图。

装有二氧化碳自动灭火系统的场所(如变电所或配电室)，一般都在门口加装自动或手动选择开关。当有工作人员进入里面工作时，为了防止意外事故，避免有人在里面工作时喷出二氧化碳，影响健康，必须在入室之前把开关转到手动位置，离开时关门之后复归自动位置。为了避免无关人员乱动选择开关，宜用钥匙型的转换开关。消防监控设备控制联动装置(如关闭开口、停止机械通风等)动作，在喷射灭火剂之前将保护区的空调系统送风口、通风

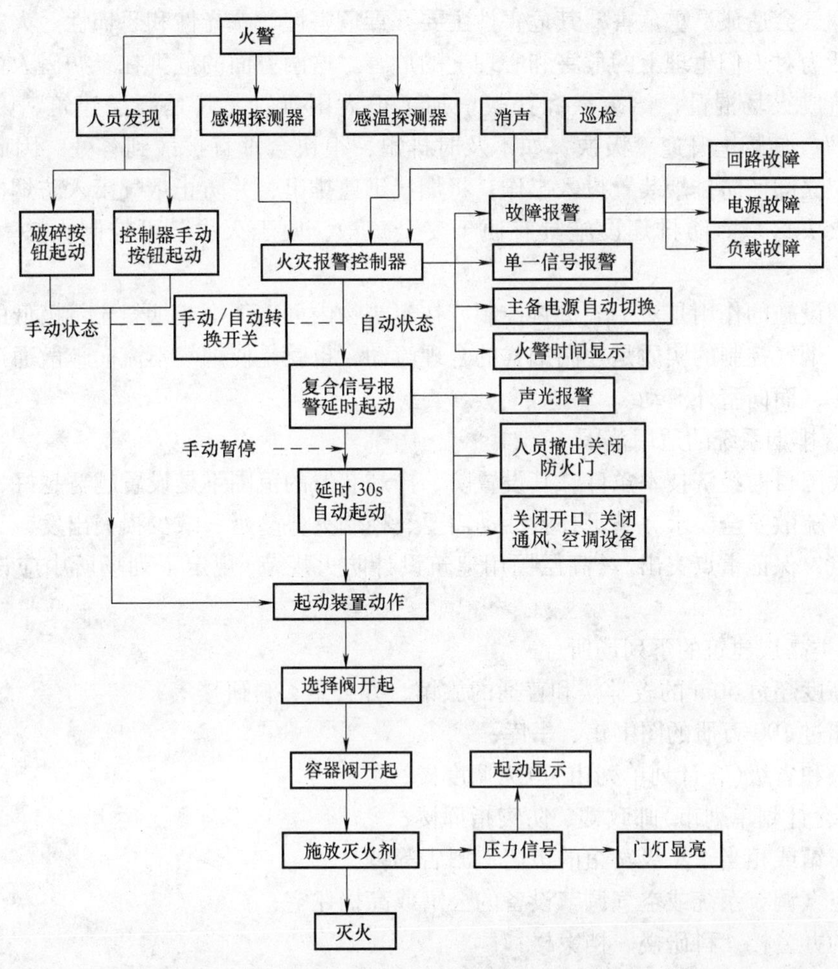

图 8-61　二氧化碳自动灭火系统工作原理框图

百叶窗等自动封堵，达到良好的灭火效果。二氧化碳适用于气体火灾、电气火灾、液体或可熔化固体、固体表面火灾及部分固体的深位火灾等。二氧化碳不能扑救的火灾有金属氧化物、活泼金属、含氧化剂的化学品等。二氧化碳自动灭火系统应用场所有易燃可燃液体贮存容器、易燃蒸气的排气口、可燃油油浸电力变压器、高低压配电室、机械设备、实验设备、反应釜、淬火槽、图书档案室、精密仪器室、贵重设备室、电子计算机房、电视机房、广播机房、通信机房等。

第四节　消防联动控制装置

一、防、排烟系统

《高层民用建筑设计防火规范》要求，对于新建、扩建和改建的高层民用建筑及其相连的附属建筑都要具有防火、防烟、排烟装置。

实践证明：由于火灾时产生的烟的主要成分为一氧化碳，人们在这种气体的窒息作用下，死亡率很高，约达50%～70%。另外烟气遮挡人的视线，使人们在疏散时难以辨别方向。火灾烟气会造成严重危害，其危害性主要有毒危害性、减光性和恐怖性。火灾烟气的危害性可概括为对人们生理上的危害和心理上的危害。这两方面的危害在于妨碍人员疏散和火灾扑救，造成火场混乱，给疏散和扑救增加了很大困难。尤其是高层建筑，因其自身的“烟囱效应”，使烟上升速率极快，如不及时排出，很快会垂直扩散到各处。因此，当发生火灾后，应立即使防排烟装置投入工作，将烟气迅速排出，并防止烟气窜入防烟楼梯、消防电梯及非火灾区域。防排烟设施具有便于安全疏散、便于灭火、可控制火势蔓延扩大的作用。

防排烟设施的作用是对烟气进行控制，在建筑物内创造无烟或烟气含量极低的疏散通道或安全区。烟气控制的实质是控制烟气的合理流动，也就是使烟气不流向疏散通道、安全区和非着火区，而向室外流动。

1. 防、排烟系统的适用范围

根据我国目前经济技术条件，其设置防、排烟装置的范围不是设置越宽越好，而是既要从保障基本疏散安全要求，满足扑救活动需要、控制火势蔓延、减少损失出发，又能以节约投资为基点，保证重点突出。《高层民用建筑设计防火规范》规定下列场所中应设置防、排烟系统。

1）一类高层建筑的下列场所

建筑高度超过 50m 的教学楼和普通的旅馆、办公室、科研楼等；

藏书超过 100 万册的图书馆、书库；

大区级和省级（含计划单列市）电力调度楼；

省级（含计划单列市）邮政楼、防灾指挥楼；

星级宾馆或相当于星级宾馆的饭店、酒店等；

装有空气调节系统或空气调节设备的公寓或高档住宅；

重要的办公楼、科研楼、档案楼；

建筑高度超过 50m、每层面积超过 1500m^2 的商住楼；

中央级和省级（含计划单列市）广播电视楼；

高层医院的病房、门诊、药房、手术室以及建筑高度超过 50m 或每层面积超过 1000m^2 的商业楼、展览楼、综合楼、电信楼、财贸金融楼等。

2）高层建筑的防烟楼梯间及其前室、消防电楼前室及其两者合用前室、封闭避难层（间），应设置机械加压送风的防烟方式或采取设有可开启的外窗（或阳台、凹廊）进行自然排烟。

3）高层建筑的中庭。

4）长度超过 20m 的内走道。

5）各房间总的使用面积超过 200m^2 或一个房间面积超过 50m^2，且经常有人停留或可燃物较多的地下室，但利用窗井等进行自然排烟的房间除外。

6）面积超过 100m^2，且经常有人停留或可燃物较多的地面房间。

7）二类高层民用建筑（建筑高度超过 32m），例如：

① 除一类建筑以外的商业楼、展览楼、综合楼、电信楼、财贸金融楼、商住楼、图书馆、书库等。

② 建筑高度不超过 50m 的教学楼和普通的旅馆、办公室、科研楼、档案楼等。

③ 省级以下的邮政楼、防灾指挥调度楼、广播电视楼、电力调度楼等。

一、二类高层民用建筑的走道、房间、中庭、地下室均应设置排烟设施。

2. 排烟装置分类和原理

在进行高层建筑平面设计时，建筑专业设计者应按照《高层民用建筑设计防火规范》的规定，合理划分防火分区、防烟分区及安全疏散通道(走道和防烟楼梯、消防电梯及其前室内)。与此同时，通风空调专业设计者，应根据工程的规模、性质和用途等因素，合理采用防烟、排烟类型。

高层建筑的排烟方式有自然排烟和机械排烟两种。

(1) 自然排烟　自然排烟是火灾利用室内热气流的浮力或室外风力的作用，将室内的烟气从与室外相邻的窗户、阳台、凹廊或专用排烟口排出。自然排烟不使用动力，结构简单，运行可靠，但当火势猛烈时，火焰有可能从开口处喷出，从而使火势蔓延；自然排烟还容易受到室外风力的影响，当火灾房间处在迎风侧时由于受到风压的作用烟气很难排出。虽然如此，在符合条件时宜优先采用。自然排烟有两种方式：①利用外窗或专设的排烟口排烟；②利用竖井排烟。如图 8-62 所示，其中图 8-67a 利用可开启的外窗进行排烟，如果外窗不能开启或无外窗，可以专设排烟口进行自然排烟。图 8-67b 是利用专设的竖井，即相当于专设一个烟囱，各层房间设排烟风口与之连接，当某层起火有烟时，排烟风口自动或人工打开，热烟气即可通过竖井排到室外。

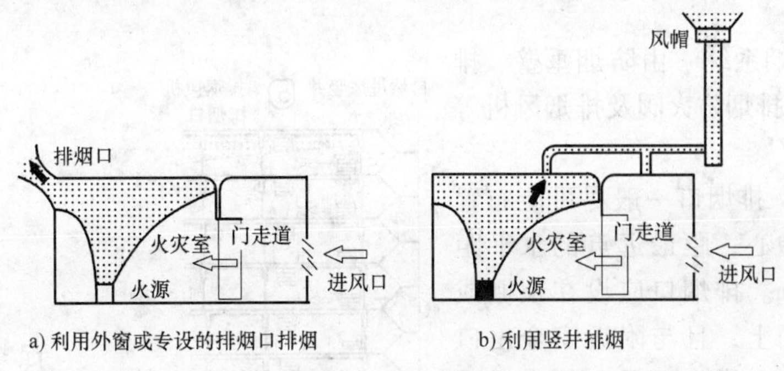

a) 利用外窗或专设的排烟口排烟　　b) 利用竖井排烟

图 8-62　房间自然排烟系统示意图

(2) 机械排烟　使用排烟风机进行强制排烟的方法称机械排烟。机械排烟可分为局部和集中排烟两种。局部排烟方式是在每个房间内设置风机直接进行，集中排烟方式是将建筑物划分为若干个防烟分区，在每个分区内设置排烟风机，通过风道排出各分区内的烟气。

1) 机械排烟送风系统　高层建筑在机械排烟的同时还要向房间内补充室外的新风，送风方式有两种：

① 机械排风、机械送风。利用设置在建筑物最上层的排烟风机，通过设在防烟楼梯间、前室或消防电梯前室上部的排烟口及与其相连的排烟竖井排至室外，或通过房间(或走道)上部的排烟口排至室外；由室外送风机通过竖井和设于前室(或走道)下部的送风口向前室(或走道)补充室外的新风。各层的排烟口及送风口的开启与排烟风机及室外送风风机相连锁，如图 8-63 所示。

② 机械排风，自然送风。排烟系统同上，但室外风向前室(或走道)的补充并不依靠风机，而是依靠排烟风机所造成的负压，通过自然送风竖井和进风口补充到前室(或走道)内，

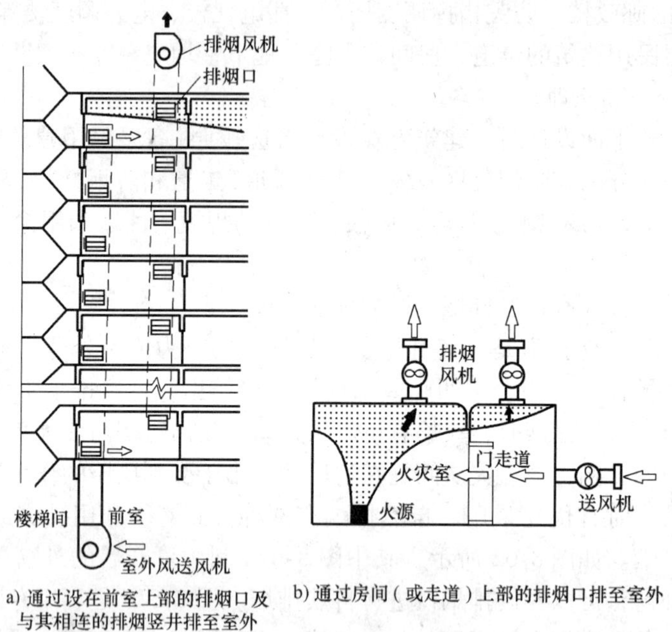

a) 通过设在前室上部的排烟口及与其相连的排烟竖井排至室外　b) 通过房间（或走道）上部的排烟口排至室外

图 8-63　机械排烟、机械送风

如图 8-64 所示。

2）机械排烟系统　由防烟垂壁、排烟口、排烟阀、排烟防火阀及排烟风机等组成。

① 排烟口。排烟口一般尽可能布置在防烟分区的中心，距最远点的水平距离不能超过 30m。排烟口应设在顶棚或靠近顶棚的墙面上，且与附近安全出口沿走道方向相邻边缘之间最小的水平距离小于 15m。排烟口平时处于关闭状态，当火灾发生时，自动控制系统使排烟口开启，通过排烟口将烟气及时迅速排至室外。图 8-65 为多叶式送风口（排烟口）及电路图，板式排烟口由电磁铁、阀门、微动开关、叶片等组成，如图 8-66 所示。

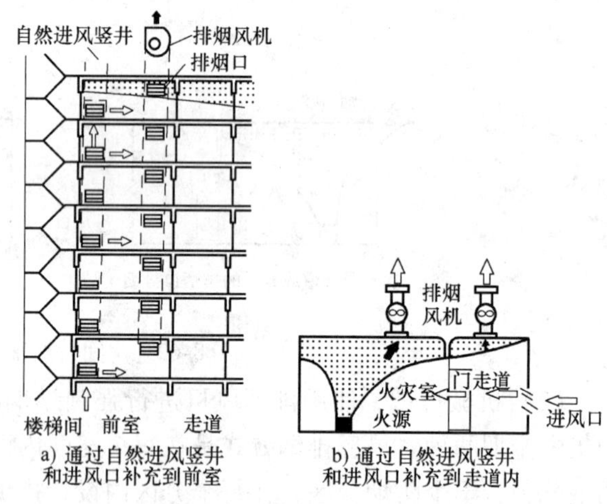

a) 通过自然进风竖井和进风口补充到前室　b) 通过自然进风竖井和进风口补充到走道内

图 8-64　机械排烟、自然送风

板式排烟口的工作原理如下：

自动开起：火灾时，自动开起装置接受到感烟（温）探测器通过控制盘或远距离操纵系统输入的电气信号（DC24V）后，电磁铁线圈通电，动铁心吸合，通过杠杆作用使棘轮、棘爪脱开，依靠阀体上的弹簧力，棘轮逆时针旋转，卷绕在滚筒上的钢丝绳释放，于是叶片被打开，同时微动开关动作，切断电磁铁电源，并将阀门开启动作显示线接点接通，将信号返回控制盘，使排烟风机连动等。

远距离手动开启：当火灾发生时，由人工拔开 BSD 操作装置上的荧光塑料板，按下红

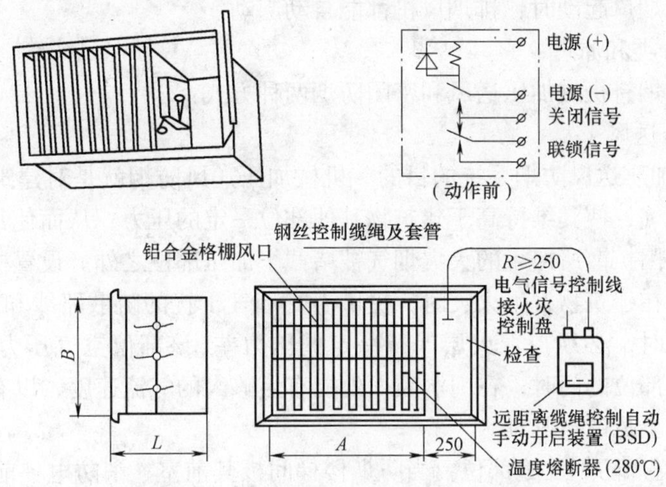

图 8-65　多叶式送风口(排烟口)及电路图

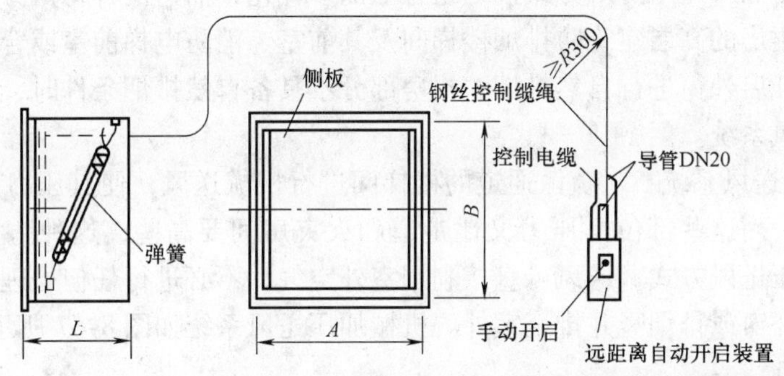

图 8-66　板式排烟口示意图

色按钮，阀门开起。

手动复位：按下 BSD 操作装置上的蓝色复位按钮，使棘爪复位，将摇柄插入卷绕滚筒的插入口，按顺时针方向摇动摇柄，钢丝绳即被拉回卷绕在滚筒上，直至排烟口关闭为止，同时微动开关动作复位。

② 排烟阀。排烟阀应用于排烟系统的风管上，平时处于关闭状态，火灾发生时，烟感探头发出火警信号，控制中心输出 DC24V 电源，使排烟阀开启，通过排烟口进行排烟。

③ 排烟防火阀。排烟防火阀安装在排烟系统管道上或风机吸入口处，兼有排烟阀和防烟阀的功能，在一定时间内能满足耐火稳定性和耐火完整性要求，并起阻火隔烟作用。排烟防火阀平时处于关闭状态，需要排烟时，其动作和功能与排烟阀相同，可自动开起排烟。当管道气流温度达到 280℃时，阀门靠装有易熔金属温度断路器而自动关闭，切断气流，防止火灾蔓延。

④ 排烟风机。排烟风机也有离心式和轴流式两种类型。在排烟系统中一般采用离心式风机。排烟风机在构造性能上具有一定的耐火性和隔热性，以保证输送烟气温度在 280℃时能够正常连续运行 30min 以上。排烟风机装置的位置一般设于该风机所在的防火分区的排烟系统中最高排烟口的上部，并设在该防火分区的风机房内。风机外缘与风机房墙壁或其他设备的间距应保持在 0.6m 以上。排烟风机设有备用电源，且能自动切换。

排烟风机的起动采用自动控制方式，起动装置与排烟系统中每个排烟口连锁，即在该排烟系统任何一个排烟口起动时，排烟风机都能自动起动。

3. 防烟装置分类和原理

高层建筑的防烟有机械加压送风和密闭防烟两种方式：

（1）机械加压送风

1）设置机械加压送风防烟系统的目的　机械加压送风防烟就是对建筑物的某些部位送入足够量的新鲜空气，使其维持高于建筑物其他部位一定的压力，从而使其他部位因着火所产生的火灾烟气或因扩散所侵入的火灾烟气被堵截于加压部位之外。设置机械加压送风防烟系统的目的是为了在建筑物发生火灾时，提供不受烟气干扰的疏散路线和避难场所。因此，加压部位在关闭门时，必须与着火层保持一定的压力差（该部位空气压力值为相对正压）；同时，在打开加压部位的门时，在门洞断面处能有足够大的气流速度，以有效地阻止烟气的入侵，保证人员安全疏散与避难。

2）机械加压送风防烟设施部位　当防烟楼梯间极其前室、消防电梯前室或合用前室各部位有可开启外窗时，若采用自然排烟方式，可造成楼梯间与前室或合用前室在采用自然排烟方式与采用机械加压送风防烟方式排列组合上的多样化，而这两种排烟方式不能共用。需要说明的是，带裙房的高层建筑防排烟楼梯间及其前室、消防电梯前室或合用前室，当裙房以上部分利用可开启外窗进行自然排烟，裙房部分不具备自然排烟条件时，其前室或合用前室应设置正压送风系统。

3）机械加压送风系统　对疏散通道的楼梯间进行机械送风，使其压力高于防烟楼梯间或消防电梯前室，而这些部位的压力又比走道和火灾房间要高些，这种防止烟气侵入的方式，称为机械加压送风方式。送风可直接利用室外空气，不必进行任何处理。烟气则通过远离楼梯间的走道外窗或排烟竖井排至室外。机械加压送风系统如图 8-67 所示。

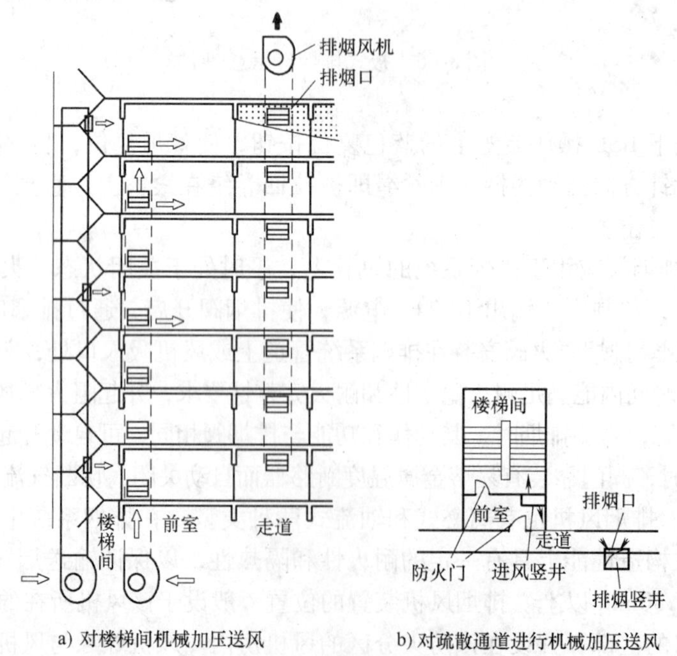

a) 对楼梯间机械加压送风　　b) 对疏散通道进行机械加压送风

图 8-67　机械加压送风系统

4）机械加压送风系统组成　由加压送风机、送风道、加压送风口及自动控制等组成机械加压送风系统。它是依靠加压送风机提供建筑物内被保护部位新鲜空气，使该部位的室内压力高于火灾压力，形成压力差，从而防止烟气侵入被保护部位。

① 加压送风机。加压送风机可采用中、低离心式风机或轴流式风机，其位置根据电位置、室外新风入口条件、风量分配情况等因素来确定。机械加压送风机的全压，除计算最不利环管压头外，尚有余压，余压值在楼梯间为40~50Pa，前室、合用前室、消防电梯间前室、封闭避难层(间)为25~30Pa。

② 加压送风口。楼梯间的加压送风口一般采用自垂式百叶风口或常开的百叶风口。当采用常开的百叶风口时，应在加压送风机出口处设置回阀。楼梯间的加压送风口一般每隔2~3层设置一个。前室的加压送风口为常开的双层百叶风口，每层均设一个。

③ 加压送风道。加压送风道采用密实不漏风的非燃烧材料。

④ 余压阀。为保证防烟楼梯间及前室、消防电梯前室和合用前室的正压值，防止正压值过大而导致门难以推开，为此在防烟楼梯间与前室、前室与走道之间设置余压阀以控制其正压间的正压不超过50Pa。

（2）封闭防烟　对于面积较小，且其墙体、楼板耐火性能较好、密闭性好并采用防火门的房间，可以采取关闭房间使火灾房间与周围隔绝，让火情由于缺氧而熄灭的防烟方式，称密闭防烟。

4. 防排烟装置的电气控制

（1）防排烟装置的电气控制要求

1）消防中心能显示各种电动防排烟设施的运行情况，并能进行联动遥控。

2）根据火灾情况，打开有关排烟道上的排烟口，起动排烟风机，打开安全出口的电动门。与此同时，关闭有关的防火阀及防火门，停止有关防烟区域内的空调系统。

3）在排烟口、防火卷帘、挡烟垂壁、电动安全出口等执行机构处布置火灾探测器，通常为一个探测器联动一个执行机构，但大的厅室也可以几个探测器联动一组同类机构。

4）设有正压送风的系统应打开送风口，起动送风机。

以上所述防排烟系统的电气控制是由联动控制盘完成(某些也由手动开关)发出指令给各防排烟设施的执行机构，使其进行工作并发出动作信号的。

总之，自动消防联动设备有用于排烟口上的排烟阀，有用于防火分隔的通道上的防火门及防火卷帘门，有用于通风或排烟管道中的防火阀，有抽风的排烟风机，有喷水灭火的消防水泵等。这些防火、排烟、灭火等设备，在自动火灾报警消防系统中都有自动和手动两种方式，使其动作发挥消防作用。自动方式一般是接受来自火灾报警控制器的火灾报警联动信号，使电磁线圈通电，电磁铁动作，牵引设备开启或闭合，或者是由联动控制信号使继电器或接触器线圈通电动作，起动消防水泵或排烟风机工作。

（2）防排烟装置的电气控制原理　排烟机、送风机一般由三相异步电动机控制，其电气控制应按防排烟系统的要求进行设计。高层建筑中的送风机一般装在下技术层或2~3层，排烟机构均安装在顶层或上技术层。线路组成如图8-68所示。电气线路工作情况分析如下：

将转换开关SA转至“手动”位置，按下起动按钮SB_1，接触器KM线圈通电动作，使排烟风机启动运转。按下停止按钮SB_2，KM失电，排烟风机停止。这一控制作为平时维护巡视用。将转换开关SA转至“自动”位时，KA_1、KA_2均为DC24V继电器触点，继电器的

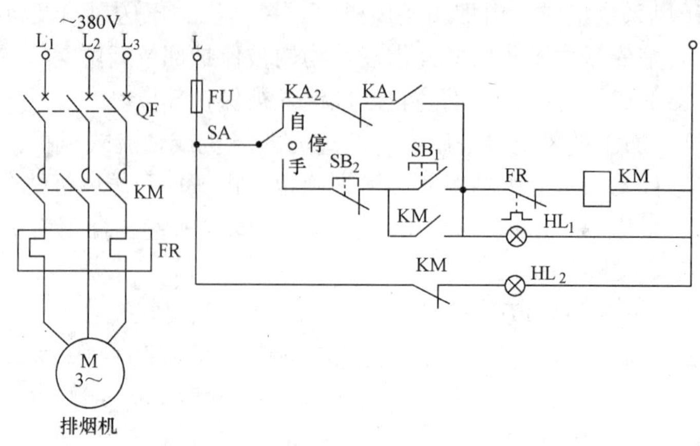

图 8-68　排烟风机控制电路图

线圈受控于排烟阀和防火阀，即当排烟阀开起后，DC24V 继电器的接点 KA_1 动作，当防火阀关阀时，继电器的触点 KA_2 动作。排烟系统的控制，由任一个排烟阀开起后，通过联锁触点 KA_1 的闭合，即可使 KM_1 通电，起动排烟风机。当排烟风道内温度超过 280℃时，防火阀自动关闭，其联锁触点 KA_2 断开，使排烟风机停止。

5. 防烟防火分隔设施

（1）防烟垂壁(或称挡烟垂壁)　防烟垂壁由铅丝玻璃、铝合金、薄不锈钢板等配以电控装置组合而成，挡烟垂壁下垂不小于 50cm。用于高层建筑防火分区的走道(包括地下建筑)和净高不超过 6m 的公共活动用房等，起隔烟作用。其防烟垂壁示意图如图 8-69 所示。

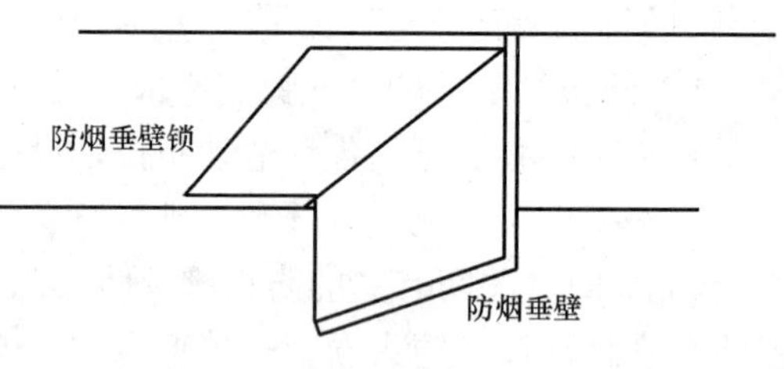

图 8-69　防烟垂壁示意图

平时通过 DC24V、0.9A 电磁线圈及弹簧锁组成的防烟垂壁锁将防烟垂壁锁住。火灾时从感烟探测器或联动控制盘发来指令信号，电磁线圈通电把弹簧锁的销子拉进去，开锁后防烟垂壁由于重力的作用靠滚珠的滑动而落下，下垂到 90°，自动使垂壁降下；手动控制时，操作手动杆也可使弹簧锁的销子拉回开锁，防烟垂壁落下。把防烟垂壁升回原来的位置即可复位，将防烟垂壁固定住。

（2）防火门和防火卷帘

1）防火门　防火门由防火门锁、手动及自动环节组成，如图 8-70 所示。防火门按门的固定方式可分为两种：一种是防火门被永久磁铁吸住平时处于开启状态，当发生火灾时通过自动或手动将其关闭。自动控制时，由探测器或联动控制盘发来指令信号，使 DC24V、0.6A 电磁线圈产生的吸力克服永久磁铁的吸着力，从而靠弹簧将门关闭。手动操作是只要把防火门或永久磁铁的吸着板

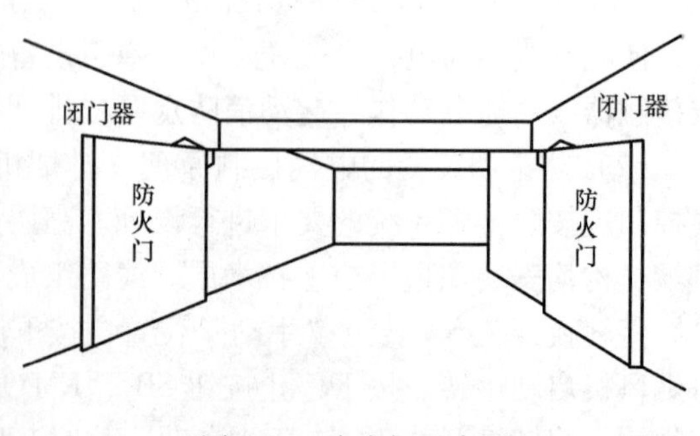

图 8-70　防火门示意图

拉开，门即关闭。另一种是防火门被电磁锁的固定销扣住，平时呈开启状态。火灾时由探测器或联动控制盘发出指令信号使电磁锁固定销动作，锁扣被解开，靠弹簧将门关闭，或用手动拉防火门使固定销掉下，门被关闭。防火门关闭后，应有关闭信号反馈到区控盘或消防中心控制室。如图 8-71 为防火门电气控制电路图。

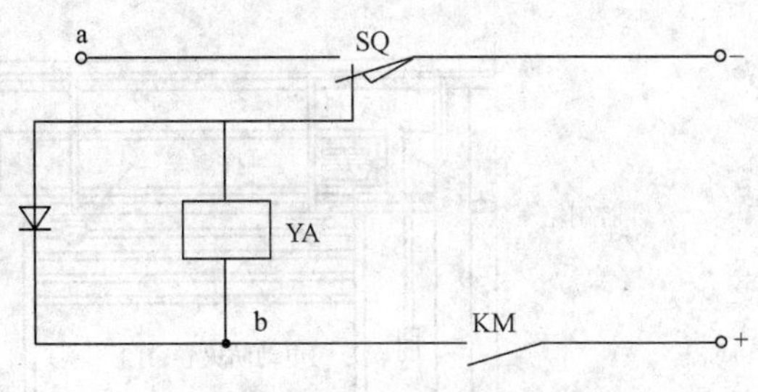

图 8-71　防火门电气控制电路

2）防火卷帘　当发生火灾时，由探测器或联动控制盘发来指令信号使卷帘上方的控制装置动作，自动将卷帘降下至预定位置。

根据《火灾自动报警系统设计规范》规定，对防火卷帘的控制，应符合下列要求：

① 疏散通道上的防火卷帘两侧，应设置火灾探测器组及其警报装置，且两侧应设置手动控制按钮；其自动控制要求感烟探测器动作后，卷帘降至距地（楼）面 1.8m；感温探测器动作后，卷帘下降到底。

② 用作防火分隔的防火卷帘，火灾探测器动作后，卷帘应下降到底。

③ 感烟、感温火灾探测器的报警信号及防火卷帘的关闭信号应送到消防控制室。

防火卷帘门控制程序如图 8-72 所示。防火卷帘门控制电路图如图 8-73 所示。防火卷帘门安装示意图如图 8-74

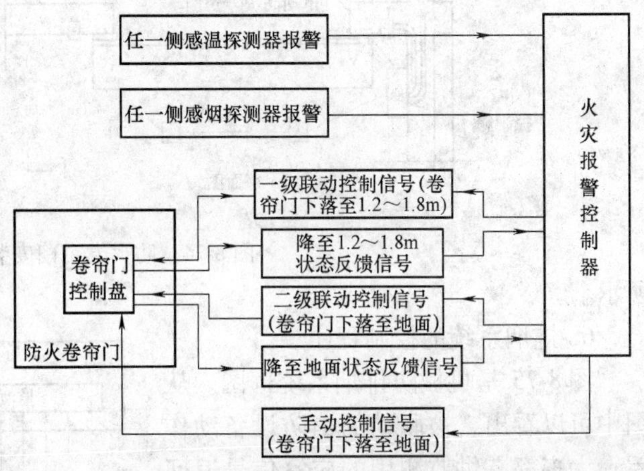

图 8-72　防火卷帘门控制程序

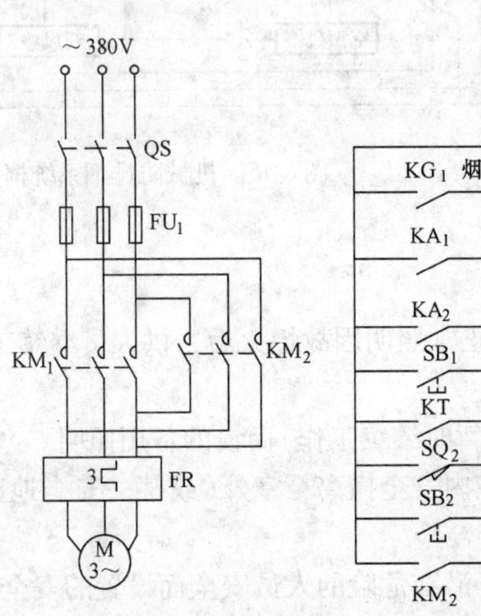

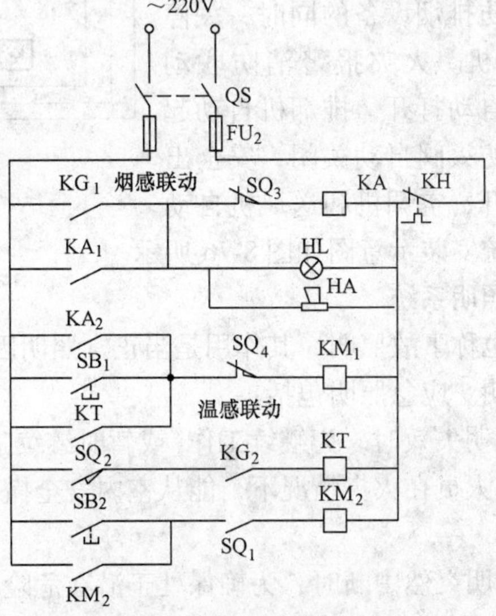

图 8-73　卷帘门控制电路

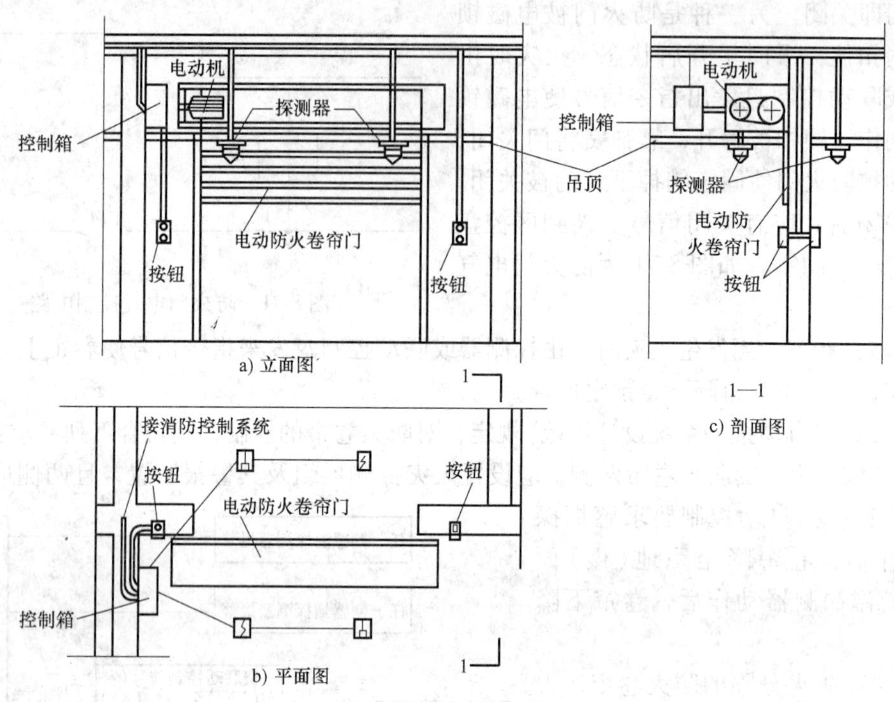

图 8-74 防火卷帘门安装示意图

所示。

6. 排烟系统的控制程序

图 8-75 是机械防排烟系统框图。从图中可以看出，被联动的消防设备动作后，大多都有供监测用的应答信号返回控制室。点亮动作指示灯。火灾发生时，应在起动防排烟设备的同时，关停空调机和送风机。火灾报警消防联动时，排烟口应自动打开，排烟机自动起动。防火门和防火阀自动关闭，安全出口自动开锁打开，空调机和送风机自动关机。排烟系统安装示意图如图 8-76 所示。

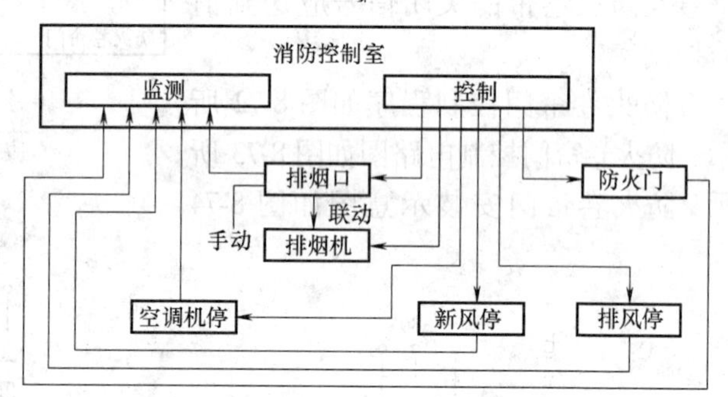

图 8-75 机械防排烟系统框图

二、应急照明系统

应急照明也称事故照明，其作用是当正常照明因故熄灭后，供人员继续工作、保障安全或疏散用的照明。应急照明包括：

1）正常照明失效时，为继续工作（或暂时继续工作）而设的备用照明。

2）为了使人员在火灾情况下，能从室内安全撤离至室外（或某一安全地区）而设置的疏散照明。

3）正常照明突然中断时，为确保处于潜在危险的人员安全而设置的安全照明。

火灾应急照明包括备用照明和疏散照明。疏散照明包括通道疏散指示灯及出入口标

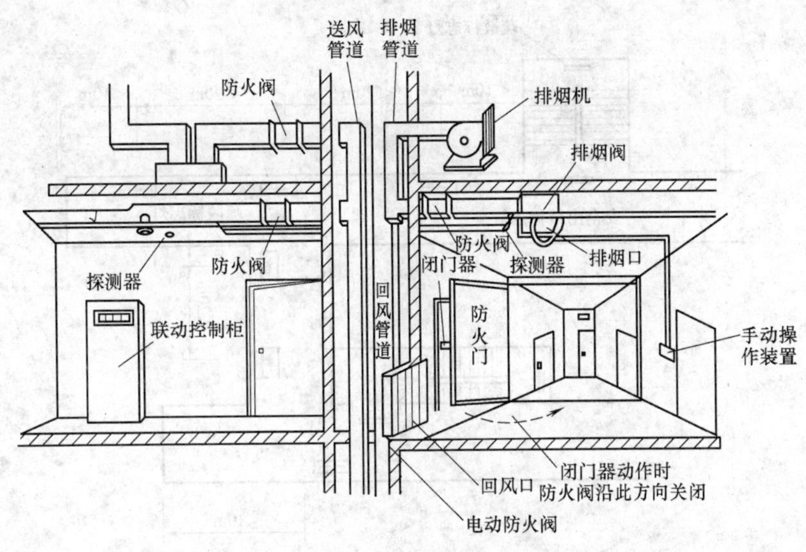

图 8-76 排烟系统安装示意图

志灯。

1. 火灾应急照明设置场所

（1）公共建筑的下列部位应设置备用照明

1）消防控制室、自备电源室（包括发电机房、UPS 室和蓄电池室等）、配电室、消防水泵房、防烟排烟机房、电话总机房以及在火灾时仍需要坚持工作的其他场所。

2）通信机房、大中型电子计算机房、BAS 中央控制室以及发生火灾时需坚持工作的其他房间。

3）建筑面积超过 $100m^2$ 的高层民用建筑的避难层及屋顶直升机停机坪。

（2）公共建筑、居住建筑的下列部位应设置疏散照明　下列场所除应设置疏散走道照明外，并应在各个安全出口处和疏散走道，分别设置安全出口标志和疏散走道指示标志；但二类高层居住建筑的疏散楼梯间可不设疏散指示标志。

1）公共建筑的疏散楼梯间、防烟楼梯间前室、疏散通道、消防电梯间及其前室、合用前室。

2）高层公共建筑的观众厅、宴会厅、展览厅、候车（机）厅、多功能厅、餐厅、办公大厅和避难层（间）等场所。

3）建筑面积超过 $1500m^2$ 的展厅、营业厅、歌舞娱乐、放映游艺厅等场所。

4）人员密集且面积超过 $300m^2$ 的地下建筑和面积超过 $200m^2$ 的演播厅等。

5）高层居住建筑疏散楼梯间、长度超过 20m 的内走道、消防电梯间及其前室、合用前室。

疏散标志灯设置位置，如图 8-77 所示。当有无障碍设计要求时，宜同时设有音响指示信号。

（3）凡是在火灾时因正常电源突然中断将导致人员伤亡的潜在危险场所（如医院手术室、急救室等），应设置安全照明。

2. 应急照明设置要求

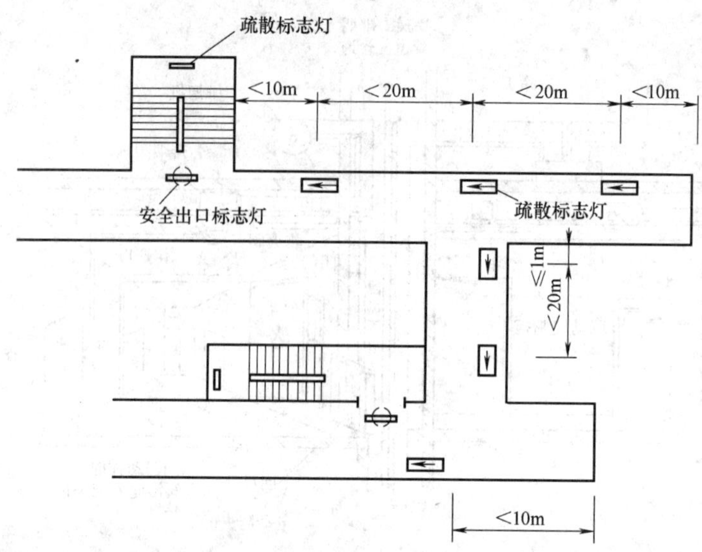

图 8-77 疏散标志灯设置位置

1）疏散用的火灾应急照明其地面最低照度不应低于 0. 5lx。消防控制室、消防水泵房、防烟排烟机房、配电室和自备发电机房、电话总机房以及发生火灾时仍需坚持工作的其他房间的应急照明，应保证正常照明的照度。

2）除二类居住建筑外，高层建筑的疏散走道和安全出口处应设灯光疏散指示标志。

3）备用照明灯具宜设在墙面或顶棚上。安全出口标志灯具宜设置在安全出口的顶部，底边距地不宜低于 2. 0m。疏散走道的疏散指示标志灯具，宜设置在走道及转角处离地面 1. 00m 以下的墙面上、柱上或地面上。走道疏散标志灯的间距不应大于 20m。当厅室面积较大，必须装设在顶棚上时，灯具应明装，且距地不宜大于 2. 5m。

4）应急照明灯和灯光疏散指示标志，应设玻璃或其他不燃烧材料制作的保护罩。

5）应急照明在正常供电电源停止供电后，其应急电源供电的转换时间应满足下列要求：备用照明不应大于 5s，金融商业交易场所不应大于 1. 5s；疏散照明不应大于 5s；安全照明时不应大于 0. 5s。

3. 应急照明供电方式

应急照明一般供给一路正常工作电源，一路备用电源。且两电源应在末端配电箱内自动切换，称这种配电箱为切换箱。应急照明的正常供电电源应由本层（本防火分区）配电盘以放射式配出到各灯具。配电箱按楼层或防火分区装设，照明支路不应跨越防火分区，每一单相回路容量不宜超过 15A，单相回路连接的灯具出线口数量不宜超过 20 个（最多不超过 25 个）。对于某些建筑物内仅有少量应急照明设施，宜采用灯具内自带蓄电池（全封闭免维护）作为备用电源时，正常电源和备用电源可在灯具内进行切换即可。用蓄电池作备用电源，且连续供电时间不应少于 20min；高度超过 100m 的高层建筑连续供电时间不应少于 30min。备用照明及疏散照明的最少持续供电时间及最低照度，应符合表 8-13 的规定。

表 8-13　备用照明及疏散照明的最少持续供电时间及最低照度

区域类别	场所举例	最少持续供电时间/min		照度/lx	
		备用照明	疏散照明	备用照明	疏散照明
一般平面疏散区域	公共建筑、居住建筑疏散照明	—	≥30	—	≥0.5
竖向疏散区域	疏散楼梯	—	≥30	—	≥5
人员密集流动疏散区域及地下疏散区域	高层公共建筑的观众厅、宴会厅、展览厅、候车(机)厅、多功能厅、餐厅、办公大厅和避难层(间)等场所	—	≥30	—	≥5
航空疏散场所	屋顶消防救护用直升机停机坪	≥60	—	不低于正常照明的照度	—
避难疏散区域	避难层	≥60	—	不低于正常照明的照度	—
消防工作区域	消防控制室、电话总机房	≥180	—	不低于正常照明的照度	—
	配电室、发电站	≥180	—	不低于正常照明的照度	—
	水泵房、风机房	≥180	—	不低于正常照明的照度	—

4. 应急照明光源防火要求

应急照明光源防火要求如表 8-14 所示。

表 8-14　应急照明光源防火要求

名　称	保护措施
开关、插座、照明器具	靠近可燃物时应采取隔热，散热等
卤钨灯、>100W 白炽灯泡的吸顶灯、槽灯、嵌入式灯	引入线应采取瓷管、石棉、玻璃丝等隔热
白炽灯、卤钨灯、荧光高压汞灯、镇流器	不应安装在可燃构件或可燃装修材料上
卤钨灯	不应安装在可燃物品库房

三、消防通信系统

在消防控制中心设有广播通信专用柜，主要包括火灾应急广播及消防专用电话，它们的主要作用是：火灾时为了有效地组织人员迅速疏散，需设置火灾应急广播系统；各层安装专用对讲电话，这些电话直接和消防中心的电话总机联系，能迅速确认火情。专用消防电话和普通公用电话不能共线，以免在发生火情时，由于普通公用电话占线而延误报告火情。

1. 消防专用电话

消防电话系统是一种消防专用的通信系统。通过这个系统可迅速实现对火灾的人工确认，并可及时掌握火灾现场情况及进行其他必要的通信联络，便于指挥灭火及恢复工作。

(1) 电话分机或电话插孔的设置

1) 下列部位应设置消防专用电话分机

① 消防水泵房、备用发电机房、配变电室、主要通风和空调机房、排烟机房、消防电梯机房及其他与消防联动控制有关的且经常有人值班的机房。

② 灭火控制系统操作装置处或控制室。

③ 企业消防站、消防值班室、总调度室。

这些部位是消防作业的主要场所，要求通信畅通无阻。

2) 设有手动火灾报警按钮、消火栓按钮等处宜设置电话塞孔。电话塞孔在墙上安装时，其底边距地面高度宜为 1.3 ~ 1.5m。巡视员、消防员随身携带的话机可随时插入。

3) 特级保护对象的避难层应每隔 20m 设置一个消防专用电话分机或电话塞孔。

(2) 消防专线电话　消防控制室内应设置向当地公安消防部门可直接报警的外线电话 119。

(3) 设计方法

1) 总线制消防电话系统　总线制消防电话系统由设置在消防控制中心的消防电话主机和火灾报警控制器、现场消防电话专用模块和电话插座及消防电话分机构成。

① GST-LD-8304 型编码消防电话模块。GST-LD-8304 型是一种编码模块，直接与火灾报警控制器总线连接，并需要接上 DC24V 电源总线。为实现电话语音信号的传送，还需要接入两根消防电话线。GST-LD-8304 模块上有一个电话插孔，可直接供总线制电话分机使用。按规范要求，GST-LD-8304 模块可安装在水泵房、电梯机房等门口。

布线要求：

Z1、Z2 采用截面积大于等于 $1.0mm^2$ 的阻燃 RVS 双绞线；

DC24V 电源线采用截面积大于等于 $2.5mm^2$ 的阻燃 BV 线；

电话线采用截面积大于等于 $1.0mm^2$ RVVP 屏蔽线。

② GST-LD-8312 型消防电话插座。其特点为一种非编码消防电话插座，不能接入火灾报警控制总线，仅能与 GST-LD-8304 模块连接，构成编码式电话插座，通常为多个 GST-LD-8312 电话插座并联后与一个 GST-LD-8304 模块相连，仅占用控制系统一个编码点。应当注意的是，利用 GST-LD-8304 作为所连接电话插座的编码模块使用时，GST-LD-8304 模块不允许再连接电话分机。另外，多个 GST-LD-8312 电话插座并联后，也可直接与总线制消防电话主机或多线制消防电话主机连接，不占用控制器的编码点。

③ 消防电话系统图。在工程应用设计时，有固定电话分机和电话插孔的系统连接示意图，如图 8-78 所示。

它能满足一座大厦建筑物内不同位置的不同要求，这是在实际中用得最多的系统构成方式。如在电梯机房、水泵房、配电房、电梯门口等重要的地方安装固定式电话分机 TS-100A，而在每一楼层安装一个或多个 GST-LD-8304 型模块作为电话插座分区编码模块，在走廊墙壁上隔一定距离安装一只 GST-LD-8312 型消防电话插座，并将这些消防电话插座分组并联在该楼层的 GST-LD-8304 型模块上。无需编码的电话插座则可直接接在消防电话主机两根电话线上。

2) 多线制消防电话系统　多线制消防电话系统的控制核心为 TS-Z03 型多线制消防电话

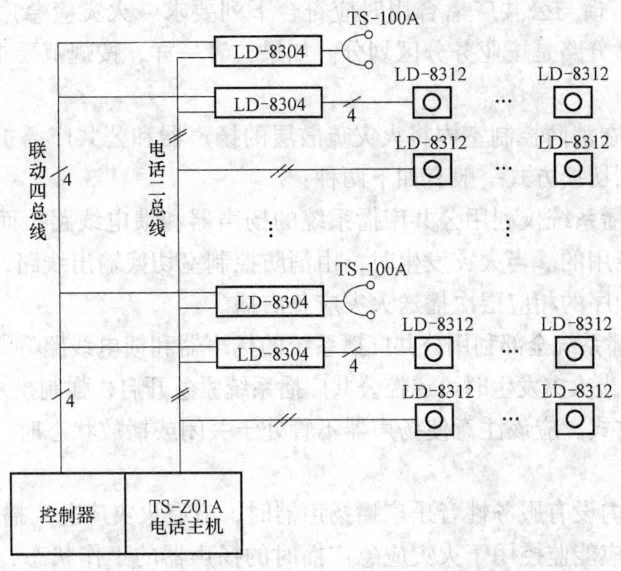

图 8-78　有固定电话分机和电话插孔的系统连接示意图

主机。按实际需求不同，消防电话主机容量也不同。在多线制消防电话系统中，每一部 TS-200A 型固定式消防电话分机占用消防电话主机的一路，采用独立的两根线与消防电话主机连接。GST-LD-8312 型消防电话插座可并联使用，并联的数量不限，并联的电话插孔座仅占用消防电话主机的一路。

多线制消防电话系统中主机与分机、分机与分机间的呼叫、通话等均由主机自身控制完成，无需其他控制器配合。设计方法如图 8-79 所示。布线要求：所有电话线采用 RVVP 屏蔽线，截面积大于等于 1.0mm^2。

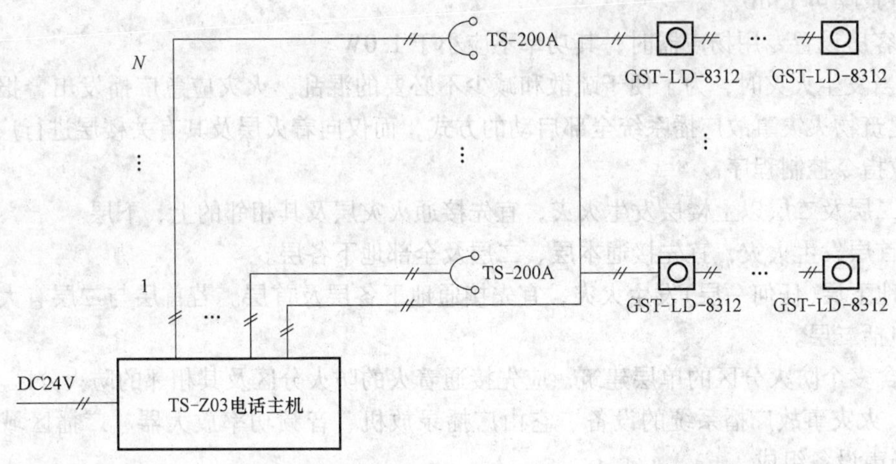

图 8-79　多线制消防电话系统连接示意图

2. 火灾应急广播系统

消防广播设备作为建筑物的消防指挥系统，在整个消防控制管理系统中起着极其重要的作用。在大型建筑内，一般设置火灾事故广播是为了便于火灾疏散统一指挥。按照规范要求，控制中心报警系统应设置火灾事故广播，集中报警系统也宜设置火灾事故广播。

（1）火灾应急广播与公共广播合用时应符合下列要求　火灾应急广播分路是按防火分区划分，而公共广播分路是按业务分区划分。如果二者一样，按规范要求二者可以合用。合用时规范要求：

1）火灾时应能在消防控制室内将火灾疏散层的扬声器和公共广播扩音机强制转入火灾应急广播状态。控制切换方式一般有如下两种：

① 火灾应急广播系统仅利用公共广播系统的扬声器和馈电线路，而火灾应急广播系统的扩音机等装置是专用的。当火灾发生时，由消防控制室切换输出线路，使公共广播系统按照规定的疏散广播顺序的相应层次播送火灾应急广播。

② 火灾应急广播系统全部利用公共广播系统的扬声器和馈电线路等装置，在消防控制室只设紧急播送装置，当火灾发生时可遥控公共广播系统紧急开启，强制投入火灾应急广播。

以上两种控制方式，应该注意使扬声器不管处于关闭或播放状态时，都应能紧急开启火灾应急广播。

2）床头控制柜内设有服务性音乐广播扬声器时，应有火灾应急广播功能。

3）消防控制室应能监控用于火灾应急广播时的扬声器的工作状态，并应具有遥控开启扬声器和采用传声器播音（能用话筒播音）的功能。

4）应设置火灾应急广播备用扬声器，其容量不应小于火灾时需同时广播的范围内火灾应急广播扬声器最大容量总和的1.5倍。

（2）火灾应急广播扬声器的设置，应符合下列要求

1）民用建筑内扬声器应设置在走道和大厅等公共场所。每个扬声器的额定功率不应小于3W，其数量应能保证从一个防火分区的任何部位到最近一个扬声器的距离不大于25m。走道内最后一个扬声器至走道末端的距离不应大于12.5m。

2）在环境噪声大于60dB的场所设置的扬声器，在其播放范围内最远点的播放声压级应高于背景噪声15dB。

3）客房设置专用扬声器时，其功率不应小于1.0W。

4）当发生火灾时，为了便于疏散和减少不必要的混乱，火灾应急广播发出警报不能采用整个建筑物火灾事故广播系统全部启动的方式，而仅向着火层及其有关楼层进行广播。

疏散指令控制程序：

① 二层及二层以上楼层发生火灾，宜先接通火灾层及其相邻的上、下层。

② 首层发生火灾，宜先接通本层、二层及全部地下各层。

③ 地下层（任何一层）发生火灾，宜先接通地下各层及首层。若首层与二层有大共享空间时应包括二层。

④ 含多个防火分区的单层建筑，应先接通着火的防火分区及其相邻的防火分区。

（3）火灾事故广播系统的设备　它由广播录放机、音频功率放大器、广播区域控制盘及现场扬声设备组成。

1）广播录放机　主要用磁带播音，也可以进行话筒播音，并能对播录内容录音。消防联动控制系统控制起动录放机或手动录放机的“紧急起动”键起动。录放机可实现正常广播和事故广播的自动切换，便于正常广播和事故广播共用一套功率放大器和现场扬声器。

2）音频功率放大器　它提供音频信号的功率放大，一般用定压120V输出。功率放大器有过载保护功能，使用直流24V或交流220V供电。交流220V失电时，可用后备电池供电。

3）广播区域控制盘　广播区域控制盘与功率放大器配合进行现场广播的分区控制，完成正常广播和事故广播的切换。它可分为多路、多区域。平时进行全区域正常广播，发生火警时，手动控制需要事故放音的区域进行火警事故广播，而其他区域应为正常广播。

4）广播音箱

① 吸顶音箱。它是圆柱形箱体，安装在天花板上，功率为3W。

② 壁挂式音箱。它是现场扬声设备，它为长方体，安装于墙上。音箱外壳是ABS防火塑料，功率为3W。

（4）消防广播系统设计　在实际应用设消防广播时，有总线制及多线制两种消防广播系统方案可供选择，二者的区别在于总线制系统是通过控制现场专用消防广播编码切换模块来实现广播的切换及播音控制。而多线制系统是通过消防控制中心的专用多线制消防广播分配盘（GST-LD-GBFP-200）来完成播音切换控制的。

1）消防广播模块（GST-LD-8305）

特点：本模块专用于总线制消防广播系统各防火分区内正常广播与消防广播间的现场切换控制。模块设有自回答功能，当模块动作后，将产生一个报警信号送入控制器产生报警，表明切换成功。其线制为与控制器的信号二总线和电源二总线连接；可接入两根正常广播线、两根消防广播线及两根音响线。

布线要求：无极性信号二总线采用阻燃RVS双绞线，截面积大于等于1.0mm^2；DC24V电源二总线采用阻燃BV线，截面积大于等于1.5mm^2；正常广播线、消防广播线及放音设备的连接线均采用阻燃BV线，截面积大于等于1.0mm^2。

2）总线制消防广播系统　总线制消防广播系统由消防控制中心的广播设备、配合使用的总线制火灾报警控制器、GST-LD-8305消防广播模块及现场放音设备组成。

消防广播设备可与其他设备一起也可单独装配在消防控制柜内，各设备的工作电源统一由消防控制系统的电源提供。

总线制消防广播系统示意图如图8-80所示，一个广播区域可由一个GST-LD-8305模块

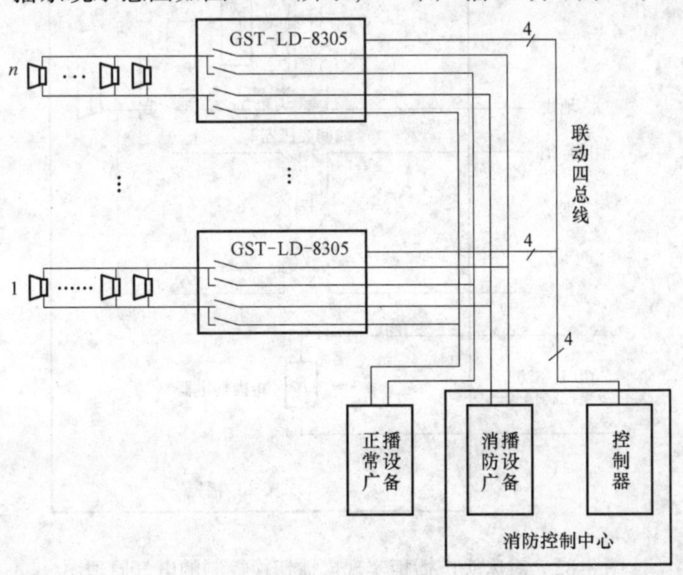

图8-80　总线制消防广播系统示意图

来控制。

有些场合，尤其是档次较高的宾馆客房内设有床头广播柜，GST-LD-8301型模块和GST-LD-8302型模块组合控制多个床头广播柜示意图如图8-81所示。

为实现广播切换功能，床头广播柜必须设一只二开二闭继电器和二只线间变压器，对床头广播柜实现广播切换控制的电气原理图如图8-82所示。

3）多线制消防广播系统　多线制广播系统对外输出的广播线路按广播分区来设计，每一广播分区有两根独立的广播线路与现场放音设备连接，各广播分区的切换控制由消防控制中心专用的多线制消防广播切换盘来完成。多线制消防广播系统使用的播音设备与总线制消防广播系统内的设备相同。

多线制消防广播系统核心设备为GST-LD-GBFP-200型多线制广播切换盘，通过此切换盘，可完成手动对各广播分区进行正常或消防广播的切换。显然，多线制消防广播系统最大的缺点是，n个防火

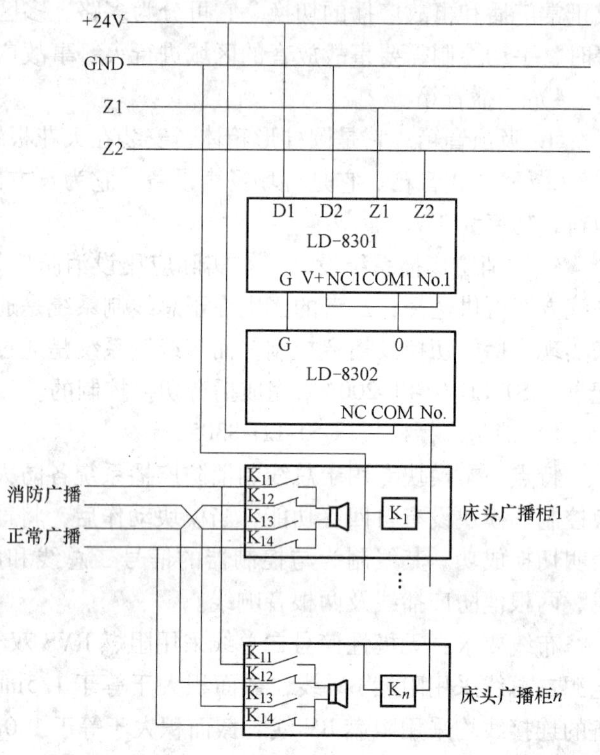

图8-81　模块组合控制多个床头广播柜示意图

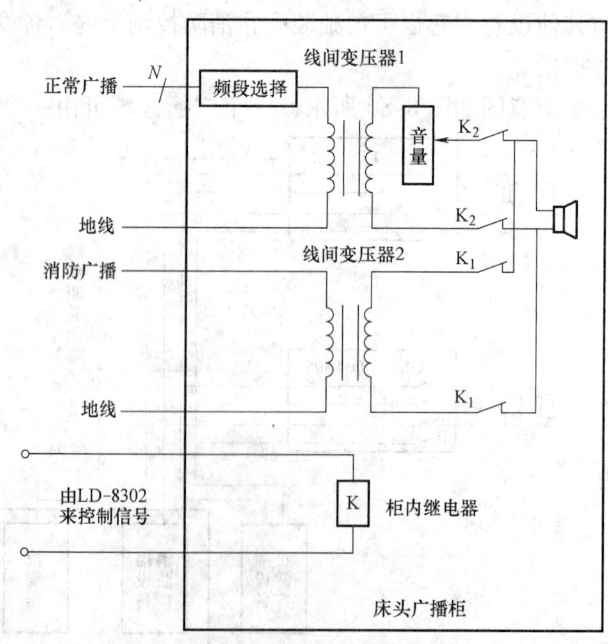

图8-82　对床头广播柜实现广播切换控制的电气原理图

(或广播)分区，需敷设2n条广播线路。图8-83为多线制消防广播系统示意图。

实际的消防工程中，广播、通信作为一个系统，由广播通信柜控制，广播通信柜中由直流备用电池组、直流稳压电源、广播录音装置、广播机、控制分盘、电话录音装置、电话总机等组成，再接入广播扬声器、电话分机就构成了火灾事故广播通信系统。

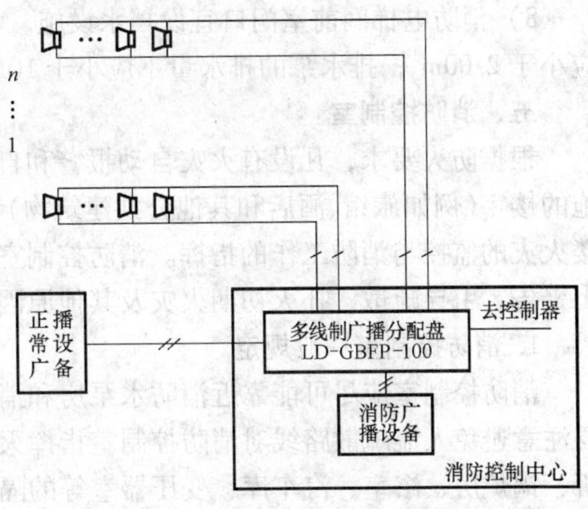

图8-83　多线制消防广播系统示意图

四、消防电梯

1. 消防电梯及其控制要求

建筑物中设有电梯及消防电梯时，消防控制室内应设有对电梯，特别是消防电梯的运行管理。这是因为消防电梯是在发生火灾时，供消防人员扑灭火灾和营救人员用的纵向的交通工具，联动控制一定要安全可靠。火灾时，一般不用电梯作疏散，因为这时电源无把握，因此对电梯控制一定要保证安全可靠。

消防控制室在火灾确认后，应能控制电梯全部停于首层，并接收其反馈信号。

电梯的控制有两种方式：一种是将电梯的控制显示盘设在消防控制室，消防值班人员在必要时可直接操作。另一种是在人工确认真正是火灾后，消防控制室向电梯控制室发出火灾信号及强制电梯下降的命令，所有电梯下行停位于首层。

在对自动化程度要求较高的建筑内，可用消防电梯前室的感烟探测器联动控制电梯。但是必须注意感烟探测器误报的危险性，最好还是通过消防中心进行控制。

2. 消防电梯的设置规定

1）动力与控制电缆、电线应采取防水措施，以防消防救火用水导致电源线路泡水而漏电，影响救火使用。

2）消防电梯间前室宜靠外墙设置，在首层应设直通室外的出口或经过长度不超过30m的通道通向室外。

3）消防电梯除了正常供电线路之外，还应有备用事故电源，使之不受火灾停电的影响。消防电梯的供电，一般保证双电源在末端自投，连续供电不少于60min，并应保证它的电源质量。当电梯在市电停电时，采用应急备用发电机组作为电梯的备用电源是救出轿箱里的乘客的有效措施。

4）消防电梯轿箱内应设专用电话，以便消防人员与控制中心、火场指挥部保持通话联系。并应在首层设供消防队员专用的操作按钮。

5）消防电梯可与客梯兼用，但符合消防电梯的要求。

6）电梯井道内除电梯的专用线路(控制、照明、信号等井道的消防需用线路)外，其他线路不得沿电梯井道敷设。井道内敷设的电缆和导线应是阻燃和耐潮湿的，穿线管槽亦应为阻燃型。

7）应在首层设供消防队员专用的操作按钮，在首层设开锁装置，火灾时，消防队员使用此按钮的同时，常用的控制按钮失去作用，专用操作按钮使电梯降到首层，保证消防队员的使用，消防电梯的运行速度将保证在建筑物首层直达顶层时不超过 1min。

8）消防电梯间前室门口宜设挡水设施。消防电梯的井底应设排水设施，排水井容量不应小于 2.00m^3，排水泵的排水量不应小于 10L/s。

五、消防控制室

根据防火要求，凡设有火灾自动报警和自动灭火系统，或设有自动报警和机械防排烟设施的楼宇(例如旅馆、酒店和其他公共建筑物)都应设有消防控制室(消防中心)，负责整座大楼火灾的监控与消防工作的指挥。消防控制室既是防火活动的管理中心，又是火灾发现并发出警告、引导疏散、扑灭初期火灾及其他原因发生事故的处理中心。

1. 消防控制室一般规定

消防控制室应尽可能靠近消防水泵房和消防电梯，并宜尽量避开人流密集的场所，特别要注意避免人流疏散路线对消防控制室指挥灭火救灾工作的干扰。不应将消防控制室设于厕所、锅炉房、浴室、汽车库、变压器室等的隔壁和上下层相对应的房间。有条件时宜与防灾监控、广播、通信设施等用房相邻近。

常见的建筑物消防控制室是附设在建筑物内的，其位置宜设置在建筑物的首层，应当采用耐火极限不低于 3h 的隔墙和耐火极限不低于 2h 的楼板与其他部位隔开，并设置直通室外的安全出口，且距离不应大于 20m。当首层设置确有困难时，也可以将其设置在地下一层。

消防控制室的门，应有一定的耐火能力，同时为了便于消防人员在灭火时联系工作能快速准确地到达消防控制室。消防控制室门上方应设有明显的标志，一般可以设置标志牌或标志灯，且标志灯的电源应从消防应急电源上接入，以保证标志灯在紧急事故时也可以照常工作。

消防控制室可以和安保、建筑设备管理系统控制室等合在一个大房间内。这样便于相互间联系，且管理方便、节省设备，少占用房间及面积。

鉴于我国现行管理体制上的不同要求(现行消防法规也比较强调消防系统的独立性)，因此以上的设置安排还应征得有关方面的认可。

控制室的面积可以根据被监控对象的多少及设备占用面积等因素而决定，通常应考虑设备安放后的维修、操作面积及值班、指挥人员占住的足够面积。适当考虑长期值班人员房间的朝向。

2. 消防控制室功能及布置要求

（1）消防控制室的设备及功能

①室内消火栓系统的控制显示；②自动喷洒灭火系统的控制显示；③泡沫、干粉、灭火系统的控制显示；④二氧化碳等管网灭火系统的控制显示；⑤电动防火门、防火卷帘的控制显示；⑥防排烟设备及电动防火阀的控制显示；⑦通风、空调的电源切除控制；⑧电梯系统的监控设备；⑨火灾事故广播设备的控制装置；⑩消防通信设备；⑪保证电源等。

其他监视如疏散照明电源的监视，高空障碍灯监视，风速、风向、温度监视，地震监察等。联动控制台(柜)布置示意图如图 8-84 所示。

（2）消防控制设备布置应符合下列要求

1）设备前操作距离，单列布置时不应小于 1.5m，双布置时不应小于 2m。

2）在值班人员经常工作的一面，设备面盘至墙的距离不应小于 3m。

3）设备面盘后的维修距离不宜小于 1m。

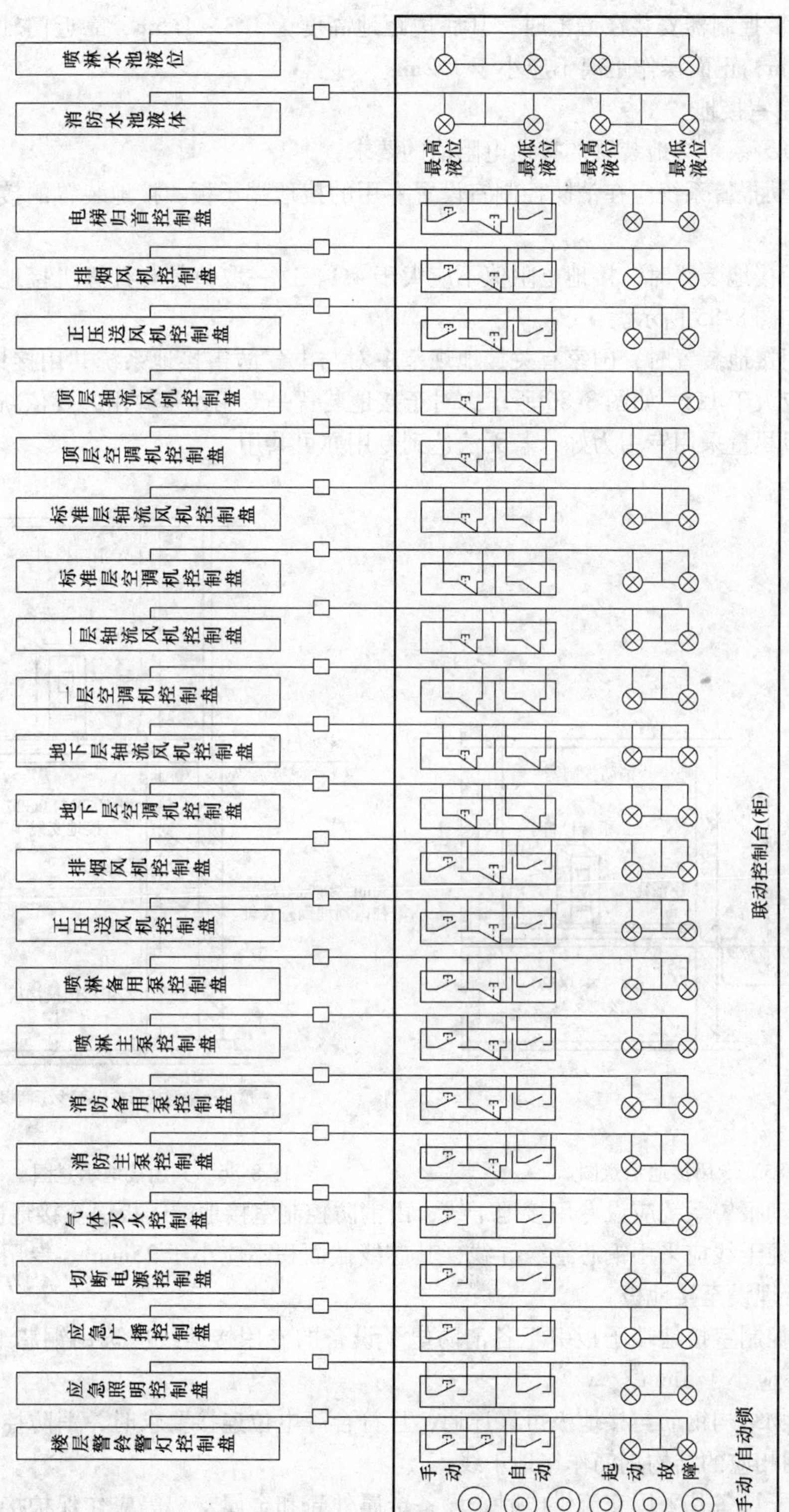

图 8-84 联动控制台(柜)布置示意图

4）设备面盘的排列长度大于4m时，其两端应设置宽度不小于1m的通道。

5）火灾报警控制器安装在墙上时，其底边距地高度为1.3～1.5m，靠近门轴的侧面距墙不应小于0.5m，正面操作距离不应小于1.2m。

3. 消防控制室接地

火灾自动报警系统接地装置的接地电阻值的要求：

1）火灾自动报警系统应在消防控制室设置专用的接地端子板。接地装置的接地电阻应符合下列要求：

当采用专用接地装置时，接地电阻值不应大于4Ω。这一取值是与计算机接地要求有关规范一致的，如图8-85所示。

当采用共用接地装置时，国家有关接地规范中对与电气防雷接地系统共用接地装置时，接地电阻值不应大于1Ω。如图8-86所示，对于接地装置是专用还是共用，要依新建工程的情况而定，一般尽量采用专用为好，若无法达到专用亦可共用。

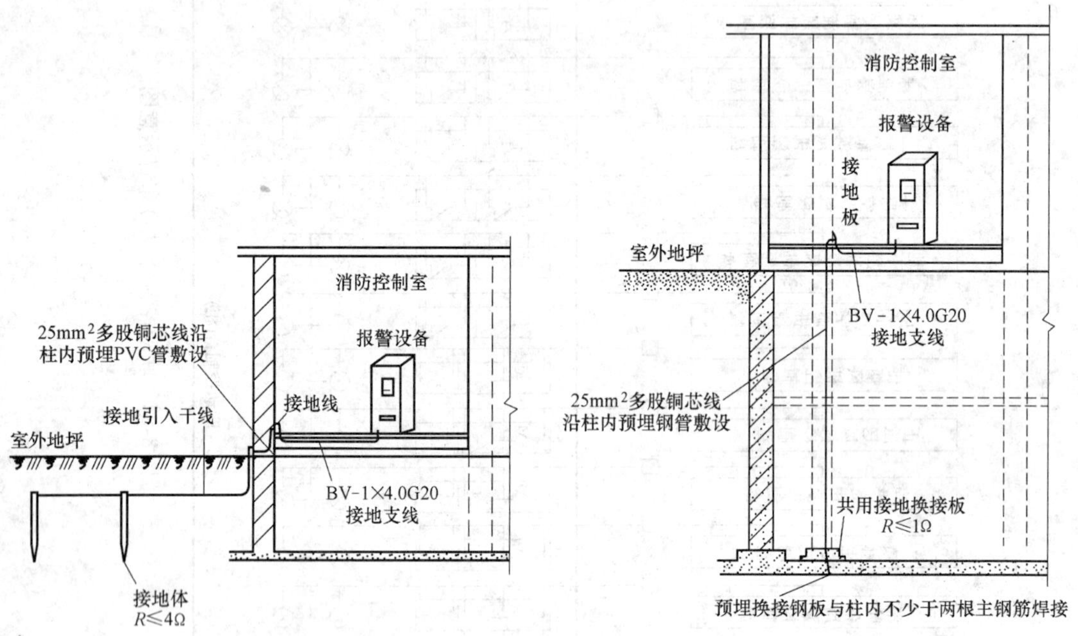

图8-85　专用接地示意图　　　图8-86　共用接地示意图

2）火灾自动报警系统应设专用接地干线，由消防控制室接地端子板引至接地极。

3）专用接地干线应采用铜芯绝缘导线，其芯线截面积不应小于25mm²。专用接地干线宜穿硬质塑料管埋设至接地极。

4）由消防控制室接地端子板引至各消防电子设备的专用接地线应选用铜芯绝缘导线，其芯线截面积不应小于4mm²。

5）当建筑物结构钢筋与接地极可靠连通，且符合等电位连接要求时，消防控制室的接地端子板可采用相应的结构钢筋作接地干线。

6）消防电子设备凡采用交流供电时，设备金属外壳和金属支架等应作保护接地，接地线应与电气保护接地干线（PE线）相连接。

第五节　消防控制系统的设计要点

一、消防控制系统的设计内容和设计原则

1. 消防控制系统的设计内容

消防系统的设计一般分为两大部分内容，即：火灾自动报警系统和消防联动控制系统。具体设计内容如表 8-15 所示。

表 8-15　消防系统设计的内容

设备名称	内　　容
报警设备	火灾自动报警控制器，火灾探测器，手动报警按钮，消火栓报警按钮等
通信设备	应急通信设备，对讲电话分机等
广播	火灾事故广播设备
灭火设备	喷水灭火系统的控制 室内消火栓灭火系统的控制 泡沫、卤代烷、二氧化碳等管网灭火系统的控制等
消防联动设备	防火门、防火卷帘门的控制，防排烟风机、排烟阀的控制，空调、通风设施的紧急停止，电梯控制监视
避难设施	应急照明装置、诱导灯

一个建筑物内合理设计火灾自动报警系统，能及早发现和通报火灾，防止和减少火灾危害，保证人身和财产安全。设计的优劣主要从以下几方面进行评价。

1）满足国家火灾自动报警设计规范及建筑设计防火规范的要求。

2）满足消防功能的要求。

3）技术先进，施工、维护及管理方便。

4）设计图样资料齐全，准确无误。

5）投资合理，即性能价格比高。

2. 消防控制系统的设计原则

消防系统设计的最基本原则，就是应符合现行的建筑设计消防法规和现行规范的要求。因此在进行消防系统设计时，要遵照下列原则进行：

1）熟练掌握国家标准、规范、法规等，对规范中的正面词及反面词的含义领悟准确，保证做到依法设计。

2）详细了解建筑物的使用功能，保护对象级别及有关消防监督部门的审批意见。

3）掌握所设计建筑物相关专业的标准、规范等，如建筑专业和给排水专业等规范，以便于综合考虑后着手进行系统设计。

按照我国消防法规的分类大致有五类：即建筑设计防火规范、系统设计规范、设备制造标准、安全施工验收规范及行政管理法规。设计者只有掌握了这五大类的消防法规，设计中才能做到应用自如、准确无误。

在执行法规遇到矛盾时，应按以下几点执行：

①行业标准服从国家标准；②从安全考虑就高不就低；③报请主管部门解决，包括公安部、建设部等规范制定的主管部门。

二、火灾自动报警系统保护对象分级

在进行火灾自动报警系统的设计时，最重要的问题是系统方案的确定，即什么样规模的建筑应设置什么样的系统，因此应根据建筑物的功能、火灾危险性、疏散和扑救难度等对保护对象进行分级，划分情况如表 8-16 所列。

表 8-16　民用建筑火灾自动报警系统保护对象分级

级　别	建筑物属类	所含建筑物
特级	建筑高度超过 100m 的高层建筑	各类建筑物
一级	建筑高度不超过 100m 的高层民用建筑（一类建筑）	1. 医院；2. 高级旅馆；3. 建筑高度超过 50m 或每层建筑面积超过 $1000m^2$ 的商业楼、展览楼、综合楼、电信楼、财贸金融楼；4. 建筑高度超过 50m 或每层建筑面积超过 $1500m^2$ 的商住楼；5. 中央级和省级（含计划单列市）广播电视楼；6. 网局级和省级（含计划单列市）电力调度楼；7. 省级（含计划单列市）邮政楼、防灾指挥调度楼；8. 藏书超过 100 万册的图书馆、书库；9. 重要的办公楼、科研楼、档案楼；10. 建筑高度超过 50m 的教学楼和普通的旅馆、办公楼、科研楼、档案楼等
	建筑高度不超过 24m 的高层民用建筑及建筑高度超过 24m 的单层公共建筑	1. 200 床及以上的病房楼，每层建筑面积 $1000m^2$ 及以上的门诊楼；2. 每层建筑面积超过 $3000m^2$ 的百货楼、商场、展览楼、高级旅馆、财贸金融楼、电信楼、高级办公楼；3. 藏书超过 100 万册的图书馆、书库；4. 超过 3000 座位的体育馆；5. 重要的科研楼、资料档案楼；6. 省级（含计划单列市）的邮政楼、广播电视楼、电力调度楼、防灾指挥调度楼；7. 重点文物保护场所；8. 大型以上的影剧院、会堂、礼堂
	地下民用建筑	1. 地下铁道、车站；2. 地下电影院、礼堂；3. 使用面积超过 $1000m^2$ 的地下商场、医院、旅馆、展览厅及其他商业或公共活动场所；4. 重要的实验室，图书、资料、档案库
	工业建筑	1. 甲、乙类生产厂房；2. 甲、乙类物品库房；3. 占地面积或总建筑面积超过 $1000m^2$ 的地下丙、丁类生产车间及物品库房
二级	建筑高度不超过 100m 的高层民用建筑（二类建筑）	1. 除一类建筑以外商业楼、展览楼、综合楼、电信楼、财贸金融楼、商住楼、图书馆、书库；2. 省级以下的邮政楼、防灾指挥调度楼、广播电视楼、电力调度楼；3. 建筑高度不超过 50m 的教学楼和普通的旅馆、办公楼、科研楼、档案楼等
	建筑高度不超过 24m 的高层民用建筑	1. 设有空气调节系统或每层建筑面积超过 $2000m^2$、但不超过 $3000m^2$ 的商业楼、财贸金融楼、电信楼、展览楼、旅馆、办公楼，车站、海河客运站、航空港等公共建筑及其他商业或公共活动场所；2. 市、县级的邮政楼、广播电视楼、电力调度楼、防灾指挥调度楼；3. 中型以下的影剧院；4. 高级住宅；5. 图书馆、书库、档案楼

（续）

级　别	建筑物属类	所含建筑物
二级	地下民用建筑	1. 长度超过 500m 的城市隧道；2. 使用面积不超过 1000m² 的地下商场、医院、旅馆、展览厅及其他商业或公共活动场所
	工业建筑	1. 丙类生产厂房；2. 建筑面积大于 50m²，但不超过 1000m² 的丙类物品库房；3. 总建筑面积大于 50m²，但不超过 1000m² 的地下丙、丁类生产车间及地下物品库房

三、消防控制系统的布线

1. 一般原则

1）火灾自动报警系统的传输线路和采用 50V 以下供电的控制线路，应采用等级不低于交流 250V 的铜芯绝缘导线和铜芯电缆。采用交流 380/220V 供电或控制的交流用电设备线路，应采用耐压不低于交流 500V 的铜芯电线和铜芯电缆。

2）超高层建筑内的电力、照明、自控等线路应采用阻燃型电线和电缆；但重要的消防设备（如消防泵、消防电梯、防排烟风机等）的供电线路，有条件时可采用耐火型电缆和 MI（矿物绝缘）电缆。

3）一类高层建筑内的电力、照明、自控等线路宜采用阻燃型电线和电缆；但重要的消防设备（如消防泵、消防电梯、防排烟风机等）的供电线路，有条件时可采用耐火型电缆、MI（矿物绝缘）电缆或采用其他防火措施以达到耐火要求。

4）二类高层建筑内消防用电设备宜采用铜芯阻燃型电线和电缆。

5）火灾自动报警系统传输线路芯线截面的选择除应满足自动报警技术条件要求外，还应满足机械强度的要求，绝缘电线、电缆芯线的最小截面积不应小于表 8-17 规定。

表 8-17　铜芯绝缘电线、电缆芯线的最小截面积

序　号	类　别	线芯最小截面积/mm²	序　号	类　别	线芯最小截面积/mm²
1	穿管敷设的绝缘导线	1.00	3	多芯电缆	0.50
2	线槽内敷设的绝缘导线	0.75			

2. 室内布线要求

1）火灾自动报警系统的传输线路，应采取穿金属管、阻燃型硬质塑料管或封闭式线槽保护方式布线。

2）消防用电设备的配电线路，消防控制、通信、应急照明和警报线路，应设有明显标志，宜按防火分区划分，敷设应符合下列规定：

① 当采用暗敷设时，应敷设在不燃烧结构体内，且保护层厚度不宜小于 30mm。

② 当采用明敷设时，应在金属管或金属线槽上涂防火涂料保护（在线管外用硅酸钙筒或用石棉、玻璃纤维隔热筒，壁厚 25mm）。

③ 采用绝缘和护套为不延燃性材料的电缆时，可不穿金属管保护，但应敷设在电缆竖井或吊顶内的有防火保护措施的封闭式线槽内，对消防电气线路所经过的建筑物基础、天棚、墙壁、地板等处均应采用阻燃性能良好的建筑材料和建筑装饰材料填充。

④ 建筑物内如只有一个电缆井(无强电与弱电之分)，弱电与强电线路应分别设置在竖井的两侧。

⑤ 火灾自动报警系统不同用途的传输线路，宜选择不同颜色的绝缘导线，同一工程中相同用途的绝缘导线颜色应一致，接线端子应有标号。

⑥ 不同防火分区的横向敷设的消防系统传输线路，如采用穿管敷设，不宜穿于同一根管内。

⑦ 绝缘导线或电缆穿管敷设时，所占总面积不应超过管内截面积的40%，穿于线槽的绝缘导线或电缆总面积不应大于线槽截面积的60%。

⑧ 不同系统、不同电压、不同电流类别的线路不应穿于同一根管内或线槽内的同一槽孔内。耐火配线：指由于火灾影响，室内温度高达840℃时，仍能使线路在30min内可靠供电。耐热配线：指由于火灾影响，室内温度高达380℃时，仍能使线路在15min内可靠供电。

复习思考题

1. 火灾自动报警系统由哪几部分组成？各部分的作用是什么？
2. 探测器的种类如何划分？
3. 手动报警按钮与消火栓报警按钮的区别是什么？
4. 火灾报警控制器有哪些种类？
5. 灭火系统的类型有几种？各有什么特点？
6. 湿式自动喷水灭火系统主要由几部分组成？各起什么作用？工作原理如何？
7. 消防电梯的作用是什么？
8. 消防设计的内容有哪些？
9. 消防系统的设计原则是什么？
10. 对消防控制系统的布线有什么要求？

第九章 建筑智能安全系统集成

智能建筑的重点是使用先进的技术对楼宇进行控制、通信和管理，强调实现楼宇三个方面自动化的功能，即建筑物的自动化 BA(Building Automation)、通信系统的自动化 CA(Communication Automation)和办公业务的自动化 OA(Office Automation)。而广义的 BA 系统除了包含建筑设备自动化外，还包含本书所介绍的建筑智能安全防范系统。

智能建筑的系统集成经历了从子系统功能级集成到控制系统与控制网络的集成，再到当前的信息系统与信息网络集成的发展阶段。在媒体内容一级上进行综合与集成，可将它们无缝地统一在应用的框架平台下，并按应用的需求来进行连接、配置和整合，以达到系统的总体目标。

单纯的进行建筑智能安全防范系统的集成对智能建筑整体来说没有什么实际意义，所以本章从智能建筑整体的角度来考虑集成。

第一节 系统集成概述

所谓系统集成，主要就是通过楼宇中结构化的综合布线和计算机网络技术，使构成智能建筑的各个主要子系统具有开放式结构、协议和接口都标准化和规范化，具体而言就是软硬件的连接方式、交换信息的内容和格式、子系统之间的互控和联动功能、各子系统的扩展方法等方面，都必须标准化和规范化，从而能将各自分离的设备、功能和信息等集成到相互关联的、统一和协调的系统之中，达到资源的充分共享，并实现集中的和便利的管理。

诚然，实现系统集成并非容易之事，既有相当的工作量，又有一定的技术难度，集成的范围更要考虑周到，集成的实质是体现中央集成管理这样一种管理模式。现对其分析如下：

一、系统集成的复杂性

一个功能完整的智能大楼中包含了多个不同技术类别的子系统，其中较大的系统有：建筑、装潢、安保、消防、综合布线、计算机网络、大楼设备管理、办公自动化和电话系统等。这么多的系统分属于不同的学科，要把它们综合成具有统一的连接界面，有着相当的技术难度。

而且，随着现代通信、计算机及网络技术的飞速发展，智能型建筑中的各个子系统正在向着大规模、多控制对象和分散的方向发展，各个子系统之间及建筑物之间对信息的传递速率和共享程度的要求也越来越高，从而对各子系统的连接和高层次的集成提出了更高的要求。为此，智能大楼将综合利用现代信息技术来实现上述目标。

二、系统集成的优点

如果通过努力，能够较好地实现中央系统集成，推出理想的 IBMS，那么优点将是显而易见的：

1）高集成系统可以在一个中央监控室内实施“三位一体的集成管理”，对大楼的保安、消防、各类机电设备、照明、电梯等进行监控，切实做到按需管理，提高了大楼管理的效率。

2）由于集成系统采用全面综合设计，系统之间的有机组合可能使整个智能化系统在功能上发挥出整体优势。这是一个个单独的子系统叠加在一起所不可能实现的。

3）系统集成所配置的各个子系统的硬件和软件都不会有重复，因而整个集成系统的造价要比采用独立子系统的低。

4）具有良好统一的监控和管理界面。

三、系统集成应坚持的原则

随着技术的进步和生活水平的提高，建筑智能化的要求也会越来越高。鉴于当前技术和经济水平，智能建筑的系统集成应根据实际情况进行实施，切勿盲目跟进，应坚持如下主要原则：

1. 实用性原则

由于建筑的地域、用途与功能不同，建筑智能化的总体功能需求也有所不同。因此，智能建筑应根据具体情况和需求制定实用和可行的集成方案，以避免不必要的功能影响必备的主要功能。

2. 可实施性原则

由于技术、资金和市场等多种因素的影响，智能建筑的系统集成必须建立在技术可行的原则上。当然，最好还应兼顾系统未来的发展和功能提升的需求。

3. 开放性原则

开放性原则决定建筑智能化系统的标准性和互操作性，不仅是决定建筑智能化初投资的主要因素，而且是运行维护管理和系统的发展、升级的关键因素，因此开放性原则是建筑智能化系统全寿命周期内持续发挥影响作用的关键因素，应作为主要考虑因素进行评估和研究。

4. 经济性原则

经济性是任何实际工程项目必须考虑的原则。这就要求建筑智能化系统必须从实际情况出发，进行全寿命周期成本(LCC)综合评价，尽可能使建设费用和运行维护管理费用经济合理，尤其应注意初投资与运行维护费之间的相互制约关系，应合理平衡两者之间的关系，使建筑智能化系统的全寿命周期成本最优。

5. 可靠性原则

可靠性也是任何实际工程项目必须考虑的原则。这就要求系统集成必须采取多种措施，以保证系统具有高可靠性和高容错能力，系统应能够不间断运行，尤其对重大突发事件(如火灾、恐怖事件等)具有极高的可靠性和处理能力。

6. 先进性原则

建筑智能化领域基本上是一个技术不断发展和更新的信息领域，这就要求集成时必须采用与技术发展潮流相适应的技术和产品，使系统保持相对的先进性，以保证系统具有良好的性能及未来扩展和升级的可能性。

第二节　系统集成的模式

系统集成应根据需要采用功能集成、网络集成、软件界面集成等多种集成技术。系统集成实现的关键在于解决系统之间的互联和互操作性问题，它是一个多厂商、多协议和面向各种应用的体系结构。这既需要解决各类设备间及子系统间的接口、协议、系统平台、应用软件等问题，又存在与建筑环境、施工配合、组织管理、人员配备等相关的一切面向集成的问题，系统集成的本质是达到资源的共享。

一、面向协议的集成模式

智能建筑经过20余年的发展，虽然主流标准只有BACnet国际标准和LonWorks技术，但这两个主流标准和技术也是不兼容的。由于市场利益的驱动，国内外代表这个标准和技术的两大阵营曾发生过激烈的“战斗”，至今还“硝烟未尽”。根据其他自控领域的经验，建筑设备自动化领域在短期内不可能出现统一的协议标准，多种协议标准仍将并存，并在未来相当长的时间内延续这种局面。

在多标准并存的建筑设备自动化系统中，最早出现的系统集成模式就是面向自控网络通信协议(protocol-oriented)的集成模式。这种集成模式的核心就是自控网络通信协议的转换，实现自控网络通信协议转换的互联设备往往称为“网关(gateway)”。图9-1是这种集成模式的基本结构图，其中，运行集成系统主界面的工作站通常是基于建筑设备自动化集成模式的基本结构图，这种集成模式在目前已得到了广泛的应用，尤其在已建系统中用另一种不同协议标准扩展时就必须采用这种技术进行系统集成。

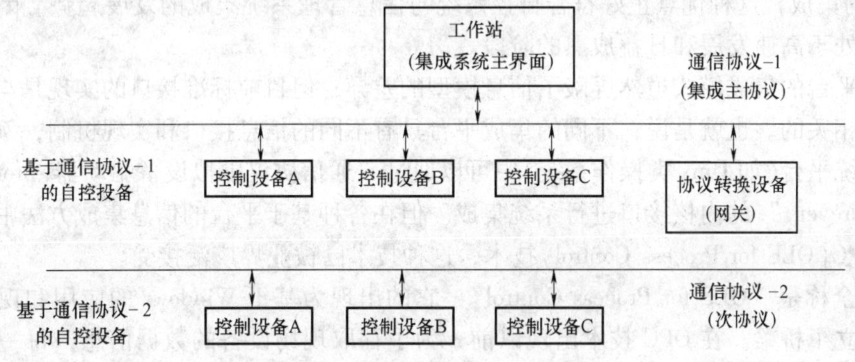

图9-1 面向协议的集成系统基本结构图

从系统集成的层次来看，建筑设备自控网络数据通信协议是对建筑设备自控节点(即通信实体)和互操作模式的抽象描述。不同的通信协议通常采用不同的描述方式和信息模型，并具有不同的互操作模式，有的通信协议采用面向对象(object-oriented)的信息模型和基于命令(based-command)的互操作模式，这种通信协议在描述建筑设备自控设备时采用具有一定层次的数据结构，如BACnet和EIB-obis标准。而有的通信协议采用面向数据(date-oriented)的信息模型和基本数据(based-data)的互操作模式。面向数据的信息模型也称为“面向寄存器(register-oriented)信息模型”，其结构是“扁平(flat)”的，即描述建筑设备自控设备的信息模型不具有层次化的数据结构，如MODBUS和LonTalk标准。因此，面向协议的集成模式是以“抽象信息模型”为中心的，其实质上是协议描述信息模型和互操作模式的转换。由于建筑设备自控网络通信协议均是以二进制方式描述信息模型和互操作模式的，因而这种集成模式是在二进制编码(binary encoding)的层面上进行的。

面向协议的系统集成模式在早期的智能建筑中应用较为普遍。这种集成模式建立在二进制编码基础之上，相对其他集成模式具有较高的运行效率。但正是由于这种集成模式是在二进制编码基础上进行的转换，当集成系统中存在多种通信协议标准时，这种集成模式的代价就会太大，并且存在模型和互操作模式转换不完全的现象。同时，当非集成主标准系统(次协议系统)扩展时，升级网关的代价较大。因此面向协议的系统集成模式一般用于小规模的建筑智能化系统。

另外，也正是由于面向协议的系统集成模式是在二进制信息基础上的系统集成，往往还会使建筑智能化系统成为“信息孤岛”，与企业管理信息系统集成困难。随着 IT 技术的发展，为了克服这种集成模式的缺点，出现了“面向平台”的集成模式。

二、面向平台的集成模式

面向平台(platform-oriented)的集成模式是以“标准信息接口”为核心的，通过定义自控网络中通信实体信息交换的标准接口(standard interface)，以屏蔽不同通信协议对通信实体信息模型和互操作模式的差异。不论通信协议对通信实体进行何种模型描述和采用何种互操作模式，只要提供标准的信息集成接口，则可以在这个标准接口上实现信息的集成，从而实现控制系统信息共享和互操作的集成目标。

与面向协议集成模式相比，面向平台的集成模式是一种较高层次上的集成模式。面向平台的集成模式通过信息交换的标准接口还可以实现自控系统与企业应用系统(如办公管理系统 OAS)的集成，这种优点正好符合自控系统与信息管理系统集成的发展趋势。因而这种技术目前正处于高速发展和日益成熟的阶段。

面向平台的集成模式虽然屏蔽了信息模型的差异，但目前标准接口的实现是与信息集成平台密切相关的。也就是说，不同的集成平台具有不同的信息接口和实现机制，例如，在有些操作系统平台(如 Unix 类操作系统)中可以通过“通信协议虚拟设备驱动器(protocol virtual device drever)”的内核接口进行系统集成。但在各种基于平台的信息集成方法中，最为著名的是 OPC(OLE for Process Control)技术，这种技术已被业界广泛接受。

OPC 全称是“OLE for Process Control”，它的出现为基于 Windows 的应用和现场过程控制应用建立了桥梁。在 OPC 技术出现以前，为了存取现场设备的数据信息，每一个应用软件开发商都需要编写专用的接口函数。由于现场设备的种类繁多，并且产品也会不断升级，往往给用户和软件开发商带来了巨大的工作负担。系统集成商和开发商急切需要一种具有高效性、可靠性、开放性、可互操作性的“即插即用(PnP)”的设备驱动程序。在这种情况下，OPC 标准应运而生。

OPC 是一个业界标准，是世界上技术领先的自动化软硬件厂商与 Microsoft 公司合作开发的。目前由 OPC 基金会(OPC Foundation,OPC-F)管理这个标准，该基金会包括了世界范围内几乎所有的控制系统、仪表和工艺控制系统厂商。

早期的 OPC 标准是由提供工业应用软件的五家公司(Fishre-Rosement, Intellution, Rockwell Software, Intuitive Technology 和 Opto22)所组成的 OPC 特别工作小组于 1995 年所开发的，Microsoft 同时作为技术顾问给予了支持。OPC 基金会在 1996 年 9 月 24 日在美国达拉斯举行了第一次理事会，并在同年 10 月 7 日在美国芝加哥举行的第一次全体大会上宣告正式成立。之后，为了普及和进一步改进 1996 年 8 月完成的 OPC 数据访问标准版本 1.0，开始了全球范围的活动。现在的 OPC 基金会的理事会由 Fishre-Rosement，Honeywell，Intellution，RockwellSoftware，Natinoal Intellution，以及欧洲代表的 Siemens 和远东代表的 Toshiba 所组成。

从 OPC 的技术要求来看，OPC 必须运行在 Windows 平台中，这就限制了 OPC 技术在现场级设备和绝大多数控制级设备中的应用。因此，OPC 技术通常用于管理级的系统集成。当建筑智能化系统由不同通信协议的自控网络组成时，其集成结构通常如图 9-2 所示。

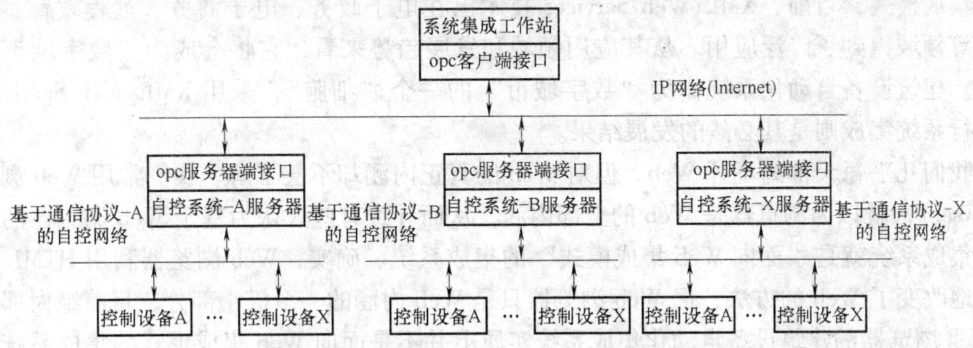

图 9-2　基于 OPC 的系统集成基本结构图

OPC 是 OLE/COM 机制作为应用程序的通信标准，具有语言无关性、代码重用性、易于集成性等优点。OPC 标准规范了接口函数，不管现场设备以何种形式存在，客户都以统一的方式去访问，从而保证软件对客户的透明性，使得用户完全从低层的开发中脱离出来，从而使采用 OPC 规范设计系统具有如下好处：

1）OPC 规范以 OLE/COM 技术为基础，而 OLE/COM 支持 TCP/IP 等网络协议，因此可以将各个子系统从物理上分开、分布于网络的不同节点上。

2）按照面向对象的原则，将一个应用程序（OPC 服务器）作为一个对象封装起来，只将接口方法暴露在外面，客户以统一的方式去调用这个方法，从而保证软件对客户的透明性，使得用户完全从低层的开发中脱离出来。

3）OPC 实现远程调用，使得应用程序的分布与系统硬件的分布无关，便于系统硬件配置和组态，从而将系统复杂性大大简化，可以大大缩短软件开发周期，提高软件运行的可靠性和稳定性，便于系统的升级与维护。

4）OPC 规范了接口函数，不管现场设备以何种形式存在，客户都以统一的方式去访问，从而实现系统的开放性，易于实现与其他系统的接口。

OPC 技术是面向平台集成模式的典型范例，虽然这种集成模式起源于工业过程控制，也广泛应用于智能建筑管理系统领域。例如，Siemens 公司的 APOGEE 系统、我国浙大中控的 AdvBMS 集成管理软件系统以及西安协同软件（集团）股份有限公司的 SynchroBMS 系统等均采用了这种集成模式。

面向平台的集成模式虽然在较高层次上实现了控制系统的集成，但这种集成模式与平台密切相关。另外，随着建筑智能化系统从自动化监控向综合信息管理的发展，面向平台的集成模式同样存在与企业管理信息集成的困难，不能进行跨平台集成，也不能大规模地实现对建筑智能化系统的综合管理。为了实现跨平台的系统集成，并将建筑智能化系统纳入整个企业信息管理系统，又出现了下述“面向 Web”的集成模式。

三、面向 XML/Web Services 的集成模式

随着“数字城市”、“数字地球”等数字化社会发展的需要，IT 业界出现了资源共享和系统集成的 XML/Web Services 新技术。这种现代 IT 技术可以实现各种信息资源的共享和系统集成，具有“平台无关、协议无关和语言无关”的特点，且具有应用部署灵活、应用程序间耦合性弱的优点。于是这种新技术同样在各行各业产生了深远的影响，被称为信息技术的“第三次革命”。这次信息技术革命在建筑设备自动化系统中的应用就产生了面向 Web 的系统集成模式，目前，XML/Web Services 技术已在电子政务、电子商务、远程教育、卫生医疗等领域得到了广泛应用。从其应用领域和发展趋势来看，它将会成为“数字城市”的基础。建筑设备自动化系统作为“数字城市”的一个“细胞”，采用 XML/Web Services 技术进行系统集成则是其必然的发展结果。

我们几乎每天都离不开 Web，但对 Web 的真正内涵却不甚了解。我们常用 Web 浏览器(browser)，就以为浏览器是 Web 的全部内涵，从而导致有些人认为基于 Web 浏览器的智能建筑集成系统就是“面向 Web 集成模式”的集成系统。确实，Web 浏览器利用 HTML 技术极大地改变了 Web 的方法，但 Web 浏览器只是 Web 内涵的一个极小部分，目前绝大部分基于 Web 浏览器的建筑设备自动化集成系统实质上并不是面向 Web 集成模式的集成系统，而是通过“数据嫁接”方式提供了一个 Web 浏览器作为人-机界面的“包装”系统。真正面向 Web 的集成模式是当前所有的系统集成领域正在经历的革命性技术。

现阶段大多数基于 Web 浏览器的建筑设备自动化集成系统之所以不是面向 Web 集成模式的系统，主要原因有两点：一是这种系统只是利用 Web 浏览器访问静态数据，而这种静态数据通常早已存储在某个数据库(并布置在 Web 上)之中；二是数据库中存储的数据是由其他集成模式(通常为上述两种集成模式)所产生或生成的。因此，基于 Web 浏览器的建筑设备自动化集成系统只是在其他集成模式建立在集成系统之上加入 Web 浏览器作为人-机操作界面的系统。虽然目前绝大部分基于 Web 浏览器的系统不是面向 Web 集成模式的系统，但这种系统提供统一的人-机界面，还可以利用 Web 浏览器的客户/服务器模式在 Web 上实现远程监控功能。因而在面向 Web 集成模式的集成系统中也通常采用 Web 浏览器作为人-机界面，并通过 Web 浏览器实现远程控制和管理。

XML/Web Services 作为一种 IT 技术，以其开放性、标准性和简便性在 IT 业界得到了广泛应用，并正向所有自控领域及其系统集成应用快速渗透。建筑设备自动化经过近 20 余年的发展，其理论和技术得到了较大的发展，BACnet 和 LonWorks 技术已成为该领域的主流标准和技术，并已大量和成功地在实际工程得到了应用。但是，当 IT 技术及其相关领域发展使 Ethernet/TCP/IP/XML 等技术越来越便宜时，就对建筑设备自动化领域的应用技术产生了强烈的冲击，并大量向该领域渗透，从而产生了如下需求：

1）要求建筑设备自动化系统利用企业已有或已存在的 Intranet(企业内部互联网)或 Internet。

2）要求建筑设备自动化系统直接与企业管理信息系统集成，并直接将建筑设备自动化系统的实时数据用于企业的运行、管理和决策。

3）要求建筑设备自动化系统与其他 IT 系统一样符合开放性的标准。

显然，存在许多技术可以满足上述需求，例如，BACnet 和 LonWorks 均通过不同的方式进行了 IP 技术扩展，并可直接与 IP 网络互联。但可以肯定的是，这些自控网络通信标准的扩展技术并不是最优的。随着以 XML/Web Services 技术为基础的现代 IT 技术在应用集成(Enterprise Application Integration, EAI)中的成功应用，这种新技术也必然会在建筑设备自动化领域找到“用武之地”，同时也将是目前满足上述需求最有前途的解决方案。其中，EAI

是通过建立底层结构来集成整个企业的异构系统、应用和数据源，它涉及多方面的内容，如界面集成、数据集成和工作流集成等。EAI 的产生可以追溯到那些提供双向解决方案以满足在企业内部的 ERP、CRM、SCM、数据库、数据仓库以及其他重要的内部系统之间无缝共享和交换数据的需要。EAI 应用示意图如图 9-3 所示。

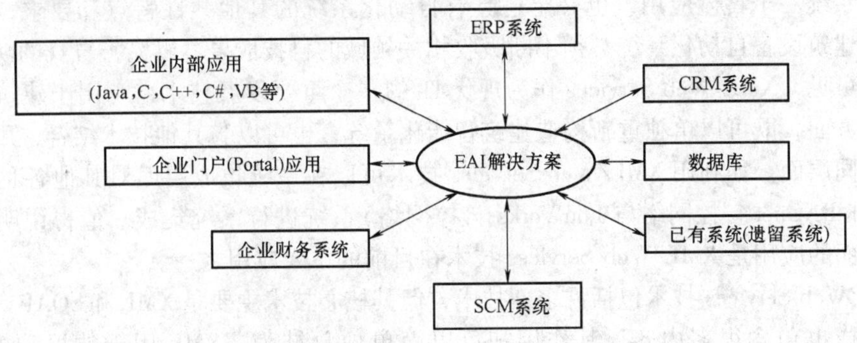

图 9-3　EAI 应用示意图

可以说，XML/Web Services 是现有应用面向 Internet 的延伸，也是现有 Internet 应用面向更好互操作的扩展。XML/Web Services 技术已成功应用于电子商务、远程教育等领域。在建筑设备自动化领域，XML/Web Services 技术已在近两年的 AHR EXPO（空调、供热和制冷世界博览会）上展示了实用的产品和进行了大规模学术研讨。这表明，利用 XML/Web Services 技术进行智能建筑集成系统集成正是这种发展趋势的具体表现，代表着智能建筑管理系统由自动化监控向综合信息管理的发展方向。

根据自控网络互操作和系统的基本要求，当 XML/Web Services 技术在建筑设备自动化领域应用时，也必须利用该技术重构系统节点或设备的信息模型、确定互操作模式以及系统集成方法等方面的基本内容。因此，在建筑设备自动化中利用 XML/Web Services 技术的具体内容可以如下：

① 信息模型。信息模型是系统节点或设备进行数据共享的基础，是对共享数据的抽象描述。这种抽象描述在现代 IT 技术中通常采用面向对象分析和设计（OOA&D）的方法，利用 XML 的自描述、自包含功能对数据信息模型的数据类型（type）、单位（unit）、命名空间（name space）、精度（accuracy）等属性进行定义。

② 互操作服务。根据 ASHTAE Guideline 13-2000 Specifying Direct Digital Control Systems（DDC 系统说明与设计规范）对建筑设备自动化互操作的定义，XML/Web Services 技术对建筑设备自动化系统互操作服务的定义，不仅仅涉及数据共享（Data Sharing）服务，而且还应包括报警与事件管理（Alarm & Event Management）服务、运行日程安排（Scheduling）服务和设备与网络管理（Device & Network Management）服务等。在 XML/Web Services 技术，互操作服务通常按 SOAP（Simple Object Access Protocol，简单对象访问协议）标准进行定义。

③ 网络管理。随着技术的发展，现代建筑设备自动化系统必须支持设备自动识别（identify）和发现（discovery）、远程配置、设备自检和远程管理等网络管理功能，这些功能与系统集成、配置、运行和维护管理密切有关，是系统易用性和开发标准型系统集成工具与运行管理工具的必备功能。要实现这种功能，就必须利用 XML 对设备接口（Device Interface）进行定义，以取代与协议相关的二进制编码形式的设备接口。如 LonMark 规范中定

义的设备接口，BACnet 标准中的 PICS 文档。只有采用 XML 语言并规定其文档形式，才能使网络管理具有自动化和智能化的特点。

④ 安全及其他。对于自控网络设备的操作一般要求操作权限验证，这种安全要求通常涉及认证(authentication)和加密(encryption)两个方面的内容。此外，建筑设备自动化系统作为自动化系统一个具体应用，也必定还具有自动化系统的其他共性特点和要求，如操作日记，因此建筑设备自动化系统必须不断吸收相关领域的科技成果，以完善自身的功能。

由此可见，XML/Web Services 作为现代 IT 的一个重要发展技术，可用于建筑智能化领域的各个方面，既可以单独重新构造建筑智能化系统，也可以与其他技术结合，用于建筑智能化的不同层面。如利用 XML/Web Services 技术可以在系统集成层面对其他各种协议的自控网络(如 BACnet 自控网络与 LonWorks 自控网络)系统进行系统集成。值得说明的是，系统集成层面的应用是 XML/Web Services 技术在目前的主要应用之一。

XML/Web Services 技术包括许多新技术，但其核心技术主要是 XML 和 SOAP。这两项技术虽然同样也包含很多内容，其作用却可以简单地总结为，XML 用于数据和模型描述，SOAP 是用于数据访问和互操作。根据这两项技术的作用，可以准确地推导出 Web Services 技术进行多协议系统集成的基本原理：首先，利用 XML 数据和模型描述功能将某个具体协议所描述的建筑设备自控设备信息模型进行转换或映射，形成一种与“平台、语言和协议无关”的“自包含和自描述”信息模型。然后利用 SOAP 数据访问和互操作功能对 XML 描述的模型进行访问，从而实现多协议系统集成。图 9-4 是面向 Web 的集成系统基本结构图。

当利用 XML/Web Services 技术作为智能建筑管理系统解决方案时，不仅可以解决目前系统集成时现场通信协议或标准的争议，使之相互补充、协调发挥功用，而且可以使系统集成更加灵活、应用部署更加自由，集成规模更大，功能更加强大。例如，利用 XML/Web Services 技术将智能建筑集成系统与物业管理系统集成时，在无需安装任何专用应用程序的情况下，用户只要获得授权，就可以随时查询物业管理的费用，用户也可以自由控制为其服务的建筑设备和系统，甚至个人也可以直接在自己的桌面(desktop)上直接控制自己区域的环境与设备，真正实现“以人为本”的功能。这就是 XML/Web Services 集成模式应用部署自由所产生强大功能之一。

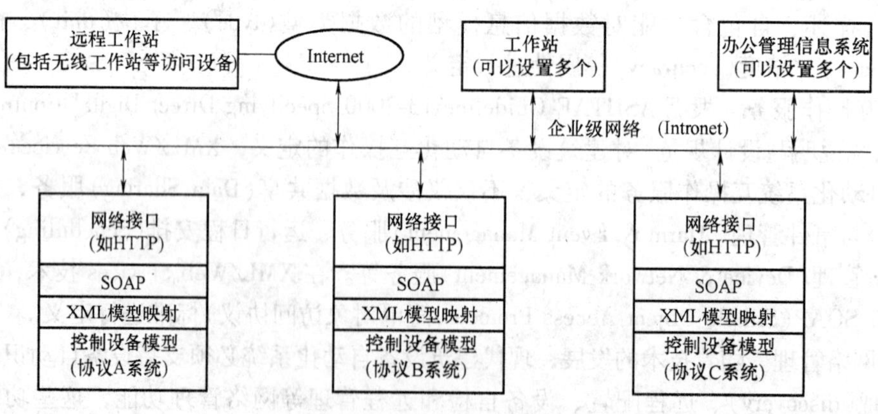

图 9-4 面向 Web 的集成系统基本结构图

总之，XML/Web Services 技术对智能建筑管理系统的影响远远超过了 BACnet 标准和 LonWorks 标准的影响。但是，如何在建筑自动化领域应用 XML/Web Services 技术呢？XML/

Web Services 技术是非常通用的技术，如果生产厂商或开发商各自按自己的方式进行开发和应用，也是不可能在复杂的网络环境中真正实现互操作的。正是如此，不少标准组织或协会正在将已有的建筑设备现场总线通信标准进行 XML/Web Services 技术扩展，或制定相应的 XML/Web Services 技术应用标准。其中最有影响的标准组织或协会有 ASHRAE、LonMark 国际协会(LonMark International)和 CABA(Continental Automation Building Association,北美大陆建筑设备自动化学会)三个。

LonMark 国际协会是一个致力于 LonWorks 标准互操作的全球性协会，最早制定了用于 LonWorks 标准的 XML/Web Services 技术标准。但该技术标准的地位与 LonWorks 标准的地位一样，没有得到 ISO 组织的认可。于是该协会又联合了一些其他公司成立了 CABA，旨在制定基于 XML/Web Services 技术的 Oblx(open Building Information Exchange,开放建筑设备信息交换标准)指南或标准。

由于 BACnet 标准是建筑设备自动化的 ISO 标准，ASHRAE 学会的工作成果将是 ISO 标准之一，因而 ASHRAE 学会的动作是比较慎重和相对缓慢的。经过公开审阅后于 2004 年末正式公布了基于 Web Services 技术的 BACnet/WS 标准。该标准分为两个部分，第一部分定义了一个基于 Web Services 技术的数据模型和接口，这个数据模型和接口是“协议中性(protocol neutral)”的，既可以用于 BACnet 标准，也可以用于 Konnex，MODBUS，LonWorks 和其他任意专用协议，并且具有“本地化”功能。因而第一部分是通用的，适用于所有现场总线通信协议或标准。第二部分则定义了 BACnet 与 Web Services 之间的消息映射机制，属于 BACnet 标准的一个补充内容。

CABA 是由一些北美地区从事 BACS 多年的专家发起的 BAC 协会，旨在制定与建筑设备自控现场总线技术标准无关的 XML/Web Services 技术——.BIX。.BIX 技术主要应用于智能建筑管理系统领域，也适合于建筑设备自动化的其他信息领域。为了使 .BIX 技术成为产业界认为的标准，CABA 将 .BIX 制定工作于 2004 年中期移交给 OASIS 组织。OASIS(Organization for the Advancement of Structured Information Standards)是一个制定和应用基于 XML/Web Service 技术电子商务标准的全球非盈利标准组织。目前 CABA 作为该组织的一个技术分会进行 .BIX 指南制定工作，并于 2006 年发布了 .BIX1.0 草案版本。

正是由于有了上述的工作，智能建筑管理系统不再是以建筑设备自控网络数据通信协议标准技术为核心，而是现代 IT 技术的框架下“淡化”建筑设备自控网络数据通信协议标准技术的作用，使各个建筑设备自动化现场总线技术标准“和平共处”，优势互补，共同完成智能建筑管理系统的功能。这就是说，无论是开放(open)标准，还是专有(proprietary)标准，只要符合现代 IT 技术的集成标准，均可以用智能建筑及其系统集成。因而继续争论现场总线技术标准的优劣，或否定所有现场总线技术标准，重新制定一个属于“自己的”标准是没有意义的。

从上面的分析可以看出，面向 XML/Web Service 的集成模式也是一种信息模型转换技术，这种集成高层次对信息模型进行的转换，其转换后的信息模型是用 XML 描述的。XML 描述是一种自包含和自描述的“文本”文件，与平台和语言无关，并独立底层具体协议，不仅自然直观，具有“人可读性”，而且更重要的是具有“计算机可读性”，即 XML 模型是“计算机-计算机”的信息模型，是计算机可以“理解”的模型。从而使这种信息模型摆脱了与平台和协议有关的专用格式的束缚，实现了与平台无关、语言无关、协议无关的目标。

由于 XML/Web Service 技术具有平台无关、语言无关、协议无关的特性，不仅可以用于建筑设备自动化系统的集成，还可以用于建筑设备自动化系统与智能建筑中其他智能子系统的集成，实现所有建筑智能系统的集成。也正是由于这种技术具有“众所周知和开放”的特点，这种技术也是建设“数字城市”的基础。在数字城市的基础上，智能建筑集成系统不仅可以实现对建筑设备进行综合优化监控和管理，而且还可以与城市公共安全管理系统进行信息共享，自动实现与城市公共安全设施的联动功能。

值得指出的是，从理论上可以直接利用 XML/Web Service 技术对建筑设备自控设备进行模型描述和数据通信。虽然这种技术的编码格式比具体协议所定义的专用格式灵活，但其编码效率低。这表明这种技术需要较多的计算资源，较大的传输带宽和较强的处理能力。这种需求进而说明，在目前状况下这种技术不太适用于现场级(field level)的应用或直接对建筑设备自控设备进行模型描述。因此，在目前状况下，Web Service 技术不会取代 BACnet 或 LonWorks 等具体标准，只是具体通信标准的补充和扩展。尽管如此，在国外已有这方面大量的研究和尝试。随着 IT 技术的发展，尤其是微电子技术的发展，当处理成本、传输成本和存储成本降低到一定的时候，也许这种技术会延伸至建筑设备自控系统最底层，从而成为真正的“统一标准”。

从智能建筑管理系统模式的发展过程可以看出，智能建筑的发展与 IT 技术的发展是息息相关的，并且 IT 技术是智能建筑发展的推动力。在 IT 技术的推动下，智能建筑已进入了 Web 时代，因而研究和应用的焦点已不再是对现场总线通信协议或标准的优劣评价和争论，而应是在认同差异的基础上利用最新 IT 技术寻求最好的系统集成解决方案或集成方式，使智能建筑集成系统真正成为企业集成应用(Enterprise Application Integration,EAI)的一个有机部分，在更高层次上有效地利用智能建筑的信息资源，并扩展和提升智能建筑的智能化水平。

从上述智能建筑管理系统的发展趋势来看，智能建筑管理系统技术的重点已由原来的建筑设备自控网络数据通信协议技术标准转移到了以现代 IT 技术为主的系统集成技术标准。

复习思考题

1. 什么是系统集成？系统集成的目的是什么？
2. 系统集成应坚持哪些原则？
3. 面向协议的集成模式是如何实现的？
4. 面向平台的集成模式是如何实现的？
5. 面向 XML/Web Services 的集成模式是如何实现的？

第十章　建筑智能安全系统设计实例

第一节　闭路电视防范监控系统设计

一、系统的功能

闭路电视监控系统是在建筑物的主要通道及周界设置前端摄像机，将图像传送到管理中心。中心对整个建筑物进行实时监控和记录，使中心管理人员充分了解整个建筑物的动态，它的功能要求如下：

1）对整个建筑物的出入口、主干道、周界、停车场出入口及其他重要场合进行监视。

2）中心监视系统应采用多媒体视像显示技术，由计算机控制、管理及进行图像记录。

3）报警信号与摄像机联锁控制，录像机与摄像机联锁控制。

4）系统可与周界防越报警系统联动进行图像跟踪及记录，当监控中心接到报警时，监控中心图像视屏上立即弹出与报警相关的摄像机图像信号。

5）视频失落及设备故障报警。

6）图像自动、手动切换、云台及镜头的遥控。

7）报警时，报警类别、时间、确认时间及相关信息的显示、存储、查询及打印。

二、设计要求与步骤

CCTV 系统的过程设计，应根据使用要求、现场情况、工程规模、系统造价以及用户的特殊需要等来综合考虑，然后由设计者提出实施设想和措施，进行工程设计。

监控电视系统的工程设计，一般分为初步设计(方案设计)和正式设计(施工图设计)。系统的设计方案应根据下列因素确定：

1）根据系统的技术和功能要求，确定系统组成及设备配置。

2）根据建筑平面或实地勘察，确定摄像机和其他设备的设置地点。

3）根据监视目标和环境的条件，确定摄像机类型及防护措施，在监视区域内它的光照度应与摄像机要求相适应。

4）根据摄像机分布及环境条件，确定传输电缆的线路路由。

5）显示设备宜采用黑白电视系统，在对监视目标有彩色要求时，可采用彩色电视机。对于功能较强的大、中型监控电视系统，宜选用微机控制的视频矩阵切换系统。

6）选用系统设备时，各配套设备的性能及技术要求应协调一致，所用器材质量应符合国家标准或行业标准。

7）系统设计应满足安全防范和安全管理功能的宏观动态监控、微观取证的基本要求，并符合在现场条件下的运行可靠、操作简单、维修方便等要求。

8）应考虑建设和技术的发展，能满足将来系统进一步发展和扩充，以及对新技术、新产品采用的可能性。

三、摄像点的布置

摄像点的合理布置是影响设计方案是否合理的一个方面。对要求监视区域范围内的景物，要尽可能都进入摄像画面，减少摄像区的死角。要做到这点，当然摄像机的数量越多越好，这显然是不合理的。为了在不增加摄像机的基础上，能达到上述要求，这就需要对拟定数量的摄像机进行合理布置。

摄像点的合理布置，应根据监视区域或景物的不同，首先明确主摄体和副摄体是什么，将宏观监视与局部重点监视结合起来。当一个摄像机需要监视多个不同方向时，如前所述应配置遥控电动云台和变焦镜头。但如果多设一两个固定摄像机能监控整个场合时，建议不设带云台的摄像机，而设几个固定的摄像机。摄像机应顺光源方向对准监视目标，避免逆光安装。如果必须逆光安装，则可采用可调焦距、光圈、光聚焦的三可变自动光圈镜头，并尽量调整画面对比度使之呈现出清晰的图像。尤其可采用带有三可变的自动光圈镜头的 CCD 型摄像机。

对于摄像机的安装高度，室内 2.5 ~ 5m 为宜；室外 3.5 ~ 10m 为宜，不得低于 3.5m。电梯轿厢内的摄像机安装在其顶部。摄像点的布置应符合下列要求：

1）必须安装摄像机进行监视的部位有：主要出入口；总服务台；电梯（轿厢或电梯厅）；车库、停车场；避难层等。

2）一般情况下均应安装摄像机的部位有：底层休息大厅；外币兑换处；贵重商品柜台；主要通道、自动扶梯等。

四、设计实例

某大厦是一座集宾馆和办公楼于一体的综合性高级大楼，整个大楼的视频输入点有 88 个，视频输出为 16 个。由于该系统比较庞大，为此采用 AD2052R96-16 型主机。该主机由一个机箱构成，输入和输出采用模块式，每块视频输入模块有 16 路输入，每块视频输出模块有 4 路输出，最大扩容量可达 512 路输入、32 路输出。该系统集成度高，机箱数量少，且价格比 AD1650 低，而功能略有增加。

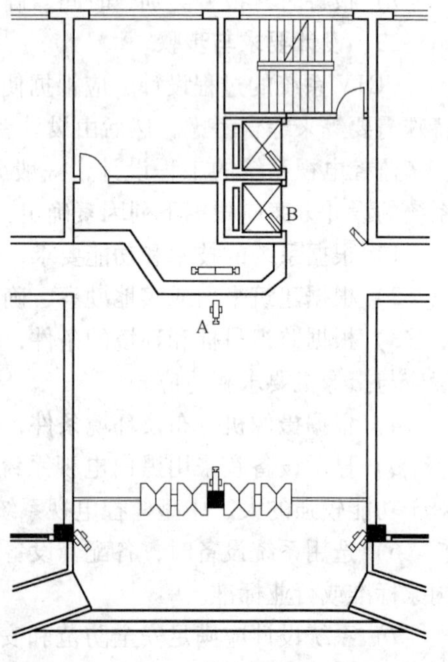

图 10-1　大楼入口及大厅摄像机布置图

由于大厦装修考究，为了尽量避免对原有装修的影响，在比较注目的位置安装了比较美观的一体化快速球形摄像机，固定的摄像机也使用半球形护罩或斜坡式护罩。在大楼的门口雨篷下安装两台带云台摄像机用来监视大楼入口外部情况；在大厅顺入口方向布置两台一体化快速球形摄像机监视整个大厅，另有三台固定式摄像机监视两侧走廊和电梯厅；其他各层电梯厅、走廊及重要部位均安装固定式摄像机。大楼入口及大厅的摄像机布置见图 10-1。用来摄像监视大堂门口的摄像机 A，由于直对屋外所以要采取逆光补偿措施。对于电梯轿厢内摄像机，一般布置在电梯轿厢顶部的角落里，为了尽量摄取乘客的面部，应将摄像机布置在电梯门一侧的上角位置，如摄像机 B。该闭路电视监控系统的系统图如图 10-2 所示。

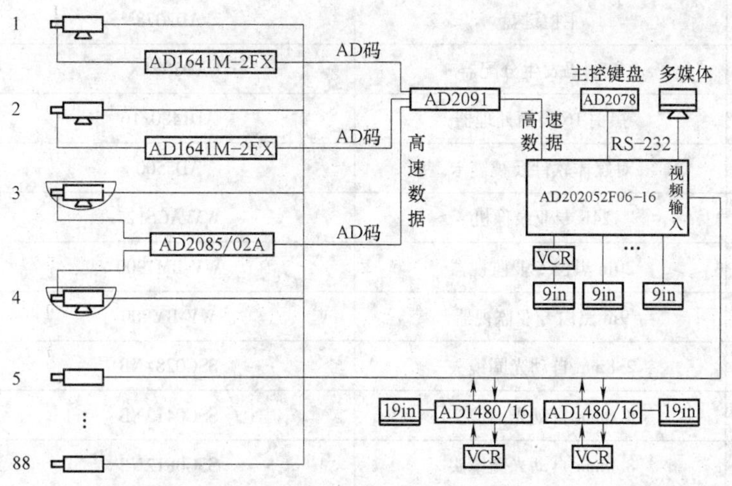

图 10-2　大楼闭路电视监控系统图

AD2052 主机与 AD1650 系统不同，没有 AD 控制码接口，控制信号必须通过高速数据线连接 AD2091 控制码发生分配器。它可把主机 CPU 的控制信号变换成 AD 接收器采用的控制码，最多可提供 64 个独立的缓冲控制码输出，分 4 组，每组 16 个，可控制 64 个摄像现场。多台设备级联最多可控制 1024 个摄像现场，每个输出通过电缆可传送 1500m。

本系统还配置两台黑白双工 16 画面处理器 AD1480/16，该机可在一台录像机上记录 16 路视频信号，可用两台录像机同时录像或放映，图像显示方式有全屏幕、4 画面、9 画面或 16 画面等。

整个系统的设备器材如表 10-1 所示。

表 10-1　某大厦闭路电视监控系统设备器材表

序　号	器材设备名称	型 号 规 格	数　量
1	1/3in 高分辨率黑白摄像机	TK-S350EG	86
2	一体化高速球形黑白摄像机	AD9112/C10	2
3	球形摄像机吸顶安装附件	AD9202	2
4	球形码发生器	AD2083/02	2
5	室外全方位云台	AD1240/24	2
6	室外解码器	AD1641M-2EM	2
7	室外全天候防护罩	AD1335/14SH24	2
8	室内摄像机防护罩	AD1317/8	24
9	室内吸顶斜坡防护罩	AD1303	60
10	矩阵切换控制主机	AD2052R96-16	1

（续）

序　号	器材设备名称	型号规格	数　量
11	主控键盘	AD2078	1
12	控制码发生分配器	AD2091X	1
13	黑白16画面处理器	AD1480/16	2
14	对媒体软件及视霸卡	AD5500	1
15	24h专业录像机	WV-AG6124	3
16	20in黑白专业监视器	WV-BM1900	2
17	9in黑白专业监视器	WV-BM900	16
18	2.8mm自动光圈镜头	SSG0284NB	2
19	4.0mm自动光圈镜头	SSG0412NB	22
20	8.0mm自动光圈镜头	SSG0812NB	60
21	6倍二可调焦镜头	SSL06036GNB	2
22	电源供电器		1

第二节　防盗报警系统设计

一、设计原则

1）传输系统一般宜敷设专用传输线或无线信道传输报警信息，配以必要的有线、无线转接装置，形成以有线传输为主、无线传输为辅的报警传输系统。

2）系统设计要有用户认可的冗余量，以利于系统扩展时对功能和容量的要求。

3）入侵探测器必须符合相关标准的技术要求，在防护区域内，发生入侵时不应发生漏报警。

4）紧急报警装置应具有以下特点：①防误触发措施；②触发报警后能自锁；③报警后采用人工复位；④无线报警装置的发射机，应能在整个防范区域内达到触发报警的要求。

5）声音复核系统应能探测现场内人的话音、走动、撬、挖、凿、锯时发出的声音。在背景噪声不大于45dB的情况下，声音探测器装置灵敏度调到最大值的90%时，所能探测的最大范围，应能满足现场复核的需要。

6）报警控制设备采用微机控制时，系统应具有以下功能：自动接收用户终端设备发来的所有报警信息，并在计算机屏幕上实时显示，同时发出声、光报警；用户报警信息包括：用户代码、地址、姓名、电话、单位名称、时间、警情类别；有足够的容量和相关数据库，存储系统正常运行所需的所有资料；对用户状态进行巡检、定期检测和对用户终端设备进行监控编程；有多个数据输入、输出接口；对现场进行声音复核和处警通信功能；软件应汉化处理，有较强的容错能力及在线帮助能力。

二、防盗报警系统的功能

1）系统应对设防区域的非法入侵，进行实时、有效的探测与报警。

2）系统应自成网络，可独立运行；有输出接口，与其他安全防范系统联网。可用手动或自动以有线或无线方式实施报警。

3）系统的前端应按需要选择，安装各类入侵探测设备，构成点、线、面立体或其他组合的综合防护体系。

4）系统应能按时间、区域、部位任意编程设防和撤防。

5）系统应能对设备运行状态和信号传输线路进行检测，能及时发出故障报警并指出故障部位。

6）系统应具有防破坏功能，当探测器或其前端设备被拆或线路被切断时，能发出报警。

7）报警控制设备应能显示和记录报警部位及有关警情数据。

8）在重要场所和重要部位除设置探测器外，还应设置拾音器、摄像机等报警复合装置。

9）控制设备设置在安防监控中心。

三、设计步骤

1）设计必须根据国家有关标准进行，应全面了解建筑物的性质，确定防护目标的风险等级和保护级别。

2）应全面了解、勘察防护范围及其特点，包括对地形、气候、各种干扰源的了解，以及发生入侵的可能性。

① 测量防护目标附近产生的有规律性的电磁波辐射强度和对无线电的干扰强度，调查一年中现场的温度、湿度、风、雨、雾、雷电变化情况和持续时间(以当地气象资料为准)。

② 勘察、记录重点保卫部位的所有出入口的位置、门洞尺寸(包括天窗)及其用途、数量、重要程度。

3）确定防盗报警工作的功能要求和入侵探测器的种类。

4）根据入侵探测器的探测范围，提出入侵报警系统方案。

5）根据所用的技术方法和所选的设备，画出系统原理图。

6）编制主要设备材料表和说明书，应标出设备名称/型号规格和数量。

四、设计实例

某地区一新建大楼，有40层高，为智能化程度要求比较高的综合性办公楼，该楼25层及以下为出租的写字楼，26层以上是本部门的办公和指挥中心，对于防盗报警系统的要求也比较高。

1. 设计要求

在对该大厦设计防盗报警系统时，甲方提出了如下要求：

1）该系统在公共区域安装移动探测器。

2）在一些室内安装紧急按钮。

3）要使用多媒体电脑进行管理。

4）将系统划分成若干区域，可以使用键盘对系统进行布防/撤防，报警后要在键盘上显示并发声；在计算机上要有报警防区的详细资料，并能自动弹出电子地图；报警信号要上传至 BA 系统的管理中心；巡更系统和报警系统集成在一起。

2. 方案简述

针对甲方的要求，设计了以 DS7400XI 总线制报警主机为硬件平台，警卫中心软件为软件平台的大型报警系统。

DS7400XI 是总线式的多防区报警控制主机，具有功能全、扩展性强、质量稳定的特点，被广泛的应用于小区、大楼、工厂等场合。该主机的主要功能有：

1）自带 8 个防区，以两芯总线方式（不包括电源）可扩展 120 个防区，共 128 个防区（主机版本为 3.0 + 系列）。

2）总线长度达 1.6km。可接总线放大器以延长总线长度。可采用星形、级联和混接等灵活的布线方式。在不超过防区总数量的前提下，各段总线上总线扩充设备的数量没有限制。

3）可接 15 个键盘，分为 8 个独立分区，可分别独立布防/撤防。

4）有 90 组个人操作密码，15 种可编程防区功能，可存储 400 个历史事件以供查阅。

5）可选择多种防区扩展模块，有 8 防区扩展模块 DS7432、单防区扩展模块 DS7457、双防区扩展模块 DS7460、带输出的单防区扩展模块 DS7465 及带地址码的探测器。

6）辅助输出总线接口可接 DS7488 和 DSR-32 继电器输出模块等外围设备，可实现防区报警与输出一对一、多对一、一对多等多种报警/输出关系。

7）通过 DS7412 模块可转换成 RS-232 接口，以实现与计算机的直接连接，或通过网络转换接口设备与局域网连接。

8）可通过 PSTN 与报警中心连接，支持多种通信格式。

9）可实现键盘编程或远程遥控编程。

10）带自检功能，在线自我检测系统各部分的工作状态正常与否，并通过键盘和通信手段显示故障部分，便于系统维护和管理。

在本系统中一共有 250 个防区和 80 个巡更点。通过警卫中心软件可以将 DS7400XI 的防区触发信号作为巡更信号处理，因此系统一共有 330 个防区，一共需要 3 台 DS7400XI 主机（V3.09 版本）。该系统除巡更点外分成 8 个分区，每个分区包含可以统一管理的楼层。用所属主机的液晶键盘进行布防/撤防和消警，所有操作信息和报警信息都实时在警卫中心管理软件中反应出来，并可以自动显示出报警区域的电子地图。

在总线的处理上，由于该楼结构工整，所以布线相对比较方便，用 3 根 1.0mm^2 的 RVV4 线作为 3 台主机的总线贯穿整个管道井到顶楼。没有将所有总线放在一条多芯线中是为了防止总线之间可能会产生的互相干扰。总线扩展设备选用了 DS7432 的 8 防区扩充模块，安装在各个楼层的弱电井中。各楼层的探测器和巡更按钮都把线路接至该层的弱电 DS7432 上并供电。

在巡更系统的处理上，由于将巡更系统和报警系统集成在一起，因此该巡更系统是在线式的有线巡更系统。将 DS7400XI 的防区接入巡更开关作为 24h 无形防区来使用，而在警卫中心软件中定义该防区为巡更防区，因此可以实时显示巡更状态。该系统可以自由定义巡更线路，可以定时自动启动多个巡更线路，也可手动启动巡更线路，并可提示及时巡更、未及时巡更、巡更提前、巡更错误触发等信息。在巡更按钮的选择上，我们选用了一款设计比较新颖的巡更按钮，该按钮由磁簧管和发光二极管组成，按照常开触点的方法连接至 DS7432

的防区输入上。当巡更人员将带磁性的巡更笔轻触该按钮时，磁簧管会吸合，发光二极管和防区线路导通而发亮，提示巡更信号已成功触发。

在报警联动的设计上，我们为甲方提供了两种解决方法：一种是软联动，提供了警卫中心的软件接口，通过局域网，相应的 API 函数向上级 BA 的管理系统传送报警信息；另外一种是硬联动，通过型号为 DSR-32 的 32 路继电器输出模块将报警信息通过触点连接至 BA 系统的 DI 采集板上。一台 DS7400XI 主机（4.0 以前版本）可以连接 4 个 DSR-32 继电器输出模块，在该系统中实现一对一地联动，由上级 BA 系统再对采集来的联动信号进行处理。在实际使用中，由于硬联动方案实现比较容易，信号反应速度也较快，因此使用了该方式。

在探测器的选择上，考虑到该大楼环境比较稳定，美观要求也比较高，因此大量选用了超薄吸顶的 DS936 被动红外探测器。

3. 设备配置表

该系统设备配置表如表 10-2 所示。

表 10-2　设备配置表

序号	设备名称	型号	数量	说明
1	控制主机	DS7400XI	3	系统的中心部分，所有探测器信号都集中在主机进行处理，再传送至计算机
2	总线驱动器	DS7430	3	每个主机配置 1 个，主机扩展总线防区必备，总线的接口就在该驱动器上
3	液晶键盘	DS7447	3	每个主机配置 1 个，该系统中主要对主机进行编程和调试，并且监测主机的运行状况
4	8 防区扩展模块	DS7432	45	每个主机最多配置 15 个，模块连接在总线上，每个模块可扩展 8 个防区，模块需供电
5	串行通信模块	DS7412	3	每个主机配置 1 个，该模块为主机提供了标准 RS-232 接口传送信息
6	报警管理软件	警卫中心	1	系统的管理操作部分，该版本最多可连接 4 台主机
7	被动红外探测器	DS936	若干	被动红外探测器，超薄壁挂式，直径 7m
8	紧急按钮	自配	若干	
9	巡更按钮	自配	若干	
10	电源供应器	自配	若干	直流 12V，为探测器和 8 防区扩展模块供电
11	串口扩充器	自配	1	4 路串口扩充，MOXA 品牌，连接 3 个 DS7412
12	32 路继电器模块	DSR-32	12	32 路继电器输出模块，实现与 BA 系统的联动，每个主机可配 4 台
13	计算机	自配	1	PII300，128MB 内存，多媒体
14	打印机	自配	1	EPSON 针式打印机

五、系统结构

防盗报警系统结构示意图如图 10-3 所示。

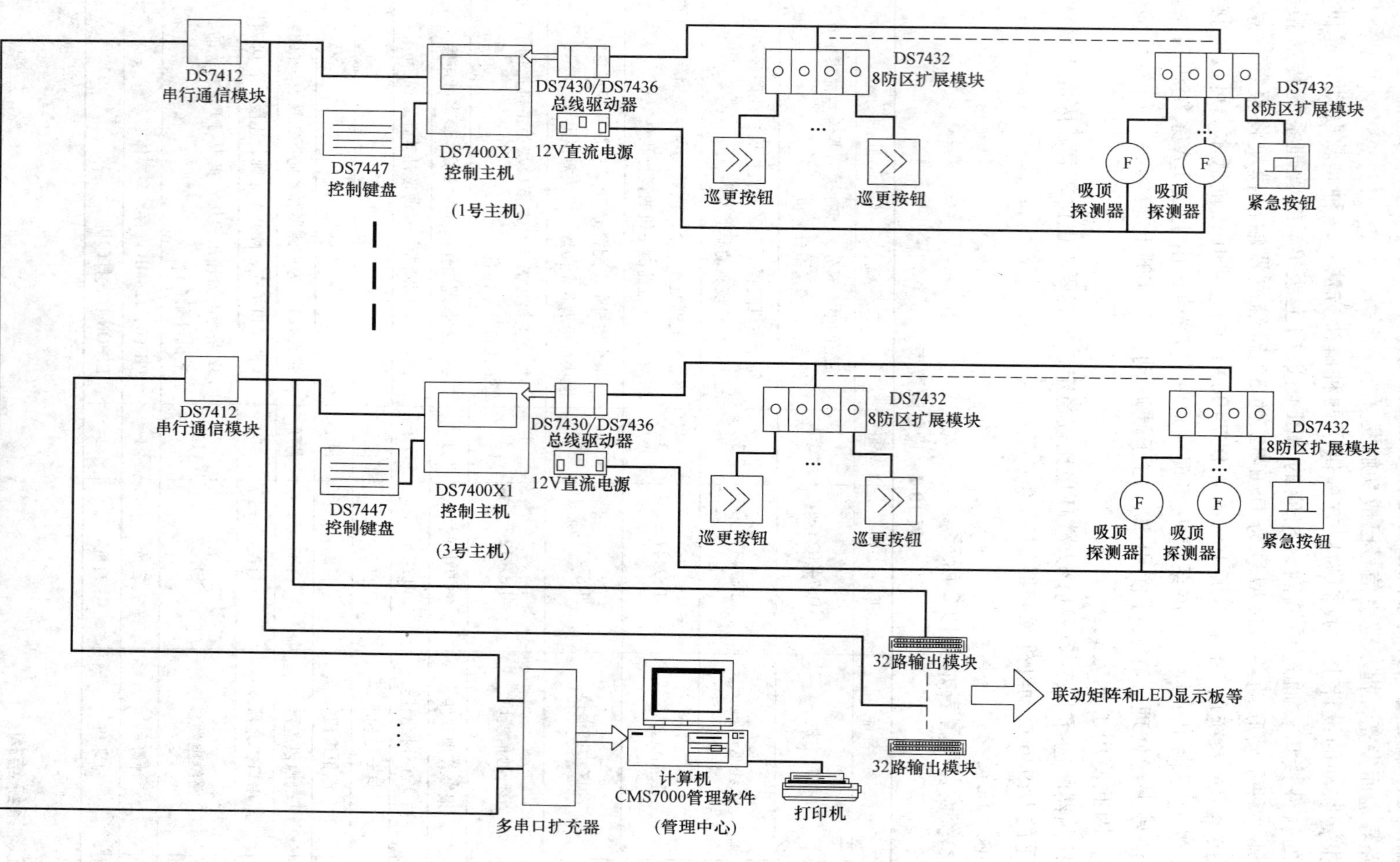

图 10-3　防盗报警系统结构示意图

第三节　出入口控制系统设计

出入口控制系统应能根据建筑物的使用功能和安全防范管理的要求，对需要控制的各类出入口，按各种不同的通行对象及其准入级别，对其进、出实施实时、有效地控制与管理，并应具有报警功能。

出入口控制系统的设计应符合《出入口控制系统技术要求》GA/T394 等相关标准的要求。人员安全疏散口应符合现行国家标准《建筑设计防火规范》GBJ16 的要求。

一、设计要求

1）根据防护对象的风险等级和防护级别、管理要求、环境条件和工程投资等因素，确定系统规模和构成；根据系统功能要求、出入目标数量、出入权限、出入时间段等因素来确定系统的设备选型与配置。

2）出入口控制系统的设置必须满足消防规定的紧急逃生时人员疏散的相关要求。

3）供电电源断电时系统闭锁装置的启闭状态应满足管理要求。

4）执行机构的有效开启时间应满足出入口流量及人员、物品的安全要求。

5）系统前端设备的选型与设置，应满足现场建筑环境条件和防破坏、防拆技术开启的要求。

6）当系统与考勤、计费及目标引导（车库）等一卡通联合设置时，必须保证出入口控制系统的安全性要求。

二、设计实例

1. 工程概况

某科研办公楼，建筑面积约为 14400m^2。地上 5 层，主要为办公室、实验室、资料室、报告厅、会议室、信息中心、财务室等。层高 4.5m，建筑主体高度为 25.5m。监控中心设建筑一层，面积为 79m^2。具体要求：

1）在所长室、总工程师室、副所长室、实验室、资料室、信息中心、财务室等房间安装了出入口控制设备，二至五层安装出入口控制设备。

2）出入口控制系统采用单向读卡控制方式。

3）当发生火灾时，出入口控制系统必须与火灾报警系统联动，当发生火灾时，疏散人员不使用钥匙应能迅速安全通过。

4）出入口控制系统可以与视频安防监控系统进行联动控制。

2. 设备选择表

设备选择表如表 10-3 所示。

3. 出入口控制系统平面图

出入口控制系统平面图如图 10-4 所示。

4. 出入口控制系统图

出入口控制系统图如图 10-5 所示。

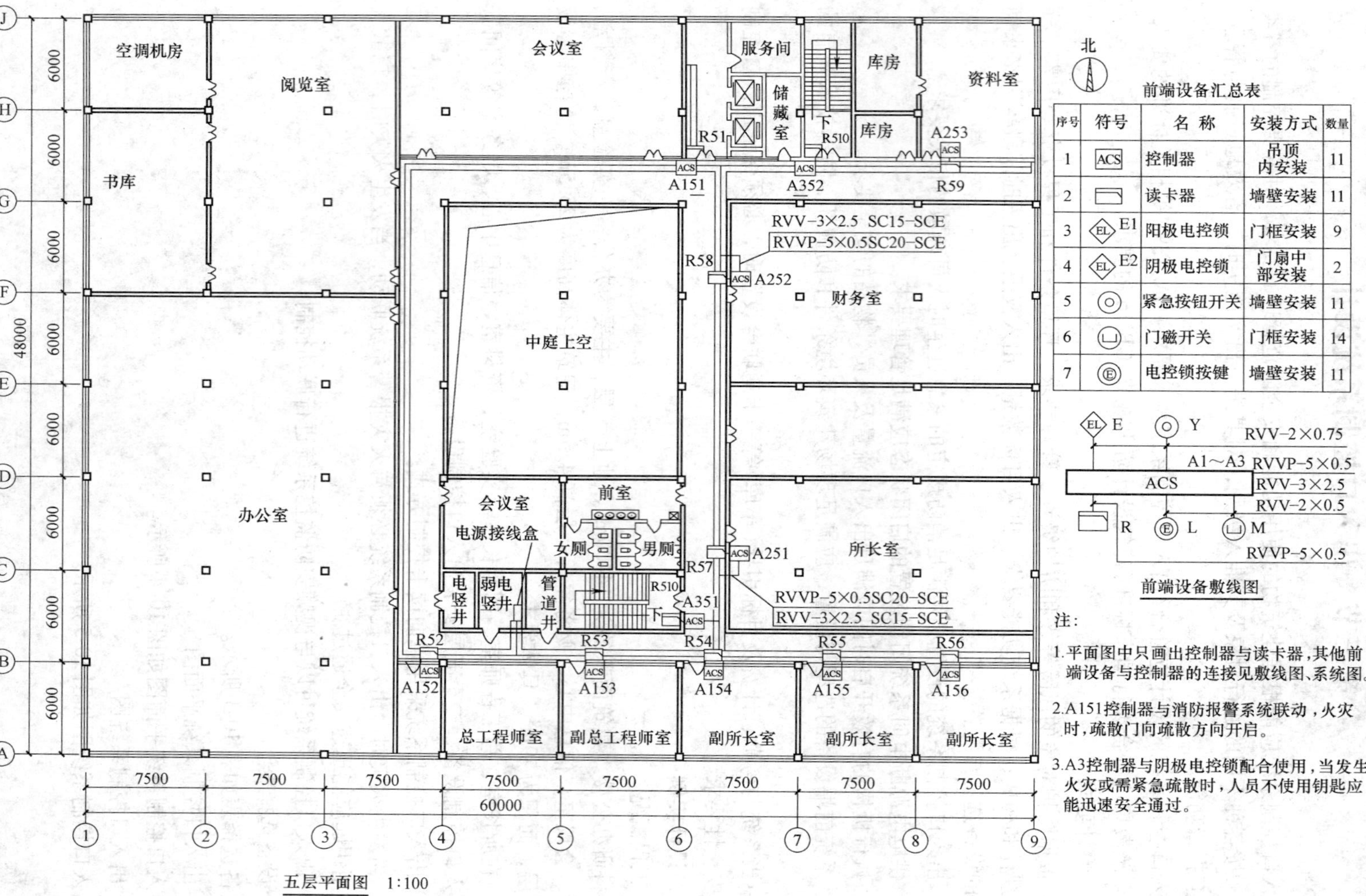

前端设备汇总表

序号	符号	名 称	安装方式	数量
1	ACS	控制器	吊顶内安装	11
2		读卡器	墙壁安装	11
3	EL E1	阳极电控锁	门框安装	9
4	EL E2	阴极电控锁	门扇中部安装	2
5	◎	紧急按钮开关	墙壁安装	11
6		门磁开关	门框安装	14
7	Ⓔ	电控锁按键	墙壁安装	11

前端设备敷线图

注：

1.平面图中只画出控制器与读卡器，其他前端设备与控制器的连接见敷线图、系统图。

2.A151控制器与消防报警系统联动，火灾时，疏散门向疏散方向开启。

3.A3控制器与阴极电控锁配合使用，当发生火灾或需紧急疏散时，人员不使用钥匙应能迅速安全通过。

图 10-4 出入口控制系统平面图

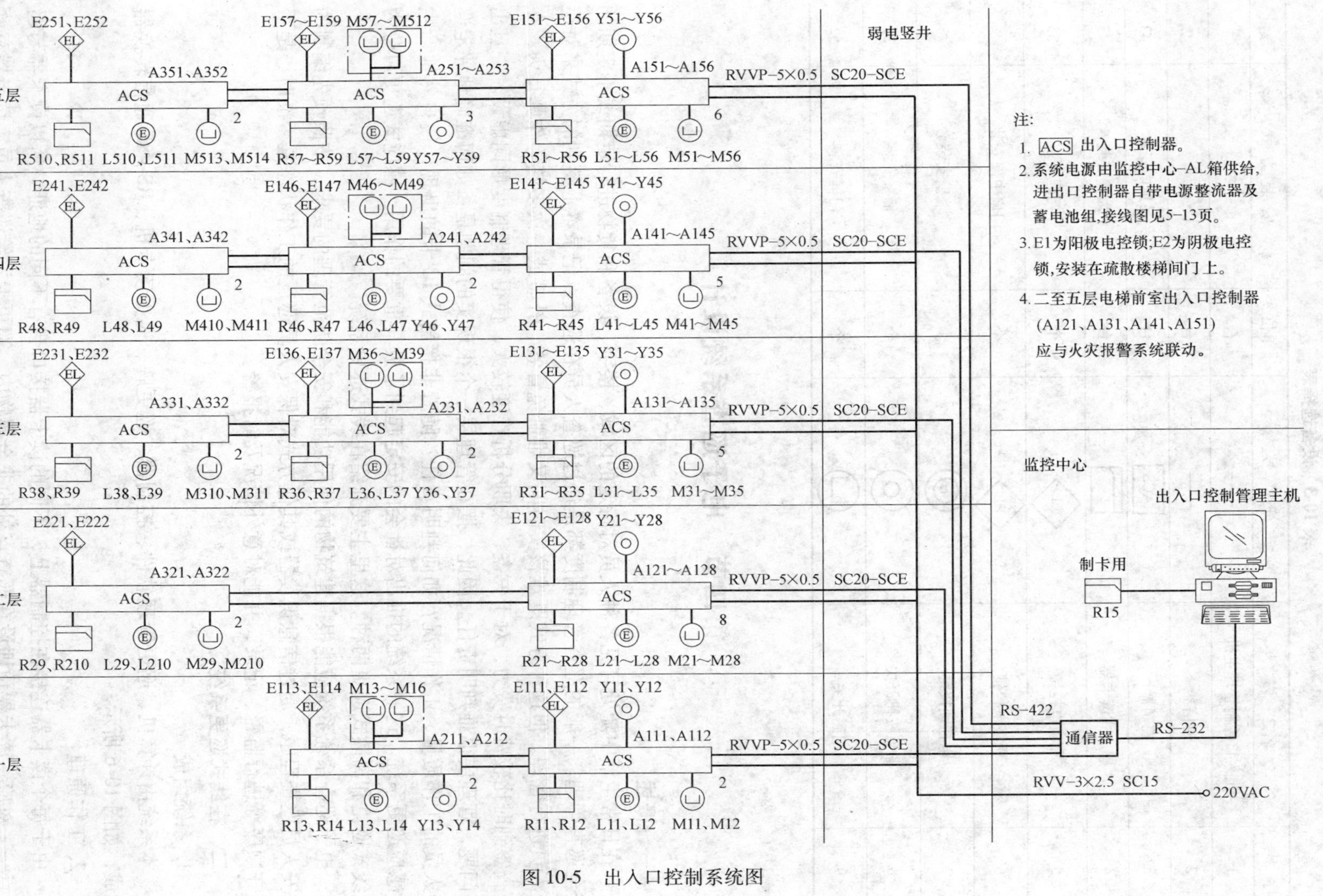

图 10-5 出入口控制系统图

表 10-3　设备选择表

序　号	名　　称	符　　号	单位	安 装 方 式	数量
1	出入口控制管理主机	——	台		1
2	通信器	——	台		2
3	控制器	ACS	台	吊顶内安装	43
4	感应式读卡器		台	墙壁安装	43
5	阳极电控锁	EL E1	个	门框安装	35
6	阴极电控锁	EL E2	个	门扇中部安装	8
7	电控锁按键	E	个	墙壁安装	43
8	紧急按钮开关		个	墙壁安装	35
9	门磁开关		个	门框安装	52

第四节　电子巡查系统设计

一、概述

在日常生活中随处可见各种人员对特定的区域、楼宇、设备和货物进行定期或不定期的安全巡查管理。一般的巡查管理制度都是通过巡查人员在巡查点记录本上签到的方式来对巡查人员进行管理。但这种方式既难核实时间又难避免冒签、补签或一次多签等作弊行为，在核查签到时比较费时费力，对于失盗、失职分析难度较大，使得管理制度形同虚设。一旦出现问题，管理层很难判明责任。因此，摆在管理层一个很现实的问题是：如何准确地评定巡查人员的工作质量、工作情况？如何判明责任？随着非接触式 IC 卡的出现，便自然地产生了感应巡更系统。这一系统的推出对社会的安定起到了极其重要的作用。感应式巡更可分为在线式巡更和离散式巡更两种。这里主要介绍在线式巡更系统。

电子巡查系统系统应能根据建筑物的使用功能和安全防范管理的要求，按照预先编制的保安人员巡查程序，通过信息识读器或其他方式对保安人员巡逻的工作状态是否准时、是否遵守顺序等进行监督、记录，并能对意外情况及时报警。

二、在线式巡更系统

1. 系统组成

本系统由计算机、巡更管理软件、控制器、巡更牌、巡更读卡机、RS-485 通信转换器组成，如图 10-6 所示。

2. 工作原理

由于每个读卡器连接在控制器上，不同的读卡器接口会有不同的地址，所以读卡器与巡查点一一对应，读卡器预埋设在巡查点处的非金属物内，巡更卡发给巡查人员。读卡器有读取、传送和处理信息的能力。使用时巡查人员的巡更卡号和读卡时间实时传送到计算机，再

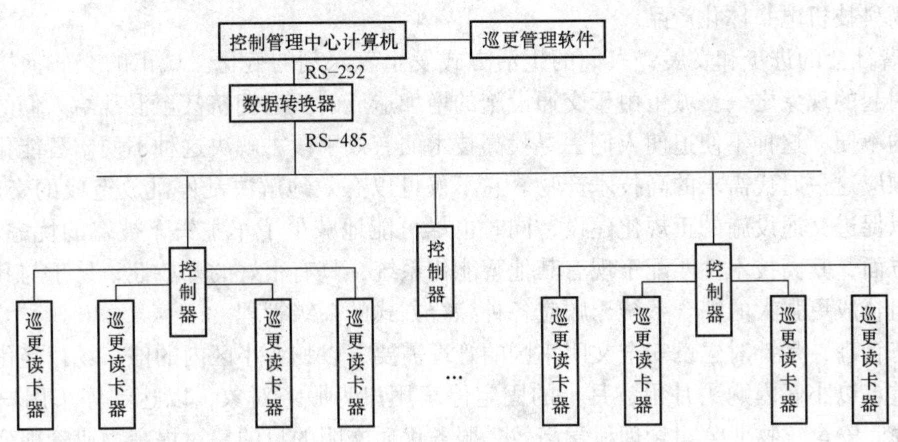

图 10-6　在线式巡更系统框图

通过巡更软件进行各种处理。

巡更时只要巡更员将巡更牌（感应式 IC 卡）靠近巡更点，读卡机便自动记录巡更员编号、时间、地点等信息。用智能电子巡查系统软件可从控制器上实时提取巡查记录，控制管理中心随时可以了解巡更员的巡更情况，并可进行各种处理达到完整的记录、考核功能，尽显数字技术带来的无可比拟的优越性。

3. 系统功能

1）采用实时监控界面，能对巡逻人员进行实时监控，对异常事件采取相应措施。

2）多级别管理系统具有假日管理功能和群组设置功能。

3）在确定的巡更线路上设定一合理的检测点安装感应式 IC 卡读卡机（即巡更点），以 IC 卡作为巡更牌，由控制中心计算机软件编排巡更班次、时间间隔、线路走向，有效地管理巡更员巡视活动，增强保安防范措施。

4）软件设定巡更时间要求、路线要求、次数要求，通过发行巡更点（位置信息）、巡更牌、记录巡更员身份、编号，并授予有效巡更活动权限。

5）记录信息，查询备份。巡更员带巡更牌按规定时间及路线要求巡视，将巡更牌在巡更点前一晃，便可记录巡更员到达日期、时间、地点及相关信息。若不按正常程序巡视，则记录无效。查对核实后，即视作失职。控制管理中心可随时查询整理备份相关信息，对失盗失职进行有效分析。

6）数据采集。可随时或者定时提取各巡更员的巡更记录。

7）丰富的数据查询功能。计算机对采集回来的数据进行整理、存档，自动生成分类记录、报表并打印。管理人员根据需要随时在计算机中实时、非实时查询保安人员巡逻情况。

第五节　停车场管理系统设计

一、停车场管理系统概述

停车库（场）管理系统应能根据建筑物的使用功能和安全防范管理的需要，对停车库（场）的车辆通行道口实施出入控制、监视、行车信号指示、停车管理及车辆防盗报警等综合管理。它是现代化停车场车辆收费及设备自动化管理的统称，是将车场完全置于计算机管理下的高科技机电一体化产品。

随着社会的进步和发展，人们的生活方式发生着深刻的变化。城市的交通拥挤便是这种变化引起的现象之一。城市由于交通设施的增加造成的交通拥挤甚至混乱给人们的生活带来极大的不便，这种不便迫使人们去寻找高技术的有效手段去解决这种不便。智能化的停车场就是顺应这一时代需求的高技术产物。它不仅可以有效地解决乱停乱放造成的交通混乱，而且可以促进交通设施的正规化建设，同时也尽可能地减少了车主失车被盗的忧虑。另外，在技术方面，其高技术性匹配于现有其他智能化系统，具有很好的开放性，易于与其他智能化系统组合成更强大的综合系统，顺应各种综合方式的高级管理。

停车管理，是针对建设安全文明小区的管理需要，以物业小区内的停车场智能化管理为目标，重点以小区内购买月租、月卡的固定停车用户为服务对象，以达到停车用户进出方便、快捷、安全，物业公司管理科学高效、服务优质文明的目的。对提高物业管理公司的管理层次和综合服务水平将起重要的作用。

停车场采用古老的人工管理办法，不能适应新型停车场的需要，现介绍目前处于世界先进水平的 PARK2000 图像对比型感应式 IC 卡计算机收费管理系统。感应 IC 卡停车场管理系统采用读卡技术，它将射频卡技术、自动挡车道闸、车辆感应技术、工业控制技术等先进、成熟的技术集成在停车场管理系统中。

PARK2000 感应式 IC 卡停车场计算机收费管理系统，具有方便快捷、收费准确可靠、保密性好、灵敏度高、使用寿命长、形式灵活、功能强大等众多优点，是磁卡、接触式 IC 卡所不能比拟的，它将取代磁卡、接触式 IC 卡而成为新一代的主流。PARK2000 图像对比型感应式 IC 卡计算机收费管理系统主要优点为：

1. 严格收费管理

对于目前的人工现金收费方式，一方面劳动强度大、效率低，另外一个主要弊端就是财务上造成很大的漏洞和现金流失。使用 IC 卡收费系统，车场的收费都经计算机确认和统计，杜绝了失误和作弊，保障了车场投资者的利益。

2. 树立全新的物业管理形象

现代化的高科技产品的使用，一定会使企业的物业管理形象和知名度得到很大的提高。采用自动控制管理系统，无论从产品的造型方面，还是自动控制所带来的先进性及管理的科学性，都将给物业管理树立起良好的形象，使企业成为科学管理的楷模。

3. 安全管理

人工发卡、收卡，难免有疏漏的时候，因为没有随时记录可查，丢车或谎报丢车现象时有发生，给停车场带来诸多麻烦和经济损失。采用自动控制管理系统后，月租卡、储值卡、车卡均在计算机中记录了相应的资料，这些车辆进入车场必须先验证车卡为有效卡后，在确认 IC 卡正确方可放行入场，卡丢失后可及时补办。对于临时卡，只需辨认人卡即可放行进场，时租卡丢失也可随时检索，及时处理。同时在配有图像对比设备下，各类停车卡均有车牌号码存档，一卡专用，车牌不对，计算机随时提示，并提出警告，不得离场。

4. 防伪性高

因为 IC 卡保密性极高，它的加密功能一般计算机花上十年的时间也解不了，所以不容易仿造。

5. 耐用可靠

本系统采用的IC卡为无源的非接触式的，卡内由线圈作数据传递和接收用，全部密封，可防尘防水。又因为不用磁头读写，不存在磨损磁带或受干扰，或因磁头积尘而失效。非接触式IC卡能使用10万次以上，在耐用、可靠程度和经济上远优于磁卡。概括来说系统主要有以下特点：

远距离感应读卡，无须停车，无须发卡，速度快，效率高；计算机管理，科学高效，服务文明；简化车辆进出管理手续，安全可靠；系统设备投资少，建设周期短，效果显著。

二、停车场管理系统设计依据及总则

1. 设计依据

《建筑智能化系统工程设计管理暂行规定》建设部1997

《民用建筑电气设计规范》JGJ 16—2008

《智能建筑设计标准》GB/T 50314—2000

《综合布线系统工程设计规范》GB 50311—2007

《综合布线系统工程验收规范》GB 50312—2007

《大楼通信综合布线系统》(UD/T 926)邮电部1997

《火灾自动报警系统设计规范》GB 50116—1998

2. 设计总则

（1）系统功能概述

1）使用方便快捷。

2）系统灵敏可靠。

3）设备安全耐用。

4）能准确地区分自有车辆、外来车辆和特殊车辆。

5）及时收取停车费及其他相关费用，增加收入。

6）提前收取长期客户的停车费。

7）防止拒缴停车费事件发生。

8）防止收费人员徇私舞弊和乱收费。

9）自动化设计，车辆出入快速，提高档次和效率，提供优质、安全、自动的泊车服务。

10）节约管理人员的费用支出，提高工作效率和经济效益。

（2）系统特点

1）智能卡具有防水、防磁、防静电、无磨损、信息储存量大、高保密度、一卡多用特点。

2）智能卡操作刷卡无需接触，操作简单、方便，滚动式LED中文电子显示屏提示，使用户和管理者一目了然。

3）临时车会自动出卡，减少人员操作，自动化程度高。

4）完善的财务管理功能，自动形成各种报表。

5）独特的车牌号录入、显示系统，大大提高停车场防盗措施。

6）高可靠性和适应性的车位检测系统。

7）地感防砸车装置可保证车辆在闸杆下停留，闸杆不会落下。

8）具有防抬杆、全卸荷、光电控制、带准确平衡系统的高品质挡车道闸。

9）车辆入、出全智能逻辑自锁控制系统，严密控制持卡者进、出场的行为符合“一卡一车”的要求。

（3）设计目标

1）方便、快捷、准确地收费和满位显示服务功能。

2）车辆保管的安全性功能。

3）经济合理的运营成本。

（4）原则

1）先进成熟的技术和设备，保证系统运行安全、可靠与稳定。

2）完善的管理系统，最大限度防止收费流失。

3）合理布局，提高系统的服务质量，缩短服务时间，增加场内停车流量和收入。

4）实用性、实时性、完整性原则。

5）可扩展性及易维护性原则。

（5）管理体制　管理体制总的思想是现场无人看管，完全智能化，管理人员可以在车场环境外的任意固定地点对于车场执行完全控制权，完成各种统计、监视、报警、引导等功能，大大降低了管理人员的劳动量。

（6）收费体制及标准　在收费体制方面，由于 PARK2000 停车场管理系统设计思想上的先进性、可靠性、灵活性，用户可以自由设置收费体制，一般来说有以下几种：

按月租用：有效期内无限次出入。

预付款：享受优惠，按停车时间扣费。

现金收费：按停车时间或进出车场次数缴费，在收费标准方面，投资管理者凭授权密码在软件中进行设置调整即可。

三、停车场管理系统的结构设计

1. 系统拓扑结构

智能停车场管理系统可以采用各种网络拓扑结构，服务器与管理工作站为局域网(LAN)形式连接，计算机对车场控制器以 RS-232/RS-485 方式连接；简捷，投入使用快，系统稳定性好，投资回报率最高。其拓扑结构框图如图 10-7 所示。

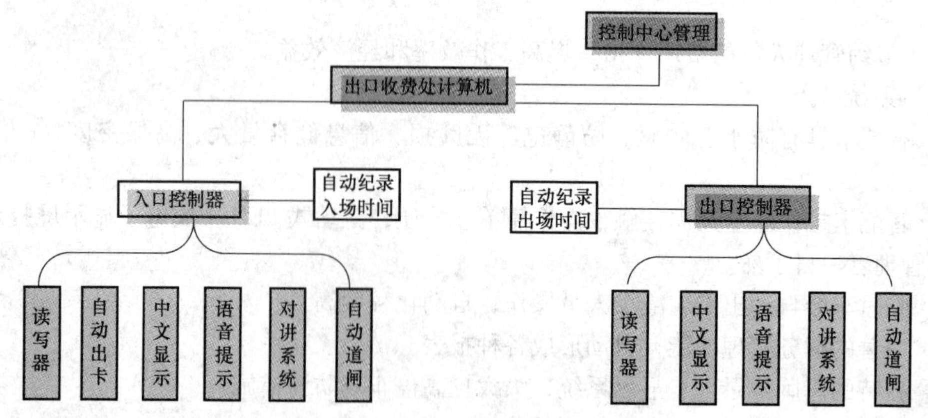

图 10-7　停车场管理系统拓扑结构框图

2. 网络拓扑图

停车场管理系统网络拓扑图如图 10-8 所示。

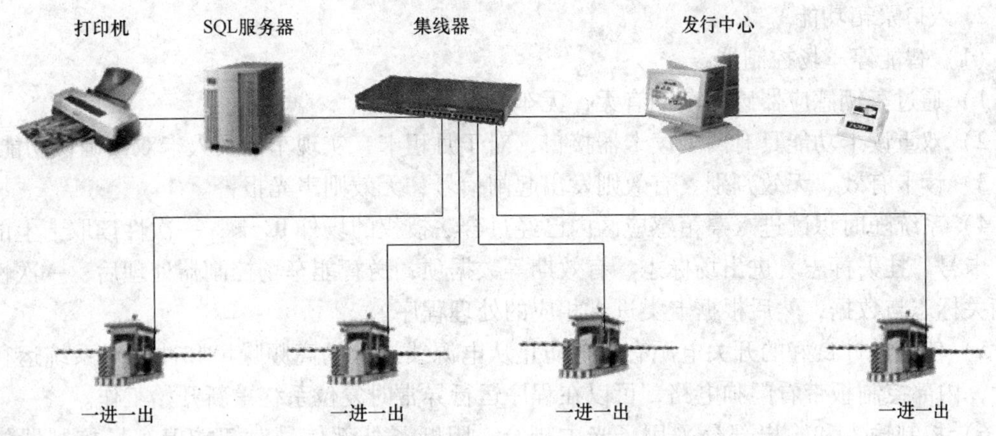

图 10-8 停车场管理系统网络拓扑图

对于停车场系统而言，每一台服务器都是真正的业务主机，担负着停车场的关键任务，数据的迅速存取是值得关心的问题，但数据的安全更不容忽视，一旦硬盘出现故障或因操作不当造成数据丢失或损坏，企业将蒙受巨大的损失。由此可见，这样的一台服务器，它所存储的数据价值远远超过了机器本身的价值。SQL 服务器选型不可忽视。

对停车场工作站而言，选择 Pentlum Ⅲ 处理器，对整个系统反应速度起到关键的作用，只需在停车场出口处安装一台计算机管理即可。

网络集线器担负着整个网络的数据联络过程，发行中心主要目的是为了集中发卡，统一管理，一般将服务器放置在财务室。

一级网络通过 RS-232 或 RS-485 联网，主要为各出入口控制器提供通信、读卡数据的采取。二级网络为 LAN 以太网连接，完成计算机与计算机的通信及数据的存储功能，SQL 服务器担负着数据查询及处理、网络资源的分配以及各工作站的权限分级审查。

四、系统主要设备功能简介

1. 自动路闸功能

1）接受手动输入信号，便于调试安装。

2）接受智能停车场控制器输出的开关量操作信号。

3）完成功能时间小于等于 3s，在特殊情况下可以通过钥匙人工手动提升闸杆。

4）闸杆起降速度快，完成功能时间小于等于 3s。

5）具有安全防护措施，闸杆落闸时，如地感感知栏杆下有车误入时，自动停闸回位，防止栏杆砸车情况发生。

6）可缓冲接受两条抬闸指令，使可连续过车，而不必每过一辆车都要动作一次。

7）延时、欠电压、过电压自动保护。

8）采用线与结构，以便可以同时挂接多台 IC 卡控制终端，一台电闸可挂接一左一右的 IC 卡读写控制终端，以便于左、右拳方向盘司机都能方便操作。

9）控制输入和输出部分分别采用了光耦合器和电磁继电器，阻断了外部信号对道闸的电冲击。

10）路闸栏杆采用铝合金方条，并在底部设置胶条，其机构结构设计耐用可靠。

2. 入口票箱功能

（1）智能停车场控制器

1）通过车辆感应器感知车辆有无，无车不发卡或读卡。

2）双重读卡功能具有两个读卡器接口，对于月租卡，实现车卡及人卡双重确认功能。

3）读卡有效、无效判别。有效则发出起闸信号，无效则声光报警。

4）系统随时识读进入票箱感应区内已经过合法授权的场外IC卡、一次性读取卡上的卡类、卡号、挂失标志、进出场标志、有效期等数据项，送智能车场控制器处理后，一次性写入相关标志与数据，然后根据卡类进入相应的处理程序。

5）使用设计良好的开关电源有效地防止从电源线进入的高频噪声和冲击对系统运行的干扰，内部控制板带看门狗电路，可以在程序运行异常时复位系统重新开始工作。

6）控制输入和输出部分采用了光电耦合，阻断了外部信号对智能停车场控制器的电冲击。

7）在抗干扰、防雷、防尘和防水方面加以考虑，加强了设备的可靠性。

8）具有非接触式使用的特点，无需插入读写器，只需在票箱感应区10～15cm距离内掠过即可(可放置在钱包内使用)。

（2）自动出卡机

1）出卡机可存放70张卡，增加卡盒长度可装300张卡。

2）出卡机在塞卡或无卡时刻产生报警信号提示。

3）出卡速度快，对卡无任何磨损。

（3）LED显示屏

1）票箱LED显示屏平时显示时钟与日期。

2）在读卡时，显示卡号及卡类型及状态(有效、过期、挂失、进出场状态)。

3）智能停车场控制器出现异常时，LED显示屏显示控制器工作所处状态。

（4）IC卡读写器

1）读写器无机械动作，无摩擦，IC卡与读写卡设备使用寿命长。

2）读写速度快，操作简便。

3）使用时没有方向性，也可以以任意方向掠过读写器表面，即可完成读写工作。

4）读写器与IC卡以无线射频线通信方式联系。

5）读写器与IC卡实施双向密码鉴别制。

6）感应式IC卡数据储存量大，且具防强磁、防水、防静电等功能，加之其芯片隐藏于卡内，比接触式IC卡具有更好的防污损功能，数据保持可达十年以上。

7）感应式IC卡绝不能仿冒，加之软件完善、周密的设计，可以更为有效地防止资金流失和确保车辆安全。

（5）车辆感应器(地感)　可感知车辆的有无，用于开放取卡设备及读卡设备能启动图像捕捉。

（6）对讲分机　通过对讲分机，可实现与中心的对话，以便处理突发情况。

3. 出口票箱功能

（1）智能停车场控制器　系统随时识读进入票箱感应区内在场内IC卡、一次性读取卡上的卡类别、卡号、挂失标志、进出场标志、有效期等数据项，送智能车场控制器处理后，一次性写入相关标志与数据，然后根据卡类进入相应的处理程序其他功能与入口处智能停车场控制器相同。

(2) LED 显示屏　功能与入口处 LED 显示相同。

(3) IC 卡读写器　功能与入口处 IC 卡读写器相同。

(4) 车辆感应器(地感)　功能与入口处车辆感应器相同。

(5) 对讲分机　功能与入口处对讲分机相同。

4. 图像对比设备

1) 在入场读卡时抓拍车辆的外观、颜色、车牌号等，并作为该卡资料存档。

2) 在出场读卡时抓拍车辆的外观、颜色、车牌号，同入场图像资料作对比，并存档。

3) 图像可五级伸缩，满屏放大，可辨认出司机外貌。

4) 可独立关闭此系统，进入车辆出入全自动状态。

5. 出口收费处计算机功能

1) 完成临时卡收费，确认车辆放行功能。

2) 采集出入口车辆进场记录及图像，并把数据送至管理中心服务器。

3) 实现不同收费员交班功能，做到账务分明。

6. 管理计算机功能

1) 完成月租卡收费、及卡挂失处理。

2) 控制出、入口设备的参数设定功能。

3) 可调校出入口处时钟日期，下载挂失黑名单。

4) 采集出入口 IC 卡读写器内保存的记录，并整理建库。

5) 生成各类统计报表。

6) 指挥并控制出、入口各设定功能及进行系统动态控制。

7) 使用界面良好。

8) 运行可靠，数据准确一致，不丢失，运行出错后，能迅速、准确地恢复。

9) 密码确定使用权限，保护数据安全。

10) 有完整的使用和维护手册。

7. UPS 不间断电源

1) 确保系统停电时数据不丢失。

2) 增强系统可靠性。

第六节　对讲系统设计

一、系统组成

住宅楼对讲系统功能包括小区内联网的对讲系统、可视对讲、求助功能、防盗报警功能。

对讲系统大多由电控防盗门附设电控(或者磁力)门锁、闭门器、门口机与电源、室内机和管理机组成。门口机是为来访者提供呼叫主人并与其通话的设备，室内机是用于住户接受呼叫、确认来访者身份并决定是否开门的装置，而管理人员能通过管理机监控、管理全楼或者整个辖区的安全，是确保小区和家庭安全的及其有效的手段。

对讲系统必须具备选呼、通话、电控开锁的功能。

1）选呼是用主机正确选择任一分机，并能听到回铃声。

2）通话是在选呼后能实施双工通话。

3）电控开锁是在分机上实施的电控方式开锁。

二、系统功能

（1）管理员机　对于小区联网系统，安装在小区安防中心的管理员机可与小区任一住户内的分机之间实现双向呼叫通话。

（2）小区门口机　安装在小区围墙出入口的门口机可与管理机或任一住户分机之间实现呼叫和通话。

（3）住户紧急报警(求助)功能　在住户分机上设有一个紧急按钮，按下此键，立即向管理员机发出报警信号，此键不同于分机向管理员机的呼叫键，紧急按键具有高于呼叫键的优先级别，并且在管理机上产生的报警声区别于呼叫的声音。

（4）户间通话功能　小区内联网的住宅楼对讲系统，两个住户分机之间可通过管理员机的转接实现呼叫和通话。

（5）隔离保护和自动恢复功能　各住户的分机经隔离器接入系统总线，当户内发生线路或者其他故障时，不影响系统总线的正常工作。当户内故障排除后，隔离保护器并自动恢复室内机的正常接入。

（6）家庭防盗报警控制器功能　室内分机可接若干报警探测器，经报警系统总线把报警信号送到管理员机。主要报警功能如下：

1）按区域部位布、撤防。

2）外出与进入延迟报警。

3）防线路破坏报警。

4）设备自(巡)检报警。

5）声光报警。

6）管理员机接到报警信号后产生警笛声，同时显示发生报警的住户门牌号和报警类型。

7）信息传递功能　通过门口主机上的液晶显示屏，住户可查阅来自物业管理部门送来的短信息。此技术可用在管理员机对住户分机(需增加显示屏)的信息传递和信息交往。

8）计算机管理系统　把管理员机收到的信息送入计算机，用专用软件对住宅楼对讲系统进行管理。可实现的主要功能如下：

① 显示、记录呼叫用户门牌号。

② 显示、记录报警信息，包括日期、时间、报警门牌号、报警信息类型。

③ 存储报警信息。

④ 查询、打印报警记录。

⑤ 记录住户布、撤防信息。

⑥ 区分报警信号中的求助、盗警、火警。

⑦ 巡查自检用户分机，发生故障及时报警。

⑧ 用地图显示报警位置。

⑨ 建立住户信息档案(用户资料、用户留言、报警记录、处警记录等)。

9）门口主机采用感应卡门禁开启电控锁。

三、系统类型

对讲系统可分为普通对讲系统、可视对讲系统、小区(楼群)联网对讲系统。

1. 普通对讲系统

普通对讲系统只能传送语音信号，来访者呼叫住户并与其通话，它适用于一般居民住宅。普通对讲系统是在一栋大楼的门口或者每个单元的门口安装一个楼宇电控防盗门，附设电控门锁、闭门器、编码盘、对讲门口机和电源；每个住户家里安装一台普通对讲户内分机，通过电缆和辅助设备连接起来，构成一个独立的、完整的系统。来访者需进入时按动大门上主机面板上对应房号，则被访者家分机发出振铃声，主人摘机与来访者通话确认身份后，按动分机上大门电子锁的开关，打开门允许来访者进入后，闭门器使大门自动关闭。来访者如要与管理处的保安人员询问事情时，也可通过按动大门主机上的保安键与之通话。

一般系统还应具有报警和求助功能，当住户家中遇到突发事件(如火灾)，可通过对讲分机与保安人员取得联系，及时得到救助，如图 10-9 所示。

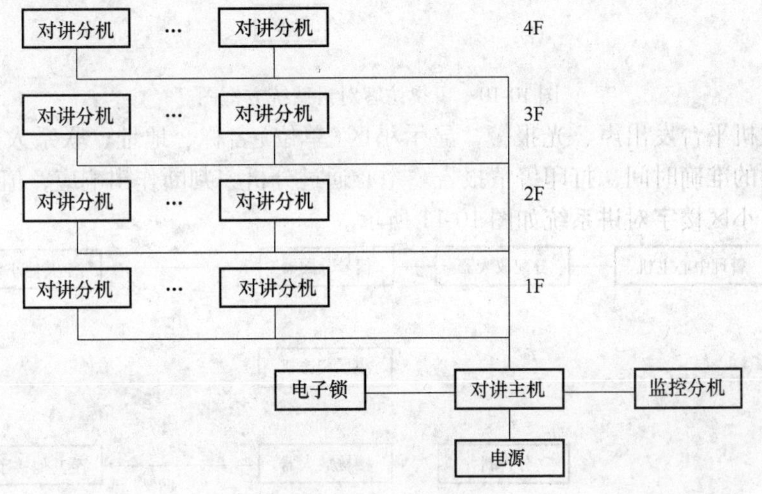

图 10-9　访客对讲系统框图

2. 可视对讲系统

可视对讲系统既能传递声音信息又能传送动态图像信号，向住户提供实时的动态画面，适用于高档住宅区的安全防范系统。它是在普通对讲系统的基础上，增加影像传输通道、广角针孔摄像头和红外发光二极管，以监视来客。摄像头采用 0. 5lx 照度 CCD 器件，配合红外发光二极管，连夜间也能清晰的观察来客，如图 10-10 所示。

3. 小区(楼群)联网对讲系统

在封闭小区中，对每个单元住宅楼使用单元系统通过小区内专用(联网)总线与管理中心连接形成小区个单元住宅楼对讲系统。

住宅小区是由若干楼组成，在每栋住宅楼组建楼宇对讲系统的基础上，在值班室安装一套楼宇对讲管理员机，并将各楼宇对讲系统与设在值班室的管理员机相连接，便构成一个完善的小区(楼群)联网对讲系统。

若在值班室再安装一台能与当地公安部门的指挥中心联网的报警、通信机，并连接紧急手动按钮和脚踏开关而联网。一旦发生重要警情，按下紧急按钮，立即自动拨通报警指挥中

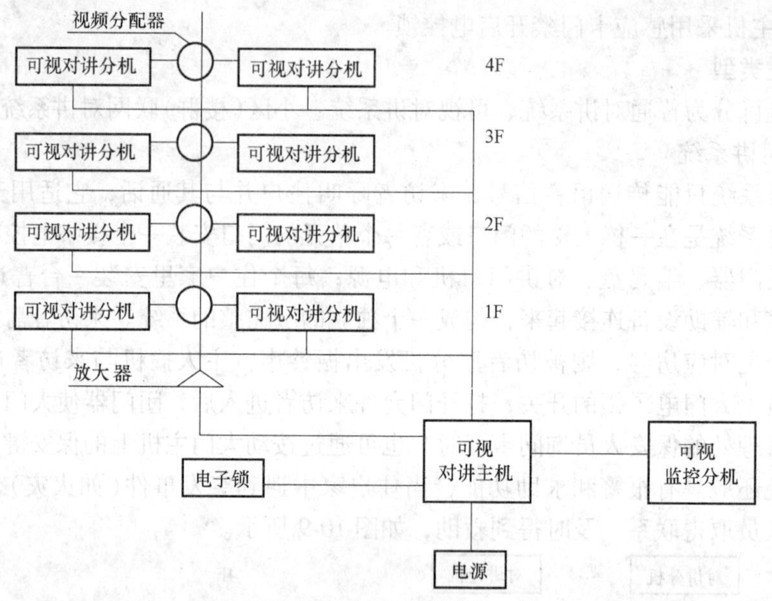

图 10-10　可视访客对讲系统方框图

心电话，其微机平台发出声、光报警，显示小区(单位)名称、地址、联系人姓名和电话资料，记录发案的准确时间，打印警情报告。中心通过分析、判断作出响应，值勤人员据此迅速到达现场。小区楼宇对讲系统如图 10-11 所示。

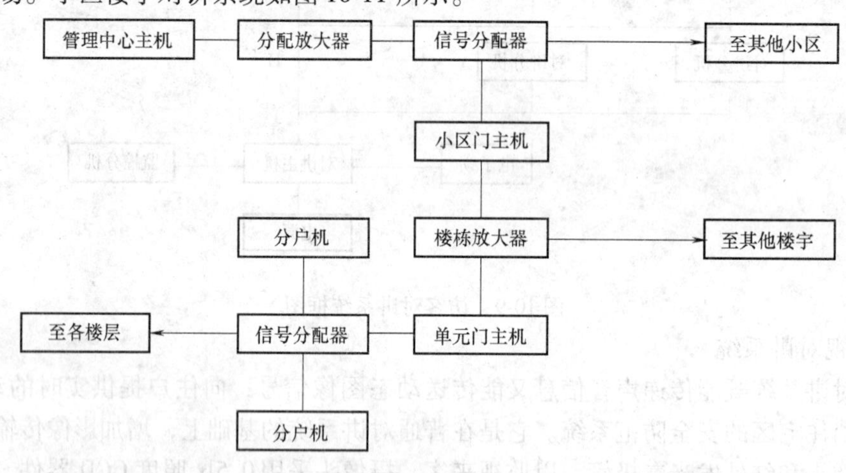

图 10-11　小区楼宇对讲系统

第七节　消防控制系统设计

一、工程概况

某市法院审判办公楼，地上 12 层，地下一层，属于二类建筑，其中地下一层为储物间及食堂用房，其余各层均为办公室、审判室等办公用房。

二、消防设计

本工程消防报警控制室设在一层。其消防报警及联动系统设计思路如下：

1. 探测器的设置

依据《火灾自动报警系统设计规范》，本工程为二级保护对象，除了卫生间、一般性办公室外全楼所有功能房间均设有火灾报警探测器，其中地下厨房采用感温探测器，其余均采用感烟探测器，具体而言，根据每个房间的面积、高度，采用公式 $N \geqslant \frac{s}{kA}$（其中对于二级保护对象，k 取 0.9～1.0）计算出该房间应设置的探测器数量，然后根据每个探测器的保护半径将这些探测器合理地安排位置。

2. 手动报警按钮的设置

根据建筑专业提供的条件，本工程每层为一防火分区，依据《火灾自动报警系统设计规范》，则每层至少设置一个手动报警按钮，从一个防火分区内的任何位置到最邻近的一个手动报警按钮的距离不应大于 30m。手动报警按钮宜设置在公共活动场所的出入口处，且应设置在明显的和便于操作的部位，安装高度 1.3～1.5m。

3. 消火栓报警按钮的设置

水暖专业设置的每一个消火栓箱内均应设置一个消火栓报警按钮。

4. 火灾应急广播的设置

本工程为二级保护对象，按照规范宜采用集中报警系统，所以宜设置火灾应急广播，具体而言，本工程在走道和大厅等公共场所设置了扬声器，每个扬声器功率不小于 3W，其数量应能保证从每个防火分区内的任何部位到最近一个扬声器的距离不大于 25m。走道内最后一个扬声器至走道末端的距离不应大于 12.5m。消防控制室内设置火灾广播备用扩音机，其容量不应小于火灾时需同时广播的范围内火灾应急广播扬声器最大容量总和的 1.5 倍。

5. 层显器的设置

《火灾自动报警系统设计规范》规定：当用一台区域火灾报警控制器或一台火灾报警控制器警戒多个楼层时，应在每个楼层的楼梯口或消防电梯前室等明显部位，设置识别着火楼层的灯光显示装置。故本工程在每层消防电梯前室均设置一台层显器。

6. 输入模块的设置

根据水暖专业提供的条件及要求，本工程设置的湿式报警阀、水流指示器、信号阀、排烟阀等装置需配置输入模块以接入火灾自动报警系统。此模块一般安装在所控设备附近的墙上，距顶棚 0.3m。

7. 输入输出模块的设置

根据水暖专业提供的防火阀、排烟阀、正压送风口、排烟口、消防水泵控制箱、喷淋泵控制箱、正压送风机控制箱、排烟风机控制箱等装置；根据建筑专业提供的卷帘门控制箱、电梯及消防电梯控制柜等装置；根据强电专业提供的应急照明配电箱、火灾时需切掉电源的非消防负荷配电箱等装置均需配置输入输出模块以接入火灾自动报警系统。其中卷帘门控制箱需配置双输入双输出模块控制其两步动作，其余设备配置单输入单输出模块。

8. 隔离器的设置

隔离器的作用是，当总线发生故障时，将发生故障的总线部分与整个系统隔离开来，以保证系统的其他部分能够正常工作，同时便于确定出发生故障的总线部位。为了缩小故障面，一个总线隔离器所带的编码设备越少越好，但造价却要增多，所以综合考虑，一般一个总线隔离器带 30 个左右编码设备为宜。

9. 火灾报警控制器、消防广播设备、消防电话主机的设备选用

1）本工程设置的设备，按照其所在层数及数量列表如表10-4所示。

表10-4 本工程设置的设备数量列表

楼层	感烟探测器(个)	感温探测器(个)	手动报警按钮(个)	消火栓报警按钮(个)	扬声器(个)	层显器(个)	单输入模块(个)	单输入单输出模块(个)
-1F	28	8	4	4	7	1	3	40
1F	25	0	6	6	4	1	1	9
2F	22	0	4	6	11	1	1	7
3F	29	0	3	4	8	1	1	12
4F	30	0	3	5	8	1	1	13
5F	17	0	3	4	7	1	1	10
6F	17	0	3	4	7	1	1	10
7F	12	0	3	4	4	1	1	7
8F	12	0	3	4	4	1	1	7
9F	12	0	3	4	4	1	1	7
10F	12	0	3	4	4	1	1	7
11F	18	0	3	4	4	1	1	7
12F	21	0	3	5	4	1	1	13
合计	255	8	44	58	76	13	15	149

① 全楼感烟探测器共255个，全部采用编码型，即占用255点。

② 全楼感温探测器共8个，全部采用编码型，即占用8点。

③ 全楼手动报警按钮共44个，全部采用编码型，即占用44点。

④ 全楼消火栓报警按钮共58个，全部采用编码型，即占用58点。

⑤ 全楼扬声器共76个，火灾时需同时广播的范围内火灾应急广播扬声器最大数量为23个，即要求所选的功放为$23\times3W\times1.5=104W$。

⑥ 全楼层显器共13个。

⑦ 全楼单输入模块共15个，全部采用编码型，即占用15点。

⑧ 全楼单输入单输出模块共149个，全部采用编码型，即占用149点。

2）设备选用

① 火灾报警控制器的选用：全楼编码点共$255+8+44+58+15+149=529$点，设计采用河北北大青鸟环宇消防设备有限公司生产的JB-TB-JBF-11F型火灾报警控制器，此控制器最大容量可扩展到64个200地址编码点的回路，即最多12800点，完全可以满足本工程的点数需要。另外，此控制器可外接15台层显器，亦可满足本工程的需要。

② 消防广播设备的选用：设计选用150W的消防广播设备(包括一只播音扬声器、一只功率放大器)，采用总线制结构在楼层通过输入输出模块控制楼层广播。

③ 消防电话主机的选用：设计选用JBF-11S/TC型多线制消防电话主机。每个固定消防电话分机采用TC16型，独占一个消防电话主机中的一路，每层消防电话插孔并联占用一路。

三、消防控制系统设计施工图

1）火灾报警及联动系统设计说明及图例如图10-12所示。

2）七～十一层火灾报警及联动系统平面图(1:100)如图10-13所示。

3）火灾报警及联动系统图如图10-14所示。

消防报警联动设计说明

一、本工程为民用二类建筑，火灾自动报警系统保护对象等级为二级，采用集中报警系统形式。消防报警控制室设于一层，本系统参照JB-TB-JBF-11S系统设计。

二、本工程火灾自动报警、联动系统采用二总线制。审判厅、会议室、电梯前室等处设置感烟探测器，在厨房设置感温探测器。火灾报警联动导线采用ZR-RVS阻燃塑料铜芯导线，水平主干线，垂直干线采用封闭防火金属线槽内敷设，其他分支线均穿镀锌钢管分别沿墙沿棚沿地暗设。

三、消防联动逻辑关系

1.火灾信号来源为各层探测器，手动报警按钮及消火栓手动报警按钮。

2.联动系统

1）防排烟及正压送风系统。火灾报警后起动正压送风机、排烟机、同时开起相应楼梯间的送风口及相关部位的排烟口、防火阀。

2）自动喷淋系统。各层相应水流指示器与对应压力开关同时动作时，起动喷淋泵。

3）消火栓灭火系统。各层消火栓手动报警按钮动作后起动消防泵或由消防控制室直接起动消防泵。

4）经人工确认火灾发生后，通过编码型消防广播模块开起本层及相关层消防广播。

5）由消防控制中心发出控制信号，切断非消防电源，开起事故照明及疏散指示照明，电梯迫降至一层，以上运行信号均送至消防中心，报警联动控制器采用计算机控制并带有打印机和CRT显示操作系统，具体联动逻辑关系参照有关规范并与设计人员及配套厂家协商解决。

四、专用消防电话。每层设专用对讲电话插孔，值班室、柴油发电机房、控制室、消防电梯机房等处设置专用电话分机用于火情联络，导线采用ZR-RVVP阻燃塑料铜芯导线。

五、火灾应急广播系统。每层设火灾应急广播，导线采用ZR-RVS阻燃塑料铜芯导线。

图　　例

序号	图例	名　称	型　号	容量及高度	安装场所
1	S	感烟探测器	JTY-GD-LN2100	吸顶	走廊,电梯前室
2	I	感温探测器	JTY-ZD-LN2100	吸顶	厨房
3	⊗	消火栓按钮	J-SAP-M-JBF-101F	距地1.5m	
4	Y	手动报警按钮	J-SAP-M-JBF-101F	距地1.5m	
5	M	输出模块	JBF-141F	距梁下0.3m	
6	C	输出输入模块	JBF-141F+131F	距梁下0.3m	
7		正压送风口	见有关通风图样		
8		防火调节阀	见有关通风图样		
9		排烟口	见有关通风图样		
10	SL	水流指示器	见有关水暖图样		
11		湿式报警阀组	见有关水暖图样		
12		消防广播		吸顶安装	
13		报警电话		距地1.5m	
14		接线端子箱		箱底皮距地2m	
15		楼层显示器		距地1.5m	
16		消防设备控制箱		距地1.5m	见强电图
17		电梯控制柜		落地安装	见强电图
18		电话插孔		距地1.3m	

图 10-12　火灾报警及联动系统设计说明及图例

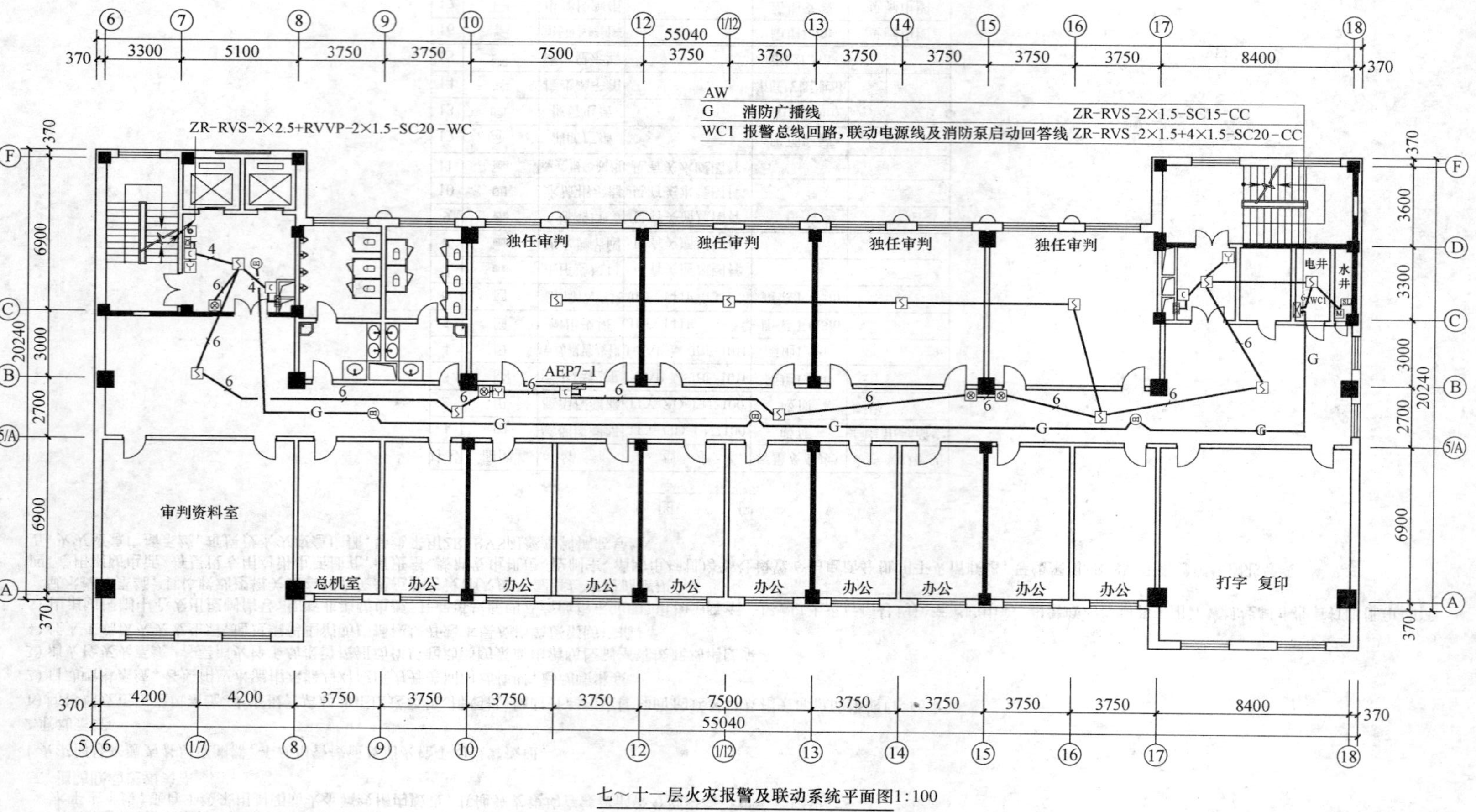

图 10-13 七～十一层火灾报警及联动系统平面图(1:100)

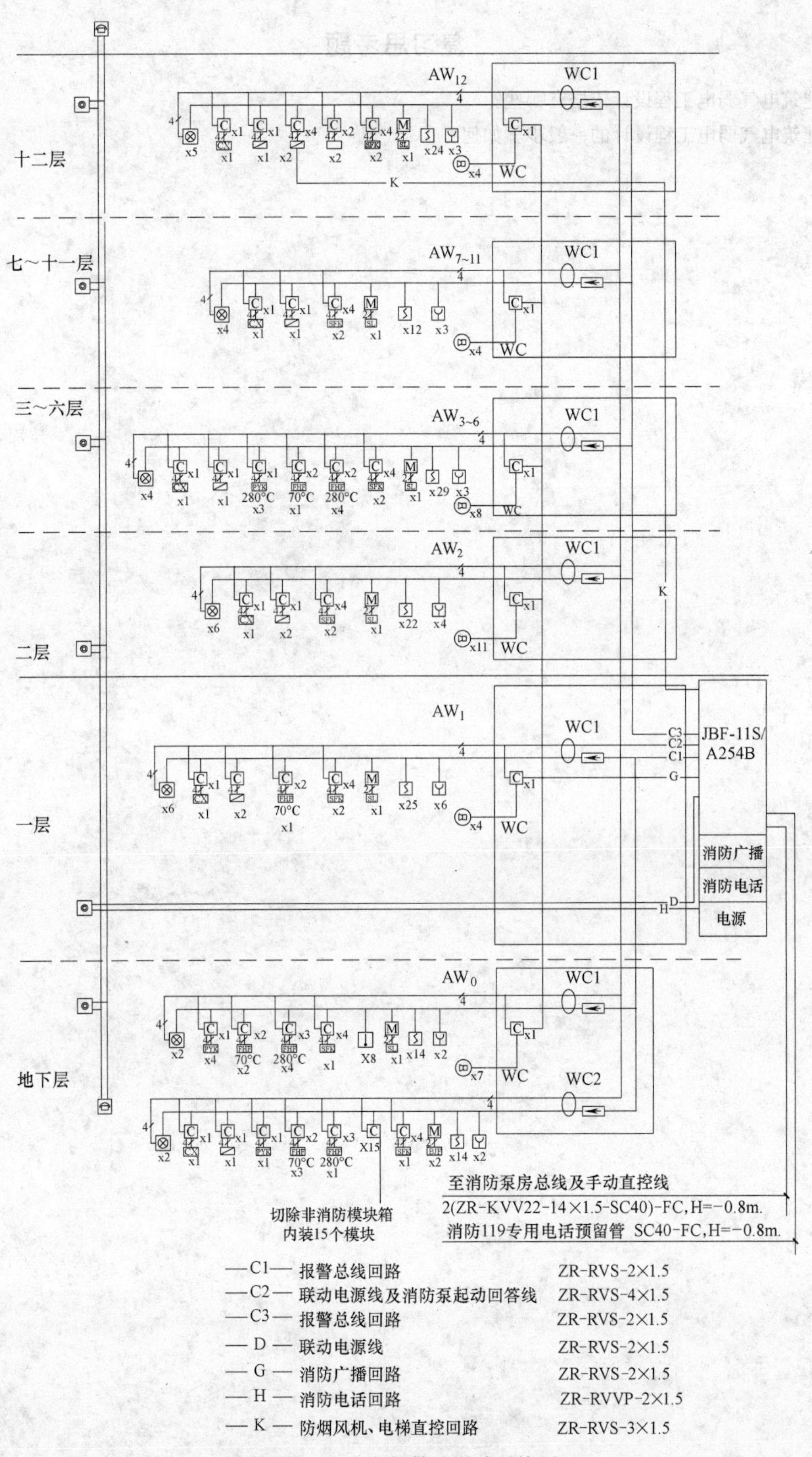

图 10-14 火灾报警及联动系统图

复习思考题

1. 建筑电气弱电工程设计依据有哪些？
2. 建筑电气弱电工程设计的一般步骤如何？

第十一章　建筑智能安全系统技术的发展

进入21世纪以来，智能建筑已呈现出风起云涌的浪潮，它的发展已取得了瞩目的成就。智能建筑系统的主要内涵是其相关内容和服务的信息化、图像的传输和存储、数据的存储和处理等。建筑智能安全系统，主要包括门禁控制、入侵报警、监控、巡更、对讲、消防报警等，这些子系统可以单独设置、独立运行，也可以集成控制。安全系统的集成有三个层面：一是单个子系统内各个环节的集成；二是安防三大子系统（电视监控、入侵报警、门禁控制）的集成；三是安防系统与智能建筑系统间的融合。

本章从无线传输技术、数字图像处理技术及应用等两方面阐述建筑智能安全系统技术的发展。

第一节　无线传输技术的应用

最初的无线传输技术主要应用于无线通信、对讲、小型的局域网等对信息传输要求不十分严格的场合。在建筑智能安全系统中应用无线信息传输技术，从而解决了在智能建筑中因设计的不足和附加安全系统时难于布线的困难。为了保证无线信息传输时的准确性和稳定性，就要求用更加严密信息传输协议来保障。

近年来，基于GPRS、CDMA 1X和在GPRS上发展起来的EDGE技术逐渐成熟。而具有中国特色的3G技术正在国内建设中，在不久的将来就会成熟、稳定，成为无线数据通信的生力军。相应的基于这些技术的无线视频监控系统也如火如荼地发展起来，为建筑智能安全技术的发展打下了坚实的基础。

一、无线数据传输技术

1. GPRS与CDMA无线传输技术

目前，基于GPRS/CDMA无线数据传输业务广泛在移动办公、工业控制、远程遥测等多方面应用，网络运营商中国移动GPRS和联通CDMA各有其特点。本文从网络的覆盖、带宽、频谱等方面对GPRS和CDMA进行了对比。

通用无线分组业务（General Packet Radio Service，GPRS）作为第二代移动通信技术GSM向第三代移动通信（3G）的过渡技术，是由英国BT Cellnet公司早在1993年提出的，是GSM Phase2+（1997年）规范实现的内容之一，是一种基于GSM的移动分组数据业务，面向用户提供移动分组的IP或者X.25连接。

GPRS是在现有的GSM网络基础上叠加的一个新的网络，同时在网络设备上增加一些硬件设备，并对原软件升级，形成了一个新的网络逻辑实体。GPRS能给用户提供端到端的、广域的无线IP连接。通俗地讲，GPRS是一项无线高速数据传输技术，它以分组交换技术为基础，用户通过GPRS可以在移动状态下使用各种高速数据业务，包括收发E-mail、进行Internet浏览、即时聊天等。

GPRS系统使用现有的GSM无线网络。GPRS和GSM共用相同的基站和频谱资源，只是在现有的GSM网络基础上增加了一些硬件设备和软件升级。因此，实现GSM升级至GPRS

非常容易，且中国移动借助原GSM网络，所以GPRS覆盖非常广。目前中国移动GPRS网络几乎已覆盖全国所有省、直辖市、自治区，网络遍及240多个城市。

CDMA是码分多址的英文缩写(Code Division Multiple Access)，它是在数字技术上的分支——扩频通信技术上发展起来的一种新的无线通信技术。CDMA技术的原理是基于扩频技术，即将需传送的具有一定信号带宽信息数据，用一个带宽远大于信号带宽的高速伪随机码进行调制，使原数据信号的带宽被扩展，再经载波调制并发送出去。接收端使用完全相同的伪随机码，与接收的带宽信号作相关处理，把宽带信号换成原信息数据的窄带信号即解扩，以实现数据传输。

CDMA技术的标准化经历了几个阶段。IS95是CDMAONE系列标准中最先发布的标准，真正在全球得到广泛应用的第一个CDMA标准是IS95A，这一标准支持8K编码话音服务。在ITU向各国征求第三代移动通信无线候选技术时，IS95由于刚取得商用成功，美国TR45标准委员会没有将很多精力放在第三代标准的研究上，而是正在努力完成IS95B的标准。

在ITU的要求下，在当年提出了CDMA2000的第三代标准，即CDMA20001X和3X(1X代表其载波一倍于IS95A的带宽,3X代表其载波3倍于IS95A的带宽)，3X又分为下行直接扩谱和三载波两种方式，后来直接扩谱CDMA2000部分与WCDMA进行了融合，所以实际上目前的CDMA2000就只包括CDMA2000 1X和三载波方式3X。

CDMA1X是CDMA2000的第一阶段(速率高于IS95,低于2M bit/s)，可支持308K bit/s的数据传输、网络部分引入分组交换，支持移动IP业务。是在现有CDMA IS95系统上发展出来的一种新的承载业务，为CDMA用户提供分组IP形式的数据业务。

CDMA基于扩频技术，占用的是全新的800MHz频段(GSM占用的是900MHz频段)，所以不能在原GSM设备上直接升级。目前，中国联通通过二期工程建设，对CDMA网络进行了网络优化和提升，网络从IS95升级为CDMA1X网络。

GPRS/CDMA与传统GSM电路型数据业务不同，GSM移动用户长时间独占一定的无线资源，而在分组数据业务下，所有的移动用户共享无线资源，并且每个用户只在有业务数据传送时，才动态地申请和占用无线资源，因此采用分组数据方式可以做到“永远在线”。如GPRS的峰值速率为115.2K bit/s，CDMA 1X系统的峰值速率为153.6K bit/s。

与电路型数据业务相比，分组数据业务更适用于支持移动Internet业务。但另一方面，由于在分组业务下，多个移动用户共享一定的无线资源，因此尽管分组业务可以有较高的峰值业务速率，但在用户进行数据传送期间内的平均业务速率仍然较低，而平均业务速率与峰值业务速率的比值也成为衡量系统技术的一项重要指标。

经过测试，GPRS的平均业务速率可以达到20~40K bit/s，CDMA 1X的平均业务速率为80~100K bit/s。相比较而言，GPRS采用语音和数据共享信道，如果网络用户数量或语音用户数量增加到一定程度，将导致频率资源的问题更加突出，那么每个GPRS用户可以使用的带宽将进一步的降低。CDMA 1X的数据和语音采用不同的信道传输，在同一基站下语音用户数量增加，也不会影响数据通信。

CDMA2000 1X占用的是全新的800MHz频段，频率资源丰富。GPRS采用的是GSM的900MHz频段。GSM的频率资源在很多地区本来就很缺乏，GPRS是用分组业务，每个用户占用比话音更多的频率资源，导致GPRS的频率资源进一步的匮乏，从而限制了GPRS的数据用户数量。

2. EDGE 无线传输技术

（1）EDGE 技术简述

EDGE(Enhanced Data Rate for GSM Evolution)增强型数据速率是一种从 GSM 到 3G 的过渡技术，它主要是在 GSM 系统中采用了一种新的调制方法，即最先进的多时隙操作和 8PSK 调制技术。由于 8PSK 可将现有 GSM 网络采用的 GMSK 调制技术的信号空间从 2 扩展到 8，从而使每个符号所包含的信息是原来的 4 倍。

（2）EDGE 的技术特点　EDGE 是一种能够进一步提高移动数据业务传输速率和从 GSM 向 3G 过渡中的重要技术。它在接入业务和网络建设方面所具有以下特性：

1）在接入业务性能方面

① 带宽得到明显提高，单点接入速率峰值为 2M bit/s，单时隙信道的速率可达到 48K bit/s，从而使移动数据业务的传输速率在峰值可以达到 384K bit/s，这为移动多媒体业务的实现提供了基础。

② 精准的网络层提供位置服务。

2）网络建设方面

① EDGE 是一种调制编码技术，它改变了空中接口的速率。

② EDGE 的空中信道分配方式、TDMA 的帧结构等空中接口特性与 GSM 相同。

③ EDGE 不改变 GSM 或 GPRS 网的结构，也不引入新的网络单元，只是对 BTS 进行升级。

④ 核心网络采用 3 层模型：业务应用层、通信控制层和通信连接层，各层之间的接口应是标准化的。采用层次化结构可以使呼叫控制与通信连接相对独立，这可充分发挥分组交换网络的优势，使业务量与带宽分配更紧密，尤其适应 VoIP 业务。

⑤ 引入了媒体网关(MGW)。MGW 具有 STP 功能，可以在 IP 网中实现信令网的组建(需 VPN 支持)。此外，MGW 既是 GSM 的电路交换业务与 PSTN 的接口，也是无线接入网(RAN)与 3G 核心网的接口。

⑥ EDGE 的速率高，现有的 GSM 网络主要采用高斯最小移频键控(GMSK)调制技术，而 EDGE 采用了八进制移相键控(8PSK)调制，在移动环境中可以稳定达到 384K bit/s，在静止环境中甚至可以达到 2M bit/s，基本上能够满足各种无线应用的需求。

⑦ EDGE 同时支持分组交换和电路交换两种数据传输方式。它支持的分组数据服务可以实现每时隙高达 11.2 ~ 69.2K bit/s 的速率。EDGE 可以用 28.8K bit/s 的速率支持电路交换服务，它支持对称和非对称两种数据传输，这对于移动设备上网是非常重要的。比如在 EDGE 系统中，用户可以在下行链路中采用比上行链路更高的速率。

二、无线视频监控技术

1. 无线视频监控成为监控系统新的发展方向

随着无线通信技术的日益发展，传输带宽不断提高，通信终端的实时信息处理能力飞速增强，无线多媒体应用日渐成为业内关注的焦点，也成为人们的必然需求。其主流应用之一是便利、灵活的无线实时视频监控系统，如无线家庭防盗、汽车监控等。基于多种无线传输手段的移动视频监控以其特有的灵活性已成为视频监控新的发展方向。

无线化视频监控包括两方面内容：一是监控中心的移动。通常情况下，被监控对象或是摄像机往往是固定的，而作为监控系统的使用者(监控中心)则可以是动态的；二是视频监控网络的无线化。当监控点分散且与监控中心距离较远，或被监控对象不固定时，利用传统有线网络的视频监控技术，往往成本高且难以实现。

无线监控和传统的监控方案相比，能够避免大量的布线工作，节省施工费用，重定位能力强，灵活性高，具体地说有以下优点：

1）综合成本低，无需挖沟埋管，特别适合室外距离较远及已装修好的场合；采用无线监控可以摆脱线缆的束缚，有安装周期短、维护方便的优点。

2）组网灵活，可扩展性好，使用时能灵活挪动终端设备。

3）改造方便，维护费用低。

2. 无线视频监控系统涉及的关键技术

（1）高效率、抗干扰的视频编解码机制　当今的视频压缩标准有 MPEG 和 H. 26X 两大系列。MPEG-4 目前已应用于 Internet 流媒体领域，为了尽量减轻 MPEG-4 视频流对误码的敏感性，以保证压缩视频解压后的恢复质量，MPEG-4 提供了多种抗误码工具，承载流媒体业务的实时网络传输层及底层移动通信系统也可以进一步改善流媒体传输的抗误码性能。MPEG-7 是针对存储形式或码流形式的应用而制定的，不仅仅用于多媒体信息的检索，更能广泛地用于其他与多媒体信息内容管理相关的领域，并且可以在实时和非实时环境中操作。

ITU-T 颁布的 H. 261 标准，用于可视电话和会议电视。H. 263 标准是 ITU 组织为了满足码率低于 64K bit/s 的应用而提出的一个低码率视频压缩编码建议，它能够在较低码率的情况下达到较好的图像质量，因此广泛应用于远程监控、电视会议以及可视电话等领域，尤其在视频监控领域，它已经可以在嵌入式系统中达到实时、稳定的压缩效果，是应用较多的视频压缩算法。目前大多数视频监控产品都支持 MPEG-4 和 H. 263 标准。

作为目前最新的视频编码技术 H. 264，在安防行业的应用有着非常大的前景。H. 264 标准采用了高精度、多模式预测技术用来提高压缩比以降低码流。H. 264 标准针对网络传输的需要设计了视频编码层 VCL 和网络提取层 NAL 结构，网络抽象层是提供“网络友好”的界面，从而使视频编码层能够在各种系统中得到有效的应用。H. 264 标准针对网络传输的需要设计了差错消除的工具便于压缩视频在误码、丢包多发环境中传输，从而保证了视频传输的有效性。支持 H. 264 标准的无线视频监控产品目前也已上市。

为了能在时变、带宽有限、误码率较高、缺乏 QOS 保证的无线信道上传输视频数据，视频编码算法必须满足以下要求：高效的视频压缩比；较高的传输实时性；更短的传输时延；更快的编码速度；较强的视频传输鲁棒性；更好地适应传输信道的误比特干扰。因此，研究在无线视频监控应用中的编解码机制，重点在于进一步提高编解码效率及抗干扰能力。

（2）无线视频传输网络链路及组网技术　对于无线视频监控而言，无线网络传输链路的选取主要取决于用户需求和系统工作的具体环境，目前已投入使用的无线视频监控系统主要有基于移动通信网络的和基于无线局域网的两种类型。但在对音视频质量要求不高的应用中，也可以采用低端的无线数据传输网络。

在中国目前移动通信网络的两大运营商中，中国联通采用基于码分多址的 CDMA20001x 制式，最高下载速度可达 153K bit/s，现网实测可达 100K bit/s 左右。中国移动采用 GPRS 技术，是基于 GSM 网络发展而来的新型分组交换数据应用业务，带宽理论最高可达 171. 2K bit/s，中国移动现网测试也可达到 35K bit/s 左右。在目前的网络带宽下，普通用户可以采用彩 e 传输视频文件，不少厂家也推出了基于 2. 5G 移动公网的视频监控系统，作为对有线网络监控系统的有力补充。

基于无线局域网络(WLAN)的多媒体信息传输，是解决建筑物内灵活视频监控的主要手段，基于802.11协议簇。IEEE 802.11a规定的频点为5GHz，适合于室内及移动环境，传输速度为1到2M bit/s。IEEE 802.11b(Wi-Fi)工作于2.4GHz频点，当信噪比低于某个门限值时，其传输速率可从11M bit/s自动降至5.5M bit/s，或者再降至直接序列扩频技术的2M bit/s及1M bit/s速率。IEEE 802.11e及IEEE 802.11g是下一代无线LAN标准，被称为无线LAN标准方式IEEE 802.11的扩展标准，是在现有的802.11b及802.11a的MAC层追加了QOS功能及安全功能的标准，为其上可靠的视频信息传输奠定了基础。

随着WiMAX技术和3G技术的日趋成熟，基于WiMax和3G的无线视频监控也成为研究热点。WiMAX(WorldwideInteroperabilityforMicrowaveAccess)是近年来出现的一种无线宽带接入技术。WiMAX采用多载波调制技术，能够提供高速的数据业务，并且具有频谱资源利用率高，覆盖范围大(传输距离可达数十公里)等特点。无线城域网(WMAN)采用了WiMax技术，组网采用的802.16协议簇。与现有的移动通信技术相比，WiMAX技术可以提供更高的数据速率，更强的数据业务能力。

多媒体业务是3G数据业务的重点，其传输速率要求为高速移动时能够达到144K bit/s，慢速移动时为384K bit/s，静止状态为2M bit/s。3G的带宽非常适合无线视频监控的应用。相信随着3G的商用，无线视频监控必将蓬勃发展。

CDMA或OFDM作为点到多点或点到点图像、视频信息传输的关键技术手段，其频谱利用率高、支持高速率的多媒体服务、系统容量大、抗信道干扰能力强。CDMA技术是基于扩频通信理论的调制和多址连接技术，OFDM技术属于多载波调制技术。预计第三代以后的移动通信的主流技术将是OFDM技术。

在无线实时视频监控系统中，控制协议决定了整个系统的效率、兼容性、安全性等诸多重要问题，是系统运转的指挥中心。控制协议尤其是无线实时监控系统的控制协议，不但要求能够快速稳定地建立连接，而且要求对该连接具有一定的控制能力。会话启动协议SIP(sessioninitiationprotocol)是IETF的MMUSIC(multipartymultimediasessioncontrol)工作组制定的多媒体通信框架应用层信令协议，设计理念和协议结构完全符合NGN的特性和要求，得到了越来越多业内人士的认可，国内外许多知名企业都开始从事SIP的研究与开发工作。Nokia和Ericsson已经开发出了基于SIP的端到端的网络多媒体系统，3GPP和3GPP2分别在R5和Phase2阶段引入了基于SIP的IMS(IP多媒体子系统)。基于SIP的多媒体通信已经成为新的主流发展方向。

(3) 数据管理与数据安全　视频监控系统中保护数据不因偶然和恶意的原因而遭到破坏、更改和显露是非常必要的。通过无线网络或Internet传输的数据很有可能会遭到截取。这会给敏感数据带来巨大风险。对于一些网上黑客或恶意员工而言，为数据处理系统建立和采取技术和管理上的安全保护是不够的。对此，就很有必要对数据采取加密技术。

随着监控点的增多、应用行业的日益普遍化、监控时间周期的延长和视频清晰度的提升，视频数据容量也在飞速发展。即使按照一定的标准以压缩形式存储这些数据，仍然有成百TB直至上千TB的数据需要归档、存储，并且需要高速传输。针对这些情况，优化视频存储、归档解决方案及设备选择已经是很多用户的一个现实考虑。

一般来说，从应用需求来看，设计的系统必须具有以下的要求：保障具备长时间无故障运行的能力；能够远程实时传递高清晰图像，并实现回放；具备灵活存储图像资料的能力，存储保留时间达到一定要求；图像传输必须具备防窃取功能，图像资料具备防篡改功能；设备操作必须具有安全的管理和控制手段。

3. 基于不同网络的无线视频监控系统

（1）基于公众移动通信网络的无线视频监控系统　中国移动和中国联通各自都已拥有遍布全国的2.5G移动通信网络。可在掌上计算机、PDA手机上进行远程视频采集与传输，只要有网络信号的地方就可以实现视频的无线传输，真正实现移动监控。

很多公司都推出了自己的基于移动公网的无线视频监控产品。如2005年6月，北京九为安泰科技有限公司推出的新一代CDMA移动视频监控系统；2006年12月，北京世纪乐图数字技术公司研究开发了“LOTOOi-Patrol”，整合了CDMA、GPS、非硬盘的本地存储介质(Flash)，能很好地应用在多种场合。

当前的2.5G技术都关注了同TCP/IP协议的融合，使得移动网络易于和现有因特网技术及应用平台整合。IP技术与移动通信技术的完美结合将能够为用户提供各种高速高质的移动数据通信业务。

（2）基于无线局域网的无线视频监控应用　基于WLAN的无线视频监控的方案，一般是在无线网状网覆盖区域架设支持WLAN接入的无线视频前端设备(如支持WLAN的IP摄像机或IP视频服务器加模拟摄像机)，然后通过无线网状网将采集的IP视频信号回传到网络中心的监控处理平台。通常在网络中心配置支持多通道的网络视频录像机和大容量的存储系统，用于监控视频录像和存储，同时为一个或多个网络监控终端提供实时的监控图像，还可通过安全的网络连接(如VPN)，从远端视频监控终端上实现远程监控和管理。

WLAN技术已经相当成熟，各种无线产品也很丰富，所以基于WLAN的无线视频监控在实际工作中的很多场合得到了应用。

（3）基于无线城域网的无线视频监控应用　无线城域网的WiMAX技术覆盖范围达几十千米，多被使用在户外，例如高速公路沿线、学校校区、码头等地，可以为用户提供便利、优良的移动多媒体宽带服务和高速的无线数据传输。通过WiMAX技术承载流媒体业务是一种更为经济灵活的手段。许多运行商认为在WiMAX网络上开展移动流媒体业务，将是WiMAX技术应用的潜在市场。

随着建立无线城域网的城市日益增多，基于无线城域网的无线视频监控系统必将成为另一个研究热点。将WiMAX导入安全监控领域，将是厂商拓展市场最有效的方法之一。随着WiMAX技术的成熟和产品的上市，具有WiMAX传输技术的无线安全监控系统，距离普及之日已不遥远。

（4）基于3G的无线视频监控应用　为了保证视频文件的传输就必须有足够的网络带宽，不同的流媒体文件对网络带宽的要求各不相同，为了达到更好的视频质量，网络带宽就更为重要。当前市场上常见的利用公众移动通信网络进行监控传输的产品基本上只能传输窄带视频。伴随着3G在全球商用步伐的加快，3G无线网络技术也在加速创新，3G无线接入设备在功能和性能方面也取得了较大提升。

日本作为全球最早提供3G业务的国家，其3G手机的服务覆盖区域已接近2G。在中国台湾，3G的传输优势让新一代智能手机有了更多用武之地，使用者可以直接透过3G手机对家庭情况进行监控。

在我国，随着3G移动通信系统走向实用，高至2MHz的带宽将为无线视频监控提供更加强有力的支持，此时视频的质量将会有极大的改善。此外，未来的3G系统也将考虑公众移动通信网络与WLAN系统的融合，用户将有可能真正实现“任何时间、任何地点、任何终端”的无缝式无线视频监控。

（5）基于无线数据通信网络的低成本无线监控应用　基于Zigbee的语音通信和基于无线数传电台的低端应用主要是用来传输低速数据和语音，但是在视频实时性要求不高的情况下，也可以用来传输低质量的视频。

4. 无线视频监控系统的应用及展望

随着各种无线通信技术的发展，无线视频监控的应用也会随之发生变化。各种无线视频监控方案必将互相补充、互相渗透。

在无线视频监控应用过程中，如果覆盖范围达到数十公里时，基于无线城域网的视频监控会是一个很好的解决方案，与WiFi之间存在着互补和竞争的关系。随着市场需求和各领域的融合之势的愈加明显，移动视频已经逐步走向市场。这大大激发了普通家庭和大众对视频监控的需求，正在蓬勃发展的3G移动网络可以很好地应用到未来的数字家庭网络中。

第二节　数字图像处理技术及其应用

数字图像处理技术是20世纪60年代随着计算机技术和VLSY(Very Large Scale Integration)的发展而产生、发展和不断成熟起来的一个新兴技术领域，它在理论上和实际应用中都取得了很大的进展。

视觉是人类最重要的感知手段，图像又是视觉的基础。早期图像处理的目的是改善图像质量，它以人为对象，以改善人的视觉效果为目的。图像处理中输入的是质量低的图像，输出的是改善质量后的图像。常用的图像处理方法有图像增强、复原、编码、压缩等。首次获得成功应用的是美国喷气推进实验室(JPL)。他们对航天探测器徘徊者7号在1964年发回的几千张月球照片进行图像处理，如几何校正、灰度变换、去除噪声等，并考虑了太阳位置和月球环境的影响。随后又对探测飞船发回的近十万张照片进行更为复杂的图像处理，获得了月球的地形图、彩色图及全景镶嵌图，为人类登月创举奠定了基础，也推动了数字图像处理这门学科的诞生。在以后的宇航空间技术探测研究中，数字图像处理技术都发挥了巨大的作用。数字图像处理技术取得的另一个巨大成就是在医学上。1972年英国EMI公司工程师Housfield发明了用于头颅诊断的X射线计算机断层摄影装置，也就是我们通常所说的CT(Computer Tomograph)。CT的基本方法是根据人的头部截面的投影，经计算机处理来重建截面图像，成为图像重建。1975年EMI公司又成功研制出全身用的CT装置，获得了人体各个部位鲜明清晰的断层图像。1979年，这项无损伤诊断技术被授予诺贝尔奖，以表彰它对人类做出的划时代贡献。

从20世纪70年代中期开始，随着计算机技术和人工智能、思维科学研究的迅速发展，数字图像处理技术向更高、更深层次发展。人们已开始研究如何用计算机系统解释图像，类似人类视觉系统理解外部世界，这被称为图像理解或计算机视觉。很多国家，特别是发达国家投入更多的人力、物力于这项研究中，取得了不少重要的研究成果。其中代表性的成果是20世纪70年代末MIT的Marr提出的视觉计算理论，这个理论成为计算机视觉领域其后十多年的主导思想。

20 世纪 80 年代末期，人们开始将其应用于地理信息系统，研究海图的自动读入、自动生成方法。数字图像处理技术的应用领域不断拓展。

数字图像处理技术的大发展是从 20 世纪 90 年代初开始的。自 1986 年以来，小波理论与变换方法迅速发展，它克服了傅里叶分析不能用于局部分析等方面的不足之处。小波分析被认为是信号与图像分析在数学方法上的重大突破。随后数字图像处理技术迅猛发展，到目前为止，图像处理在图像通信、办公自动化系统、地理信息系统、医疗设备、卫星照片传输及分析和工业自动化领域的应用越来越多。

进入 21 世纪，随着计算机技术的迅猛发展和相关理论的不断完善，数字图像处理技术在许多应用领域受到广泛重视并取得了重大的开拓性成就。数字图像处理技术的发展涉及信息科学、计算机科学、数学、物理学以及生物学等学科，因此数理及相关的边缘学科对图像处理科学的发展有越来越大的影响。近年来，数字图像处理技术日趋成熟，它广泛应用于空间探测、遥感、生物医学、人工智能以及工业检测等许多领域，并促使这些学科产生了新的发展。

一、数字图像处理技术

数字图像处理技术是随着计算机技术的发展而开拓出的一个应用领域。数字图像处理是指将图像信号转换成数字信号并利用计算机进行处理的过程。其优点是处理精度高，处理内容丰富，可进行复杂的非线性处理，有灵活的变通能力，一般来说只要改变软件就可以处理内容。困难主要在处理速度上，特别是进行复杂的处理。数字图像处理技术主要包括几何处理(Geometrical Processing)、算术处理(Arithmetic Processing)、图像增强(Image Enhancement)、图像复原(Image Restoration)、图像重建(Image Reconstruction)、图像编码(Image Encoding)、图像识别(Image Recognition)、图像理解(Image Understanding)等内容。图像处理技术基本可以分成模拟图像处理(Analog Image Processing)和数字图像处理(Digtal Image Processing)两大类。数字图像处理技术的发展涉及信息科学、计算机科学、数学、物理学以及生物学等学科，因此数理及相关的边缘学科对图像处理科学的发展有越来越大的影响。该技术已成为一门引人注目、前景远大的新型学科。

随着数字通信技术、计算机技术的发展，数字图像处理获得了广泛的应用。图像是人类获取和交换信息的主要来源，因此，随着科学技术的发展，数字图像处理技术的应用领域也将随之不断扩大，图像处理的应用领域必然涉及到人类生活和工作的方方面面。在建筑智能中，数字图像处理技术同样也得到了广泛的应用。比如在智能建筑视频监控系统、门禁控制系统、电梯控制系统和图像火灾报警系统等方面的应用。借助于图像保存对监控现场进行实时录像，保留现场的第一手资料，为事后分析、处理提供依据，对智能建筑的安全和一些案件的侦破工作也起到了很大的作用。正是由于计算机技术的发展，进而推动图像处理技术的发展，对数字图像处理能力大大加强了。图像识别技术是一个很广阔的研究领域，它涉及图像处理、模式识别、计算机视觉以及许多应用专业知识背景。

在火灾探测等方面，数字图像处理技术也有着非常广泛的应用。长期以来，在高大空间或具有高速气流的场合，尤其是在户外，早期烟雾探测在世界范围内都是一个难题。因为在这类环境下，存在着许多影响火灾探测的因素，主要包括探测方式、空间高度、热量屏障、覆盖范围、气流速度、易爆/有毒气体、可以接受的误报率、警报信息管理以及远程信号传输等等。传统的探测手段往往在这样的环境中失去了作用。在这种情况下，由于图像型火灾探测技术对于火灾探测具有非接触式探测的特点，不受空间高度、热障、易爆/有毒等环境条件的限制，使得该项技术成为在大型电厂、历史性建筑、公路隧道、火车站、仓库、购物中心及飞机修理厂等大空间和室外开放空间的首选。

早期的火灾探测方法可以被认为是接触式火灾探测，如感温式、感烟式、感光及复合型探测器等，这些方法结构简单且易于实现。然而，由于受到各种因素(空间高度、空气流速、粉尘、温度、湿度等)的影响，或因被保护现场的特殊要求，使这些传统方法的使用被局限在特定的范围内。如对于大空间场所、需要早期发现或超早期发现火险的重要场所的火灾探测来说，显然无法满足要求。随着计算机科学和数字图像处理技术的发展，出现了适用于大空间环境下的图像型火灾探测技术。

图像型火灾探测主要根据图像的颜色和运动信息来探测火灾火焰，属于非接触式火灾探测技术。然而，在火灾形成的初期，并不存在明显的火焰信号，这时候存在的三种典型的物理现象是阴燃、火羽流和烟雾。阴燃和火羽流是发生在火灾形成初期的火焰，其温度较低，辐射的可见光部分很少，用普通的彩色 CCD(Charge Coupled Device)摄像机很难发现。但是，它们所发出的红外辐射却可以被带红外滤镜的 CCD 摄像机捕获。通过对红外图像的分析可以实现早期火灾的探测。如果结合普通彩色 CCD 摄像机对烟雾进行探测，还可降低系统的误报率。因此，双波段图像型火灾探测有望成为一种在大空间环境下，根据红外和可见光信息对早期火灾进行低误报率探测的技术。

基于图像处理的火灾探测系统是一种以计算机为核心，结合光电技术和数字图像处理技术而研制的火灾自动报警系统，它利用 CCD 摄像头对现场进行监视，对摄取的视频信号由图像采集卡捕捉为数字图像并输入计算机，根据图像特征进行处理和分析，从而达到探测火灾是否发生的目的。火灾图像探测系统原理框图如图 11-1 所示。

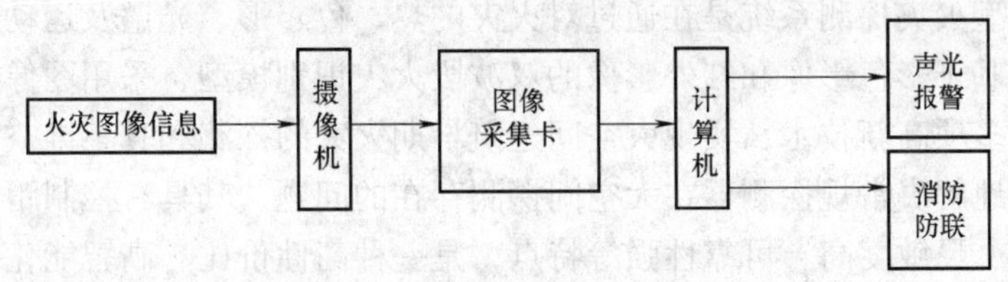

图 11-1　火灾图像探测系统原理框图

数字图像处理部分的软件是火灾探测系统的核心，它对数字图像首先进行分割，然后利用图像特性对这些物体加以识别或分类检测出图像中的物体。图像分割处理是将图像中的目标与背景进行分离，以找出图像中需要进行处理的部分。在提取了图像中的目标之后，要对目标进行分析以判断该目标确实是早期火灾现象还是其他的干扰现象，这就是数字图像处理中的图像识别问题。火灾图像的识别问题可以简要表述为：在图像分割后按灰度值进行二值化，得到了二值化图像就可以方便地计算出描述物体尺寸和形状的一些特性，如物体的面积、周长、长度、宽度、矩形度、圆形度、不变矩、相似度和形状描述等。

运用图像识别技术，采用多种判据对早期火灾进行探测，可以及时准确地发现火情，从而采取有效措施扑灭火灾。与常规的火灾探测技术相比，图像型火灾探测技术能够有效地避免误报、漏报和报警延误等现象，具有控制距离远、保护面积大、响应速度快、灵敏度高、可靠性高等显著优点，在火灾探测系统中有非常广阔的应用前景。

二、数字图像处理技术的应用

针对常规火灾探测技术的种种缺陷，图像火灾探测技术关心的是各种物理现象在图像上的表现，以及这些图像表现在多大程度上代表了火灾的典型特征而明显区别于火灾以外的其他物理现象。

图像火灾探测技术是基于实时影像的火灾探测模式，将摄影测量、图像处理、计算机多媒体等新兴技术应用于火灾探测与联动控制中。该技术由于使用CCD摄像机摄取的视频影像进行火灾探测，可以免受空间高度和气流的影响；配有防护罩，可以有效地消除粉尘的不利影响；采用多重判据，克服了常规火灾探测报警系统因判据单一而遇到的困难，使火灾探测的灵敏度和可靠性都得到很大的提高。

图像火灾探测技术针对性地克服了常规火灾探测系统的一些主要弱点，基本消除了复杂、恶劣环境因素对火灾探测系统的影响，作为控制面积大、适用于大空间(包括开放空间)的一种可靠的火灾监控技术，在火灾形势日益严峻的今天，其经济效益和社会效益都是十分巨大的。该技术对于提高大型厂房、仓库、礼堂、商场、银行、车站、机场等大空间场所的火灾监测技术水平有重要作用。

1. 双波段图像火灾探测技术

双波段图像火灾探测技术针对大空间建筑火灾中普遍存在的技术难题，即火灾的误报、漏报、报警延迟和火灾的空间定位，通过对火灾的热、色、光谱及运动特性的研究，在色度模型、稳定型模型、增长趋势模型的基础上，发展了纹理模型、立体视角模型、基于红外影像的频谱纹理模型、闪电模型，提出了彩色影像和红外影像的双波段火灾识别模型，采用了图像处理、计算机视觉、人工智能等多项高新技术，实现了大空间建筑早期火灾的探测和真三维空间定位。

双波段图像型火灾探测系统是在通过对火灾的热、色、形、光谱及运动特性的研究基础上，提出的一种基于彩色影像和红外影像的双波段火灾识别模型，采用图像处理、计算机视觉、人工智能等多项高新技术，实现大空间建筑早期火灾的探测和真三维空间定位的火灾探测技术。可较好地解决常规探测器在大空间探测存在的问题，其具有控制距离远、保护面积大、响应速度快、灵敏度高、可靠性强等特点，是一种高性价比、高智能化、高集成化的智能图像火灾自动报警系统。

双波段火灾探测器采用双波段火灾探测技术，由红外CCD和彩色CCD摄像机作为其前端设备，可同时采集红外视频图像信号和彩色视频图像信号，属智能感火焰探测器。它通过防火并行处理器，能同时对多只双波段摄像机获取的信息进行及时处理，具有同时获得现场的火灾信息和图像信息的特点，将火灾探测和图像监控有机地结合在一起，保护面积达1200m^2，具有防尘、防潮、防腐、防爆功能。用于易产生明火及阴燃火的场所。

双波段图像型火灾监控系统系统由图像采集、图像处理、报警灭火和操作员界面4部分组成。系统中使用一个带红外滤镜的CCD摄像机和一个普通的彩色CCD摄像机，通过视频采集卡将被监视现场的红外和彩色图像传入计算机，然后利用图像处理算法，从单幅图像和图像序列中识别有无火灾发生。如果发现火灾，系统则自动计算火灾的空间位置，并启动报警和灭火系统。双波段图像型火灾监控系统框图如图11-2所示。

双波段图像型火灾探测技术在图像处理过程中，通过先进行分割火灾疑似区域的做法，

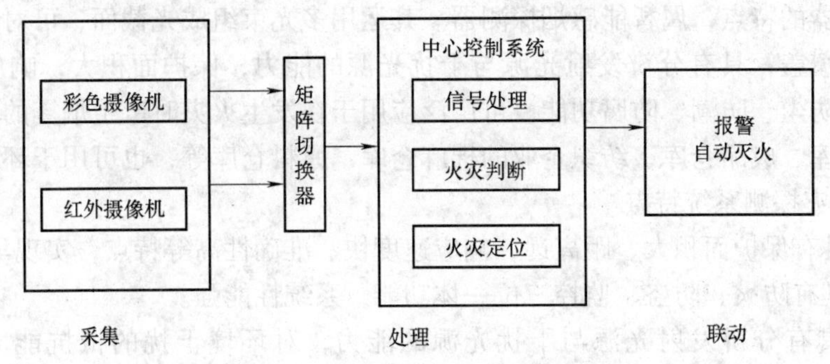

图 11-2　双波段图像型火灾监控系统框图

使算法的效率得到了提高，优化了系统的实时性。同时对彩色图像中的烟雾信息进行分割、特征提取和判断，综合提高系统的可靠性，降低误报率。但是整个系统的完善是一个长期的过程，在今后的工作中需要对早期火焰在空间和时间上的各种特征进行更深入的研究。

系统的特点：

1）采用 CCD 摄像机作为探测系统的前端，可实现防火、防盗和一般监控三位一体。

2）采用防火并行处理器，能同时对多只双波段摄像机获取的信息进行及时处理。

3）监控距离远，适合大空间建筑的防火。

4）具有防爆、防潮功能，可使用于环境恶劣的工业场所。

5）报警确认简单、迅速、直观。

6）能自动实现火灾的空间定位，通过联动控制系统完成火灾的扑救工作。

7）能对监控现场进行实时录像，保留现场的第一手资料，为事后分析、处理提供依据。

8）具有联动控制功能，能迅速联动声光报警、自动灭火、排烟、录像、报警电话等系统，将火灾损失降到最低程度。

图像监控系统可以安装在高速移动和机动的车辆上，这就将应急指挥的监控范围和应急程度大大提高，由无线数字图像传输系统组成的车载图像传输系统，主要目的是用于应急指挥中心对移动车辆的音、视频实时传输，使指挥人员能在指挥中心看到实时传输的现场图像，如同亲临现场，及时了解重大突发事件现场实况，做出准确的分析判断，达到实时指挥，提高决策系统的快速准确性，增强快速反应能力、指挥能力和突发事件的处置能力。

数字图像处理技术应用于生活、生产、学习等各个方面，创造了巨额的社会价值，但同时还远远不能满足目前社会的需求，其自身也在不断完善和发展，有很多新的方面要探索。它必将向更深入、更完美的方向发展，实现图像的智能生成、处理、识别和理解。

2. 光截面图像火灾探测技术

线型光束图像感烟探测器（又称光截面火灾探测器）采用光截面图像感烟火灾探测技术，在探测方式上属于线形光束感烟火灾探测器，利用主动红外光源作为目标，结合红外面阵接收器形成多光束红外光截面、通过成像的方式和利用图像处理的方法，测量烟雾穿过红外光截面对光的散射、反射及吸收情况，利用模式识别、持续趋势、双向预测算法实现对早期火灾的识别与判断。

线型光束图像感烟探测器由图像感烟发生器和图像感烟接收器组成，具有一个接收器，对应多个发射器的特点，属智能感烟探测器。其运用多光束组成光截面，可对被保护空间实施任意曲面式覆盖，具有分辨发射光源与干扰光源的能力，保护面积大，响应时间短的特点；同时具有防尘、防潮、防腐功能。可广泛应用于在发生火灾时产生烟雾的场所，如烟草企业的烟叶仓库、成品仓库、纺织企业的棉麻仓库、原料仓库等，也可用于环境恶劣场所。

3. 图像火灾探测系统特点

1）系统具有保护面积大、距离远、响应速度快、准确性高等特点，实现早期报警。

2）系统具有防火、防盗、监控三位一体功能，系统性能强。

3）系统具有分辨发射光源与干扰光源的能力，对环境干扰的抵抗能力强，应用范围广。

4）系统可对被保护空间实施任意曲面式覆盖，缩短了相应时间。

5）系统具有多种火灾识别模式，克服误报因素，可靠性高。

6）系统主机根据现场图像信息，使用自动空间定位技术，为定位灭火设备提供技术保证，以减少扑救过程中造成的损失。

7）报警的同时显示火场图像信号，并自动进行录像，保留现场资料，便于事故分析。

光束图像感烟探测器探测感烟信号，双波段火焰探测器探测火焰信号。火灾时，系统显示报警区域图像，并自动启动录像机进行录像。根据探测器图像信号，通过扫描确定着火点坐标进行空间定位。

4. 图像型火灾探测器在安装和选用时应注意的问题

光束图像感烟探测器的发射器与接收器应尽量保证同一水平高度上，这样有助于两者之间光束的贯通，便于今后的调试。在选用上应结合产品的视场范围、保护面积选择出最佳的保护方案，寻找出最合适的搭配比例(发射器数量/接收器数量)，才能体现出其高性价比。

双波段火焰探测器应保证安装高度的需要，尽量避免死区的出现。

两种探测器的安装间距及安装位置的具体条件可以规范上对红外对射探测器的规定、配合相关产品的样本进行设计。

双波段火灾探测器及线型光束图像感烟火灾探测器与火灾报警控制器配套组成，图像型火灾探测报警系统适用于火灾初始阶段有烟雾发生的各类仓库，纪念馆、展览馆、家具城、宾馆大厅、地下遂道等大面积，高举架、长距离的保护场所的火灾探测与预防。在具体设计中，双波段火灾探测器和线型光束图像感烟火灾探测器可以单独使用，也可混合使用，应根据被防护场所的实际情况适当选择，以达到对防护空间全方位防护、合理布置的目的。

5. 图像型火灾探测器的发展趋势及展望

由于图像型探测器给人以丰富和直观的信息，清晰的图像以及其自身的特点较好地解决了大空间如何进行早期火灾探测及报警这一难题，随着建筑智能化的不断发展，设计人员只有在各个系统的搭载上真正实现智能化，才能避免“集成”不智能的现象发生。图像探测系统将会在未来的工程中得到广泛的应用：

1）高大空间如：物资库房、博物馆、展览馆、体育馆、演播厅、会议厅等。

2）古建筑、文物保护的厅、堂、馆、所等。

3）具有一定浓度灰尘、水气的场所(如烟草行业、化工行业等)。

4）环境比较恶劣条件下的场所(如腐蚀气体、高温、低温场所)。

5）有一定振动及干扰光线较强的场所。

6）其他具有防火要求的场所。

6. 高大空间火灾探测技术展望

在高大空间建筑中，由于火灾燃烧产物在空间传播时受到空间高度和面积的影响，传统的火灾探测方法对于空间高度在12m以下还是可以应用的，但一旦遇到高度超过12m的高大空间建筑时，烟气上升到探测器位置并让探测器动作的时间大大延长，也就是说常常当火灾发展到了相当的程度，探测器才能感应动作，难以实现早期火灾报警。在环境状况比较恶劣、存在众多干扰的情况下(灰尘、电磁干扰、水蒸汽、空调、光干扰、振动等)，现行的火灾探测方法难以正常发挥效用，常发生误报现象。对于高大空间这类特殊建筑，必须对火灾中出现的多种物理现象进行多参量复合监测，以降低误报警，尤其是存在遮挡和环境干扰的情况下，现行的火灾探测技术将难以正常发挥其效用，无法解决灵敏度和可靠性之间的矛盾，所以高大建筑的早期火灾探测已成为火灾探测领域的一个难题。

现阶段我国在高大空间中最普遍采用的是烟温复合性探测技术，该种探测器探测准确性高，成本较其他更为先进的探测技术低，实用性强，但也存在很多弊端，比如容易受干扰而发生误报警。在2003年南京消防集团研制成功并已投入使用的SH9933智能报警器，是集气烟温三元复合火灾探测新技术于一体的高性能火灾探测报警器。它可提高火灾探测性能，扩展火灾探测范围，能极大地提高探测的灵敏度，一氧化碳是一种无色无味、不可见的有毒气体，从理论上讲，几乎每一次火灾中，不完全燃烧的结果均形成一氧化碳，而且与燃烧材料和燃烧阶段无关。通常CO在空气中的含量极低，而绝大多数火灾均产生CO气体，燃烧不充分的早期更是如此，因此将CO传感器引入到复合火灾探测中，实现对高大空间火灾的前期报警，又能极大地改善报警性能，减少误报。总之，高大空间火灾探测技术在国内发展很快，但与国外先进技术依然存在很大差距，还需要更大的突破。

目前各国研究人员一直致力于高大空间火灾探测这一领域的跟踪研究，使得该方面的技术突飞猛进，近几年来最大的突破就是双波段图像火灾探测器、光截面图像感烟探测器、激光图像早期火灾探测器(吸气式)的应用。双波段图像火灾探测器属于感火焰型火灾探测器，具有同时获取现场的火灾信息和图像信息的功能，可实现防火、防盗和一般监控三位一体，能对前端火灾信息进行并行处理，监控距离远、保护面积大。光截面图像感烟探测器属于感烟型火灾探测器，它可对被保护空间实施任意曲面式覆盖，具有分辨发射光源和其他干扰光源的功能，大大地提高了快速响应区域的面积，对光截面中相邻光束的相关分析，克服了单光束火灾报警由于系统偶然因素而引起的误报。激光图像早期火灾探测技术是通过在激光图像场上建立处理算法对火灾烟雾进行识别，结合成像系统，将对火灾烟雾感知的信号从单一量发展为多信息量，从而丰富了获取并可处理的信息。

可以说高大空间火灾探测技术虽然起步较晚，但发展速度快，产业规模越来越大，取得了可喜成绩，然而还有很多问题需要研究，以下几个方面是今后的研究方向：

1）传统早期火灾报警探测技术需进一步深入研究。

2）深入分析并研究适应不同火灾情况的探测算法。

3）继续开发和完善基于新的火灾探测原理的新型火灾探测器。

4）激光探测技术、计算机视觉技术、信号处理技术和数字通信技术综合运用。

5）复合性非接触式火灾探测技术前景看好。

双波段感烟探测器、线型光束感烟探测器的研究与开发对于我国火灾探测报警领域的发展，大空间建筑火灾探测与预防，对于保护此类建筑不受火灾侵害，保护国家和人民的生命财产起到积极的作用。

作为火灾探测科学的一个关键技术环节，高大空间火灾探测在保护自然资源、国家财产、人民生命财产安全中起着重要的作用，同时作为一个与国民经济、人民生命财产安全息息相关的新兴技术，已经进入了一个科学化、系统化的发展轨道，为了满足社会发展和需要，高大空间火灾探测技术将面临越来越多的挑战，将会有越来越多的研究课题和广阔的发展前景。

复习思考题

1. 无线传输技术有哪几种？
2. 什么数字图像处理技术？其主要应用领域？

参 考 文 献

[1] 梁华，梁晨．简明建筑智能化工程设计手册[M]. 北京：机械工业出版社，2005.
[2] 李英姿．住宅弱电系统设计教程[M]. 北京：机械工业出版社，2006.
[3] 董春桥，袁昌立．建筑设备自动化[M]. 北京：中国建筑工业出版社，2006.
[4] 陈龙．智能小区及智能大楼的系统设计[M]. 北京：中国建筑工业出版社，2001.
[5] 徐超汉．住宅小区智能化系统[M]. 北京：电子工业出版社，2002.
[6] 王可崇，乔世军．建筑设备自动化系统[M]. 北京：人民交通出版社，2003.
[7] 杨志，邓仁明，周齐国．建筑智能化系统及工程应用[M]. 北京：化学工业出版社，2002.
[8] 李玉云．建筑设备自动化[M]. 北京：机械工业出版社，2007.
[9] 沈晔．楼宇自动化技术与工程[M]. 北京：机械工业出版社，2008.
[10] 张振昭．楼宇智能化技术[M]. 北京：机械工业出版社，2002.
[11] 黎连业．智能大厦与智能小区安全防范系统的设计与实施[M]. 北京：清华大学出版社，2008.
[12] 中国建筑标准设计研究院. 06SX503 安全防范系统技术设计与安装[S]. 北京：中国计划出版社. 2006.
[13] 中国建筑标准设计研究院．全国民用建筑工程设计技术措施　电气[S]. 北京：中国计划出版社，2003.
[14] 孙萍，张淑敏．建筑消防与安防[M]. 北京：机械工业出版社，2007.
[15] 周遐．安防系统工程[M]. 北京：机械工业出版社，2007.
[16] 李英姿．建筑智能化施工技术[M]. 北京：机械工业出版社，2004.
[17] 孙景芝．电气消防[M]. 北京：中国建筑工业出版社，2006.
[18] 李红俊，韩冀皖．数字图像处理技术及其应用[J]. 计算机测量与控制，2002，10(9)：620-622.
[19] 李道远，等．基于小波变换的数字水印综述[J]. 计算机应用与工程，2003，23(10)：65-67.
[20] 杨枝灵，王开. Visual C ++ 数字图像获取处理及实践应用[M]. 北京：人民邮电出版社，2003.
[21] 聂颖，刘榴娣．数字信号处理器在可视电话中的应用[J]. 光电工程，1997，24(3)：67-70.
[22] 侯遵泽，杨文采．小波分析应用研究[J]. 物探化探计算技术，1995，17(3)：1-9.
[23] 陈志新，张少军．建筑智能化技术综合实训教程[M]. 北京：机械工业出版社，2007.